"十三五"
鹿业科学研究进展

◎ 张　旭　何艳丽 主编

 中国农业科学技术出版社

图书在版编目(CIP)数据

"十三五"鹿业科学研究进展 / 张旭,何艳丽主编 . --北京:中国农业科学技术出版社,2022.6

ISBN 978-7-5116-5645-2

Ⅰ.①十… Ⅱ.①张…②何… Ⅲ.①鹿-畜牧业经济-经济发展-研究-中国-2016-2020 Ⅳ.①F326.33

中国版本图书馆 CIP 数据核字(2021)第 273573 号

责任编辑	张诗瑶
责任校对	贾海霞
责任印制	姜义伟 王思文

出 版 者	中国农业科学技术出版社
	北京市中关村南大街 12 号 邮编:100081
电 话	(010) 82109705 (编辑室) (010) 82109702 (发行部)
	(010) 82109709 (读者服务部)
网 址	http://www.CASTP.cn
经 销 者	各地新华书店
印 刷 者	北京建宏印刷有限公司
开 本	185 mm×260 mm 1/16
印 张	21.5 彩插 4 面
字 数	503 千字
版 次	2022 年 6 月第 1 版 2022 年 6 月第 1 次印刷
定 价	88.00 元

◄━◀ 版权所有·翻印必究 ▶━►

《"十三五"鹿业科学研究进展》
编委会

主　　任　孙长伟

副 主 任　李光玉　李和平　杜　锐　魏海军

主　　编　张　旭　何艳丽

副 主 编　路洪涛

参编人员（按姓氏笔画排序）

马世超　王凯英　王晓旭　田来明　刘　彦

孙印石　李占武　李铁军　宋晓峰　苌群红

张　镇　郑　策　郑周田　赵海平　韩欢胜

潘　枭

前　言

我国是世界上最早从事茸鹿养殖和产品利用的国家，目前在吉林、辽宁、黑龙江、内蒙古、新疆等主养区已形成了集养殖、加工、物流、销售等于一体的较为完善的产业链，在当地经济发展中占有重要的战略地位。

2020 年 5 月，农业农村部将梅花鹿、马鹿和驯鹿列入《国家畜禽遗传资源品种名录》后，相关政府部门先后出台了一系列扶持政策，用于推动产业发展，我国的鹿业养殖进入了一个全新的发展阶段。同时，鹿茸及其他鹿副产品作为我国传统的保健滋补品，在大力倡导应用中医非药物疗法防治常见病、多发病和慢性病的过程中正在发挥其独特的功效。可以预见，随着人口老龄化的逐步加深，以及大健康产业观念的提出，人类社会对鹿产品的需求量将逐年增加。

为此，我们收录整理了"十三五"（2016—2020 年）期间与鹿产业相关的各类文章 61 篇，摘抄了含有鹿源成分的中药方剂的临床应用研究类文章，归纳了部分与鹿产业相关的标准及法律法规，旨在通过文字的方式传递科研进展、行业思考、技术经验、科普知识以及产业政策等。

本书共分为科研综述、国内鹿业、实用技术、产品营销、产品开发、临床应用、产品加工和产品鉴别 8 个部分，可供广大从事鹿业相关领域工作的人员参考查阅。

本书由中国农学会特产分会、吉林省特产学会和中国农业科学院特产研究所组织相关专家收集整理而成，期间得到了吉林农业大学、东北林业大学、长春市农业科学院、黑龙江八一农垦大学等科研单位及高校专家的大力支持，在此一并表示衷心的感谢。

由于时间仓促，本书在收录、整理过程中难免存在不足与欠缺，不妥之处，恳请作者、读者谅解，并给予批评指正。

编　者

2021 年 10 月

目 录

一、科研综述

二、国内鹿业

三、实用技术

四、产品营销

五、产品开发

六、临床应用

七、产品加工

八、产品鉴别

一、科研综述

中国鹿产业"十三五"科学研究进展

杜 锐

（吉林农业大学，吉林长春 130118）

摘 要： 本文聚焦于"十三五"期间我国鹿产业在鹿产品的物质基础研究、药理作用研究、质量控制研究及鹿生长分子机制研究、品种选育研究方面所取得的科研成果进行了梳理与归纳，基于各项实验研究的佐证以及通过科学合理的分析，总结出了国内鹿产业在"十三五"期间在科学研究领域取得的重大进展和显著成绩，并指出了鹿产业科技发展过程中出现的主要问题和矛盾，旨在为推动鹿产品高质量发展提供借鉴，为推动中国鹿产业健康、可持续发展提供参考，为打造新时代畜牧业强国做出贡献。

关键词： 鹿产业；鹿产品；基础研究；生长分子机制研究；品种选育研究

鹿是一种经济价值较高的动物。据联合国粮食及农业组织统计表明，世界上除中东地区外，其他地区均有人工饲养鹿类动物的报道。近年来，鹿的经济价值被越来越多的国家所认识，许多国家相继发展起规模化的人工养鹿业。目前我国人工饲养包括梅花鹿、马鹿、驯鹿、麋鹿、水鹿、白唇鹿和驼鹿等 5 个亚种、15 种、9 属。我国梅花鹿养殖历史悠久，茸鹿养殖几乎遍布全国各地，是我国鹿产业的发展主体。养鹿业在吉林、辽宁、黑龙江、内蒙古、新疆等主养区的经济发展中占有重要的战略地位。2020 年 5 月 27 日，农业农村部将人工饲养梅花鹿、马鹿（含引入品种新西兰赤鹿）和驯鹿纳入了《国家畜禽遗传资源目录》，使得鹿业纳入了畜牧业生产体系，发展前景日益向好。同时，新时代我国鹿业发展也面临新的机遇与挑战。2020 年是我国"十三五"规划的收官之年，笔者对鹿产业"十三五"期间鹿产业发展中关于鹿产品基础研究、鹿茸生长分子机制研究、品种选育三方面的科研成果进行归纳与总结，结合鹿产业发展现状，提出意见，为鹿产业高质量发展提供重要参考。

【作者简介】杜锐，男，博士，教授，研究领域为药用动物，E-mail：durui71@126.com。

1 鹿产品基础研究概述

鹿产品作为名贵的医药保健品，在我国已有悠久的应用历史。鹿茸、鹿肉、鹿血、鹿胎、鹿皮、鹿筋、鹿鞭、鹿骨等作为重要的鹿产品，具有独特的药用价值和营养价值，早已成为我国博大精深的中医药文化和源远流长的饮食文化的重要组成部分。鹿茸是最早收录于本草著作中的鹿产品。据不完全统计，我国对鹿茸的精深加工相对于其他鹿源产品占比最高，在已获得批准文号药品中占比56.92%，在已获得批准文号的保健食品中占比75%。从古至今，鹿茸一直是鹿产品中的主流，是我国目前鹿产业中利润最大增长点，成为鹿产品研究的热点。"十三五"期间，加大了鹿产品基础研究的深度和广度，涵盖了物质基础、药理作用、质量评价三方面。

1.1 物质基础研究

经过长期的发展和积累，目前关于鹿产品物质基础的研究工作已取得了初步成效。对鹿产品成分的系统分析结果表明其含有蛋白质类、多肽类、糖类、氨基酸类、核苷酸类、脂类、无机元素类、甾类、维生素类、脂肪酸类等多种化学成分，其中蛋白质和多肽作为主要活性成分，正逐渐得到国内外学者的共识。但从分离和表征的角度讲，对于蛋白质和多肽强极性类组分物质基础的研究是一项非常具有挑战性的工作。如何高效、高通量地实现强极性类组分的分离与表征，是鹿产品物质基础研究领域的一项重大难题。液-质联用（LC-MS/MS）技术、蛋白质组学技术、同位素标记蛋白质绝对和相对定量技术（iTRAQ）等先进技术的出现大大拓宽了样品的分析范围，成为近年来鹿产品中蛋白质、肽类成分的主要鉴定分析手段。张然然等利用label-free蛋白质组学技术及生物信息学方法对马鹿的鹿角与鹿骨蛋白组分进行比较分析，共成功鉴定1 138种蛋白质，其中鹿骨蛋白934种、鹿角蛋白835种。继而又对不同生长时期梅花鹿茸蛋白质组分进行比较分析，研究发现梅花鹿茸中含有丰富的蛋白质，共鉴定出了636种梅花鹿茸蛋白质，具有显著差异表达的218种，生物信息学分析表明其主要参与了蛋白质合成、发育、细胞骨架、转运等生物学过程。董振从鹿茸细胞角度进行蛋白质组学分析，比如梅花鹿致敏与休眠鹿茸干细胞差异表达蛋白的2D-DIGE分析，结果发现，鹿茸再生是鹿茸干细胞从休眠到致敏的转化过程，需要多种蛋白分子以及信号通路的综合调控。这些研究成果为鹿茸、鹿角的药用功能归类、质量评价和临床应用等提供了基础数据，也为茸角相关产品的开发奠定理论基础。

1.2 药理作用研究

现代研究表明鹿产品具有广泛的药理活性。"十三五"期间，药理作用的研究突出体现了研究的广度，不仅拓展了新的药理活性，还打破了唯"鹿茸"的研究局面。

药理实验结果表明鹿茸蛋白提取物具有显著的抗炎作用，可以对抗顺铂、庆大霉素、阿奇霉素引起的细胞损伤和肝、肾毒性，修复血管损伤等。从鹿茸中提取并纯化得到的单体肽 CPU2206（7 127.6Da）在糖尿病小鼠模型中显示出显著的抗糖尿病和降脂作用。鹿茸水提物可显著促进软骨细胞活力并保持软骨细胞连续增殖，同时阻止成熟和进一步分化。鹿角酶解肽 HAE 在体外可显著抑制乳腺癌干样细胞的乳球形成，并以剂量依赖性方式显著减轻了乳腺癌细胞的自发性和 TGF-β_1 促进的伤口愈合和侵袭。鹿鞭醇提物可抑制秀丽隐杆线虫衰老模型体内 ROS 累积，增强对高温、百草枯急性氧化应激的抵抗能力、提高抗氧化酶活力，进而延长线虫寿命，具有抗衰老作用。鹿血晶不仅能够增强巨噬细胞吞噬大肠杆菌的能力，并且在不影响细胞活力的同时作用于 NF-κB 信号通路，抑制炎症状态下巨噬细胞炎症因子的表达与释放，还可以活化 mTOR 信号通路提高巨噬细胞对黑色素瘤细胞的杀伤作用。鹿胎粉能增强小鼠的免疫器官指数，并且具有抗氧化的功能，对预防衰老、脂质过氧化发生有很大的保健作用。这些研究成果为将为鹿产品的深度开发奠定基础，为其药用功能提供更加精准的数据支持。

1.3 质量评价研究

鹿产品质量是临床安全有效的基础，食用安全的保障，是鹿产业发展的生命线。由于在医药和保健上鹿产品具有良好的效果，在各地的市场上，经常出现假冒伪劣鹿产品的鱼目混珠现象。与此同时，鹿产品的来源不同，规格不同，部位不同，加工方式不同，所产生的产品质量也不同。因此对于鹿产品的质量评价主要基于两个方面，一方面是真伪鉴定，理清基原；另一方面则是客观的、可量化的评价指标。"十三五"期间，科研工作者们围绕此项研究工作，开展了立足于新的鉴别技术手段和方法的真伪鉴别研究和多成分含量测定的客观评价指标的质量评价研究。传统的感官评价虽然具有速度快的优势，但人为因素和外部环境因素对感官评价的客观性结果具有很大影响。近红外光谱分析技术、毛细管电泳与 RAPD（随机扩增 DNA 多态性）联用技术、高分辨率熔解曲线技术（HRM）DNA 条形码技术等众多分子生物学鉴定技术和方法被用到了鹿产品的真伪鉴别中，囊括了鹿茸、鹿血、鹿心、鹿鞭、鹿皮等大多数鹿产品。目前用于研究定量评价指标的成分主要是总水溶性成分含量、氨基酸类成分含量、核苷酸类成分含量，分别对应的检测方法为凝胶过滤层析色谱方法、氨基酸自动分析仪和高效液相色谱法。这些研究成果实现了鹿产品的精准、快速鉴别，校正了传统鹿产品分等质量标准的误差，为鹿产品的质量评价体系的构建提供了有力支撑。

2 茸鹿生长分子机制研究概述

我国养鹿业发展迅速，梅花鹿鹿茸生长调控研究领域处于世界领先水平。"十三五"期间，完成了马鹿的全基因组测序，提供了一个高质量的塔里木马鹿参考基因组。在原有研究基础之上，进一步对梅花鹿生长发育的分子机制，梅花鹿生茸机制及其相关干细胞的研究方面进行了深入研究。利用 Illumina 测序平台的 RNA-Seq 技术对梅花鹿转录组进行了首次全面研究，涵盖了四个发育阶段（仔鹿、育成鹿、成年鹿和老龄鹿）的十个组织（茸角、脑、肺、心、肝、脾、肾、肌肉、肾上腺、睾丸），定义了 1 348 618 个基因，在公共蛋白质数据库中注释了其中约 33.2%（447 931 个基因）；确定了许多梅花鹿组织特异性和年龄依赖性的基因；检测了褪黑激素（MLT）/褪黑素受体 I（MT1）信号对间充质细胞增殖的影响以及 MLT/MT1 和胰岛素样生长因子-1（IGF-1）/胰岛素样生长因子-1 受体（IGF-1R）信号之间的相互作用；利用 ddRAD-seq 技术获得了第一个梅花鹿的全基因组 SNP。科研工作者们还围绕鹿茸再生机制，展开了大量研究。例如，运用转录组学和蛋白质组学技术揭示了鹿茸再生过程中的关键基因和蛋白质。对鹿茸再生过程中干细胞组织进行蛋白质组学分析。基于高通量靶向代谢组学研究梅花鹿和马鹿的鹿茸代谢产物，探索二者是否具有相同的鹿茸再生机制。发现在鹿茸再生阶段，梅花鹿茸和马鹿茸之间的甘氨酸及丝氨酸代谢、蛋氨酸代谢和蝶呤生物合成是明显不同的代谢途径。另外，还成功构建了一系列 *Tβ4*、*Tβ10*、*PDGFA* 等基因的真核表达载体，为研究其在鹿茸生长中的作用机制提供有力的工具。这些成果可能为进一步研究鹿茸快速生长发育的分子机理奠定基础，可能为人类肿瘤疾病的诊断和治疗提供新的视角。

3 品种选育研究概述

截至 2020 年，全国已经通过国家品种审定、清理和通过成果鉴定共有 2 个地方品种、10 个培育品种和 1 个品系。其中 2 个地方品种包括吉林梅花鹿和东北马鹿。培育品种分别为双阳梅花鹿、西丰梅花鹿、四平梅花鹿、敖东梅花鹿、兴凯湖梅花鹿、东丰梅花鹿、清原马鹿、塔河马鹿、伊河马鹿和长白山梅花鹿品系。一直以来，我国鹿的饲养以获得优质高产的鹿茸为主要目的。种公鹿的品种改良对提高群体产茸性能的遗传品质起关键作用，直接影响养鹿场的生产效益。因此茸鹿育种工作的核心是种公鹿的选择。目前主要运用的是基于个体表型的传统选种，而分子标记辅助选种，仍处于初级研究阶段。相关报道多见于单核苷酸、微卫星等分子标记多态性及其与产茸量的相关性分析。但产茸性状是受多基因控制的复杂性状，不是单个基因就能完全左右的，需要一系列的基因来控制。全基因组测序技术可以帮助实现复杂性状相关基因的精准定位。我国研究者首次利用全基因组重测序分析了与鹿茸重量相关的遗传变异，共得到 94 个与鹿茸重量可能相关的遗传变异，其中有 2 个变异位点分别定位于 *OAS2* 和 *ALYREF/THOC4* 基因的外显子区，且 *ALYREF/THOC4* 基因在鹿茸中表达量很高。功能富集分析发现，这些遗传变异与鹿茸生长发育密切相关，可作为潜在的鹿茸重量相关遗传变异。另有报道表明经过全长转录组测序和

microRNA测序的综合分析，发现了与鹿茸重量有关的14个基因和6个microRNA，可用于筛选与梅花鹿鹿茸重量有关的重要 DNA 标记。质谱 SNP 分型技术对梅花鹿产茸性状的候选变异位点检测与关联分析，筛选出 GGAACC 基因型组合可以作为未来选择高产茸量梅花鹿的候选分子标记。这些研究成果填补了我国茸鹿优良生产性状基因组标记研究领域的空白，为科学育种提供了新的研究背景。

4 小结与展望

科技进步是养殖业可持续发展的核心推动力。过去 30 年，我国养殖业的科技创新水平不断提高，对我国养殖业的贡献逐步增大，但是与发达国家相比仍有较大差距。国家养殖科研投入总体不足，结构不合理，严重制约了科技对我国养殖业可持续发展的支撑作用，主要表现在我国鹿业研究领域科技投入强度长期偏低、科研经费投入不足。在鹿的养殖领域科研人员总量偏少，在品种培育、污染防治、养殖产品加工等的基础研究和前沿技术研究领域，严重缺乏具有较强自主创新能力和国际影响力的科研人才。缺乏以鹿的养殖科技为主要研究对象的国家级重点实验室、国家工程中心等国家级、省级科研平台，科研条件能力建设有待完善。多年来，我国在梅花鹿和马鹿的选育种和遗传性状上的研究取得了很多成果，培育成了质优量高的梅花鹿品种，但是这些新技术、新方法的推广效果不佳，鹿业科技推广体系亟待健全。我国鹿业的基础科学、应用科学及技术开发没有实现协同发展，一些重大的科技问题仍然没有解决或者尚未开展研究。例如，关于鹿产品中的质量标志物、作用机理、功能机制等问题尚不明确，茸鹿营养研究中主要矿物元素和维生素的代谢规律及其对鹿茸生长、胎儿发育、各种生物学时期的饲养标准或营养需要量标准尚未确定，茸鹿育种研究中其遗传资源的优化合理利用、抗病基因组的标记等仍为空白。

"十三五"期间，我国鹿产业虽然取得了一些成绩，但是发展基础仍较为薄弱，无论对标发达国家的鹿产业还是对标国内的家禽、家畜的发展都有较大差距，短板和弱项较多。未来"十四五"期间，要做好顶层设计，坚持新发展理念引领，聚焦高质量发展，补短板、强多项，争取在鹿产业多个领域内尽快取得新突破，不断提升产业的市场竞争力，实现鹿产业强、从业者富、供给品优，为新时代畜牧强国做出贡献。

参考文献（略）

鹿科动物染色体研究进展

唐丽昕，张然然，董世武，邢秀梅*

（中国农业科学院特产研究所特种经济动物分子

生物学重点实验室，吉林长春　130112）

摘　要： 在细胞遗传学中，染色体的研究是很重要的一部分。在通过查阅相关文献后，本文对近年来鹿科动物染色体的相关研究方法，包括核型、显带分析以及荧光原位杂交等其他技术进行了概述，并指出应该在此基础上拓展新的、更具意义的研究领域。

关键词： 鹿科动物；染色体；核型；显带；荧光原位杂交（FISH）

我国鹿类资源丰富，共有21种，占全球的41.7%。其中，鹿科动物属于哺乳纲偶蹄目，因其是名贵的药用动物而具有很高的研究价值。

染色体是细胞核内主要遗传物质的载体，它可以储存和运输DNA。染色体的变异包括染色体数目和结构的变异。染色体数目变异，指染色体整倍性和非整倍性变异。染色体结构变异则包括染色体片段的重复、缺失、倒位以及易位。而染色体任何数目和结构上的变化都可能引起物种遗传变异的发生。染色体的这种变异也是生物多样性的主要来源之一。染色体研究无论对于了解物种的进化起源问题，还是研究新物种的形成，都有重要的意义。对染色体的研究方法包括核型、带型分析、结合微阵列分析、荧光原位杂交技术等。而鹿科动物已有的染色体研究普遍是核型和带型分析。本文拟对近些年来鹿科动物染色体的相关研究方法以及研究进展进行概述。

1　鹿科动物染色体核型研究

核型又称染色体组型，是染色体形态学上的概念，指染色体的形态特征、大小

【作者简介】唐丽昕（1995—　），女，辽宁省大连市人，在读硕士研究生，从事特种经济动物种质资源保护与遗传育种研究。

　* 通信作者：邢秀梅，女，博士，研究员，博士生导师，从事特种经济动物种质资源保护与遗传育种研究。

及数目的总和。每种生物都有其特定的一套染色体核型。一般情况下，一个体细胞的染色体核型就可以代表个体的染色体特征。对物种染色体核型的观察可以得到染色体的基本形态学特征。同时，通过对物种间染色体核型的观察与比较，可以观察出物种在染色体核型上的特异性。染色体核型的研究为进一步的分子细胞生物学研究奠定了基础。

鹿科动物的进化起源问题一直都存在着一些争议，尤其是梅花鹿和马鹿之间进化起源的先后问题。针对这一问题，仅从物种性状特征的进化以及地理分布变化方面进行研究是远远不够的。染色体核型的研究对于解决物种分类及进化起源问题是十分必要的。一方面，可以从染色体数目和结构发生的差异来探寻鹿科动物染色体发生变异的主要机制；另一方面，可以从细胞遗传学角度为鹿科动物的分类及进化起源问题的后续研究提供一定的理论依据和参考。

在国外，很早就有学者对一些鹿科动物的染色体核型做过相关研究。自20世纪60年代开始，国内外就有鹿科动物染色体相关的研究报道。1963年，Beni-rschke等报道了弗吉尼亚白尾鹿的二倍体染色体数目为70。Gustavsson等报道了5种鹿科动物的二倍体染色体数目，驼鹿（*Alces alces*）为68，狍（*Capreolus capreolus*）为70，马鹿（*Cervus elaphus*）为68，梅花鹿（*Cervu snippon*）为67，黇鹿（*Dama dama*）为68。

1.1 梅花鹿染色体核型研究

梅花鹿是国家一级保护动物，已被列入《中国濒危动物红皮书》，很多学者都对其染色体的核型进行了研究。国外学者Gustavsson等报道了东北梅花鹿染色体数 $2n=64$、68；日本梅花鹿染色体数 $2n=66$、67。而国内俞秀璋等、王宗仁等均通过试验得出东北梅花鹿染色体存在多态性 $2n=64\sim68$。王宗仁等报道，日本梅花鹿染色体数目的多态性 $2n=66\sim68$。同时，通过将东北梅花鹿、东北马鹿和中亚马鹿的染色体核型比较分析得出，虽然中亚马鹿是马鹿的一个亚种，但其与东北马鹿的染色体数目有差异，而与东北梅花鹿的相似，很可能是因为中亚马鹿较其他马鹿在进化上起源较早、比较接近于梅花鹿。祁得林对青海地区梅花鹿染色体核型的研究证明，梅花鹿的染色体数 $2n=64\sim66$、68，存在多态现象。梅花鹿染色体的多态现象，不仅存在于亚种之间，还存在于同一亚种的不同个体间，而这种多态现象可能与不同类型染色体数目的差异有关。

1.2 马鹿染色体核型研究

马鹿是大型鹿科动物，因其体型大、产茸量高而具有较大的研究价值。我国马鹿主要分布在西北、新疆地区，东北地区也有分布。王宗仁等分别研究了中亚马鹿和东北马鹿的染色体核型，中亚马鹿的染色体数目 $2n=66$、67，存在多态现象，而东北马鹿染色体数 $2n=68$，并不存在多态性。王宗仁等也得出青鹿、东北马鹿染色

体数 $2n=68$，青鹿和东北马鹿的染色体组型一致，这就为将这 2 个马鹿亚种并为 1 个亚种提供了依据。另外，李军祥等对青海地区的马鹿染色体核型进行了分析，得出染色体数 $2n=68$。马鹿染色体存在多态性可能是因为减数分裂过程中配子随机结合。

1.3 驼鹿染色体核型研究

国外对驼鹿的研究比较早，Aula 等在 1964 年首次对欧洲驼鹿（*A. a. alces*）进行了核型研究，得到欧洲驼鹿染色体数是 $2n=68$。随后，Hsu 等对西氏驼鹿（*A. a. shirasi*）和北美东部驼鹿（*A. a. americana*）进行了核型研究，得到这 2 个亚种的染色体数 $2n=70$。在国内，卜令浩对远东驼鹿的染色体核型进行了观察，其染色体数 $2n=68$。将这 3 个驼鹿亚种染色体核型的研究结果进行综合分析，得出远东马鹿与欧洲马鹿因核型相似而在亲缘关系上也更近。

1.4 其他鹿科动物染色体核型研究

还有一些其他鹿科动物的染色体核型研究，Mi-yake 等对虾夷鹿染色体核型研究发现，其核型不存在多态性。段幸生等研究结果表明，黑鹿的染色体数 $2n=9$（雄），$2n=8$（雌）。毛冠鹿是分布在我国南方地区的珍稀鹿种。1983 年，张锡然等首次报道了毛冠鹿的雌性核型（$2n=47$）和雄性核型（$2n=48$）。随后，王宗仁等发现毛冠鹿染色体数 $2n=46$。孔亚慧等则发现毛冠鹿核型存在多态现象，证明了毛冠鹿有 4 种核型。粘伟红等首次发现在毛冠鹿染色体中存在 2 条异型的 X 染色体。王宗仁等将爪哇鹿与云南黑鹿的染色体核型进行比较，发现其染色体的核型、带型都很相似，确定了爪哇鹿和黑鹿是亲缘关系非常近的一个种。

1.5 杂交鹿染色体核型的研究

除对纯种鹿染色体核型的研究外，还有一些对杂交鹿染色体核型的相关研究。方元等研究并报道了云南水鹿和东北梅花鹿杂交鹿（F_1）的染色体组型。杂交鹿（F_1）的染色体数为 $2n=64$。俞秀璋等对赤鹿和梅花鹿的杂交后代进行了核型分析，初步表明其染色体数雌雄均为 $2n=67$，此外，还对东北梅花鹿和东北马鹿的杂交后代进行了核型研究，发现杂交后代染色体数 $2n=66\sim68$，而且染色体数 $2n=67$ 的杂交鹿是可育的核型。

1.6 鹿科动物染色体核型进化机制

王宗仁通过将自己与前人的研究结合起来对鹿科动物染色体核型进行比较归纳，总结得出染色体变异的机制：鹿科动物染色体的变异主要是常染色体数目的变化。引起染色体数目发生变化的机制主要是罗伯逊断裂（即 1 条中心着丝粒染色体断裂，形成 2 条端着丝粒染色体）。

2 鹿科动物染色体显带技术

对于鹿科动物染色体的研究，常规的核型研究一直是不可忽视的。但是，随着鹿科动物染色体研究的不断深入，越来越多的学者尝试着将一些相对成熟的哺乳动物染色体研究技术应用于鹿科动物染色体的研究中，其中就包括染色体显带技术。染色体显带技术使染色体的研究更加深入，其不仅可以显示种内的染色体分化，而且能揭示许多核型研究不能显示的种间差异。染色体的带型主要包括 G 带、C 带、Q 带、R 带以及银染 Ag-NORs（N 带）等。对鹿科动物染色体带型的分析，G 带、C 带、R 带以及银染 Ag-NORs 的研究效果比较理想。Q 带在鹿科动物染色体研究的文章并不多见。染色体显带技术及对其带型的分析成为研究鹿科动物细胞遗传学的又一重要方法。

2.1 G 带

G 带分析是染色体显带分析中应用最广泛的显带技术。将制备好的染色体标本用碱、胰蛋白酶或其他盐溶液处理后，再使用吉姆萨染液染色，在光学显微镜下，可见深浅相间的带纹，称 G 带（G band）。在 G 带分析中，每条染色体均有其特定的带型特征，G 带暗纹区富含 A-T 碱基对，亮带区则富含 G-C 碱基对，深浅条纹交替排列在染色体上。通过对于 G 带的分析，可以得出染色体具体的类型、数目，以及相关的带纹特征信息。俞秀璋等通过对东北梅花鹿 G 带的观察得出结论：确认东北梅花鹿染色体数 $2n = 66$，个体间染色体数不存在多态现象，但在同一个体内细胞色体数有差异。王宗仁等对白唇鹿的染色体 G 带观察发现，白唇鹿在染色体数目及形态上都和东北梅花鹿十分相似且染色体类型相同。

2.2 C 带

C 带是组成异染色质带的简称。C 带是用碱性溶液［饱和 $Ba(OH)_2$ 溶液］处理制片标本，再使用吉姆萨染液染色得到的带型。染色体的 C 带分析多用于染色体的多态分析，显示的是染色体全部的结构异染色质区域、次缢痕位置以及 Y 染色体。深染色的区域是 DNA 重复序列。这种显带方法特别适合于染色体的着丝粒区和 Y 染色体长臂的观察。段幸生等通过对黑麂 C 带的研究发现其染色体着丝点区特别长且异染色质非常丰富，但异染色质的短臂长短有异，存在多态现象。粘伟红等对毛冠鹿 C 带进行研究，发现毛冠鹿异染色质的分布和含量存在差异会导致染色体产生多态现象：常染色体上异染色质分布不均匀使得同源染色体产生差别，而在性染色体上因为异染色质含量不同，染色体大小产生明显差别。

2.3　R 带

R 带是 G 带的反带，在 G 带呈深带的区域，R 带呈现的就是浅带。R 带是用热盐处理制片标本，再使用吉姆萨染液染色，得到与 G 带带型相反的带纹。R 带的显带技术主要用来研究染色体末端发生的异常，如缺失和重排。在鹿科动物方面，蒋德梅通过试验得到东北梅花鹿 R 带模式图，并将其与已有的鹿科动物的染色体 R 带进行比较，发现了在染色体的压缩层面上，同一物种的相似性和稳定性以及同一物种不同亚种间的差异性。

2.4　N 带

N 带又称银染 Ag-NORs 显带，是在高温条件下，用三氯醋酸处理制片标本，再在温育后用吉姆萨染液染色得到的核仁组织区深染、其他部分浅染的带型。N 带显带技术主要用来对结构上的非组蛋白的蛋白质和核仁组织区特异性结合的地方进行识别和分析。Ag-NORs 是随染色体而遗传的，可作为品种特征的遗传标记之一，用于研究品种间的差异，以探讨品种的起源进化。在家猪上已有报道 Ag-NORs，不但有品种和个体差异，而且与猪的起源进化有关。在鹿科动物中，韩莉观察发现 Ag-NORs 主要位于染色体的着丝粒位置，说明东北梅花鹿的异染色质主要以着丝粒带的形式出现，通过与 C 带比较，说明东北梅花鹿染色体在亚种水平上可能存在异染色质多态性。

2.5　其他

另外，还有一些其他的研究，例如，染色体的高分辨显带、限制性内切酶显带等。高分辨染色体是指通过某种处理，获得有丝分裂早期染色体的分裂象，显带后可得到更多更细的带纹，从而提高了人类对染色体的分辨力。赵婉婷等通过试验得出单套染色体显带 456 条，并以此为基础，绘制了梅花鹿高分辨 G 带模式图。而限制性内切酶显带技术因其可对原位固定的染色体诱导显带，并可从光镜和电镜多个角度对染色体结构进行分析，被广泛应用于真核生物中。蒋德梅等采用限制性内切酶 *Hae*Ⅲ 和 *Hind*Ⅲ 分别处理东北梅花鹿中期染色体标本，得到了类似 G 带和 C 带，同时得出了 12 对常染色体和 1 对性染色体具有异质性。

3　荧光原位杂交技术在动物染色体研究中的应用

荧光原位杂交（Fluorescent in situ hybridization，FISH）技术可以鉴别特异性序列，染色体亚区，或整个基因组；可以特别地突出中期或间期细胞的形态和数目。该技术可用于识别染色体，检测染色体异常或确定特定序列的染色体位置。FISH 在细胞遗传学、产前诊断、肿瘤生物学、基因扩增和基因定位等诸多研究领域发挥着越来越重要的作用。其原理是将特定的 DNA 探针用荧光素进行标记，再将标记后的探针与靶 DNA 进行原位杂交，经荧光检测体系在镜下对靶 DNA 进行定性、定量或相对定位分析。染色体异常包括染色体数目和结构的异常，而大部分数目的异常都会导致疾病的发生。单单采用染色体显带分析并不能解决所有的染色体异常问题，而采用荧光原位杂交技术能很好地解决。丁银润采用荧光原位杂交技术直接检测出昆明山海棠水抽提物（THH）在哺乳动物细胞中作用产生的非整倍体。Bonnet-Garnier A 利用荧光原位杂交（FISH）技术，采用牛和山羊的 BAC（细菌人工染色体）探针，验证了 13 个通过普通的 R 带显带分析得不出的罗伯逊易位。

4　小结与展望

染色体的研究在对了解生物的遗传变异、系统演化、性别决定、个体发育和生理过程的平衡和控制等方面都有重要作用，染色体分析已经是细胞遗传学必不可少的重要环节。

鹿科动物种类繁多，且经济价值较高。对于鹿科动物染色体，最集中的研究时间是 20 世纪 80—90 年代，主要是在细胞水平上的研究，借助显微镜来观察各鹿科动物及其杂交后代的染色体核型及其不同种类的显带分析。细胞遗传学的核型和显带分析已经研究得十分深入。随着分子生物学技术的发展，针对染色体的研究从细胞遗传学深入到分子细胞遗传学。我们对于鹿科动物染色体的研究不能仅仅局限于细胞水平上核型以及显带分析，应该在此基础上拓展新的、更具意义的研究领域。可以把基本的染色体核型研究与现代先进的生物技术以及生物信息学相结合，将染色体进行深度剖析，逐步获得基因在染色体上的定位，一方面，将不同鹿科动物同一位置染色体上的序列进行比对，从而解释鹿科动物中不同物种，甚至亚种间的差异。另一方面，将细胞遗传学研究转向基因组学研究，从基因组学的水平上研究鹿科动物染色体与基因以及基因对应的生物重要性状的关系，将鹿科动物染色体的研究带入一个全新的基因组学时代。

参考文献（略）

本篇文章发表于《特产研究》2020 年第 2 期。

鹿科动物生理周期性骨质疏松特点及研究进展

孙伟丽，赵海平，钟　伟，李光玉*

（中国农业科学院特产研究所，吉林长春　130112）

摘　要： 鹿科动物具有生理周期性骨质疏松的矿物质代谢特点，利用鹿科动物作为骨质疏松研究模型是未来的研究思路和方向。本文综述了鹿科动物骨质疏松代谢相关的研究进展，旨在利用代谢组学等技术，筛选负责调控骨质疏松恢复的关键因子，为进一步研究骨质疏松机理及寻找新的药物靶点提供理论依据和研究基础。

关键词： 鹿科动物；骨质疏松；代谢特点

生理周期性骨质疏松是雄性鹿科动物骨骼特有的现象，由于鹿茸发育需要从骨骼大量重吸收矿物质，伴随鹿茸的年度再生而周期性发生。人类的骨质疏松是一个不可逆的过程，其治疗一直是医学界的难题。鹿科动物生理周期性骨质疏松症（Osteoporosis，OP）的病理组织学表现与人类老年和女性绝经期后的骨质疏松症非常相似。因为鹿茸骨化完成后，骨骼骨质疏松完全恢复至正常水平，为我们提供了一个研究骨质疏松的模型。骨质疏松症是人类最常见的骨代谢病之一，是一种以骨量减少、骨的脆性增加、骨组织显微结构退行性改变、易于发生骨折为特征的全身代谢性骨骼疾病，多发生于绝经后妇女及老年人。骨质疏松性骨折发病率高，严重威胁着人们的生命健康。目前骨质疏松症一旦发生，只能通过药物缓解症状而不能彻底根治，所以它的治疗一直是医学界的难题。如果能够利用自然界某些动物生理性现象作为模型，寻找钙、磷吸收和代谢的特异性规律，确定调节钙质吸收的调控因子，可以为揭示骨质疏松的机理以及为可逆调节和治疗此病变提供依据。

1　鹿科动物生理周期性骨质疏松的特异性

研究表明，生理周期性骨质疏松是雄性鹿科动物骨骼特有的生物学现象，每年

【作者简介】孙伟丽（1982—　），女，黑龙江牡丹江人，博士，从事特种经济动物营养与饲养的研究。E-mail：sunweili@ caas. cn。

＊ 通信作者：李光玉，研究员，博士生导师，E-mail：tcslgy@ 126. com。

周期性发生。但是驯鹿除外，驯鹿的雌性鹿也有一定程度的生理周期性骨质疏松现象。鹿茸每年一度的周期性的再生、骨化、脱落，伴随着骨骼的年度周期性的疏松、完全恢复。以肋骨为例，在组织学上表现为：肋骨皮质变薄，重吸收窦增多，破骨细胞和成骨细胞均较为活跃，重吸收和骨重塑并存，造成骨质多孔；骨质疏松恢复后，内环骨板变厚，没有明显的吸收窦，恢复到骨质疏松前的状态。由于鹿骨质疏松后具有完全恢复能力，这个自然现象为我们提供了一个独一无二的研究骨质疏松的机会，为人类早日摆脱骨质疏松的困扰、实现完全愈合提供了一个宝贵的研究模型。

1.1 鹿茸生长发育规律

鹿科动物这一独特的骨质疏松现象发生在鹿茸的再生周期内，是在探索鹿茸骨化所需的矿物质来源的过程中被发现的，其发生与鹿茸快速骨化所需大量矿物质有关。鹿茸是鹿科动物雄性第二性征，骨化后称为鹿角，是自然界最坚硬的骨组织之一，也是动物界生长最快的骨组织。鹿茸每年完全再生 1 次：对大多数温带鹿种来说，鹿茸每年的再生开始于春季，快速生长于夏季，发育最快时能达到 2.7cm/d，是生长最快的动物组织；骨化于秋季，最终鹿茸将脱去外部皮肤，完全骨化成骨质器官（鹿角）；翌年的春季鹿角脱落后，新一轮鹿茸再生周期开始。组织学上，鹿茸内部主要由软骨组织和骨组织构成，自鹿茸尖部至鹿茸基部，细胞分化程度越来越高，骨化程度也越来越高。鹿茸的生长发育过程也是鹿茸逐步骨化的过程。自鹿茸再生开始至鹿角形成大约需要 4 个月时间，产生大量的骨组织，例如，赤鹿角平均重量 7kg，个别动物个体甚至达到 30kg，平均每天沉积矿物质达 100g；驼鹿角平均重量 30kg，平均每天沉积矿物质超过 250g。每年鹿角沉积的骨质达到体重的 10% ~ 15%。鹿角的主要成分为矿物质，含量达到 61%。这就产生了一个问题：在短短 4 个月的时间，雄性鹿科动物如此快速地产生如此庞大的骨组织，矿物质是从哪里来的呢？科研工作者围绕这个问题开展了一系列探索工作。

在鹿茸生长期，鹿科动物对矿物质的需求量升高；对组织学的研究发现，这一时期骨骼内的矿物质被动员流失，即使饲粮中矿物质含量很高这种流失也会发生。这说明鹿茸生长期所需的矿物质的量巨大，超过了从食物中可以消化吸收矿物质的生理极限，因而还需要动员骨骼中的矿物质，造成骨骼矿物质的重吸收，引起骨骼组织发生暂时性的骨质疏松。当鹿茸完全骨化完成后，进入发情期之前，为了保证最佳的争偶状态，骨骼的骨质疏松状态完全消失而恢复至正常水平。毫无疑问，生理周期性骨质疏松过程包含 2 个可逆的矿物质流动：在鹿茸的快速生长过程中，矿物质流出骨骼；在鹿茸骨化末期到发情期前，矿物质流向骨骼。

1.2 鹿科动物生理周期性骨质疏松过程中矿物质重吸收的特点

鹿科动物生理周期性骨质疏松主要发生在不承重的骨骼。在赤鹿、白尾鹿、黑尾鹿、驯鹿等鹿种中发现，肋骨矿物质流失较为严重，肋骨皮质骨重吸收记录最高达到 26.5%；但是髂骨的生理周期性骨质疏松不明显。鹿骨骼重吸收对应于鹿茸再生周期中的时间点一直难以确定，也就是说骨骼重吸收发生在开始疏松、疏松逆转和完全恢复期中哪个时期，一直是科研界尚不清楚的问题。研究最为清楚的是骨质疏松开始逆转（骨重吸收程度最高）的时间点，且在不同鹿种上的发现也不尽相同。Banks 等在赤鹿和 Pritzker 等在白尾鹿上的发现类似现象，认为肋骨的重吸收开始于鹿茸再生的开始，最大重吸收与鹿茸生长速率最快的时间点重合，并于鹿茸骨化期开始恢复。而 Baxter 等发现雄性赤鹿骨质疏松开始逆转时间点处于鹿茸生长末期，并于鹿角形成时，完成骨质疏松的恢复。

1.3　鹿科动物作为骨质疏松研究模型的潜力

鹿科动物生理周期性骨质疏松现象的独特之处在于其恢复过程。首先这种恢复是一种再生性的恢复，是骨质疏松的逆向过程，能够完全恢复到骨质疏松发生前的状态。这与人类及其他用于研究骨质疏松的模型动物（如鼠、猫、犬、猪、羊、鸡，甚至非人灵长类）的骨质疏松不同，因为这些骨质疏松都是不可逆的，一旦骨质疏松，再也无法恢复自然条件下形成的骨组织的状态。其次，这种恢复非常迅速，恢复时期发生在发情期前的 2 个月内。从配种季节开始，骨骼矿物质的动员和沉积达到动态平衡状态。

鹿科动物生理周期性骨质疏松现象与人类骨质疏松症具有很大的相关性，生理周期性骨质疏松现象是鹿科动物在自然界生存的生理性适应现象，跟人类老年和女性绝经期后的骨质疏松在表观和基因表达模式方面非常类似。在表观上均表现为骨质量降低、矿物质化程度降低以及组织的显微结构退化、变脆易折断在基因表达模式方面，这 3 种类型的骨质疏松受共同的基因网络调控。Borsy 等通过对雄性赤鹿生理周期性骨质疏松期的肋骨、人类女性绝经期的股骨和老年性骨质疏松病人的股骨进行比较转录组学分析，发现人类和赤鹿的骨质疏松相关基因的表达模式方面非常类似，并推测通过模型动物的比较基因组学分析，能够确定人类骨质疏松诊断和治疗的新靶点。

综上所述，由于大多数哺乳动物骨质疏松难以愈合，而且几乎是不可逆的。而鹿的生理周期性骨质疏松却是一个特例，能够在骨质疏松发生后完全恢复到疏松前的状态。如果能够利用梅花鹿作为骨质疏松可逆恢复研究模型，进一步筛选赋予梅花鹿骨质疏松完全恢复能力的关键因子，可为解决人类骨质疏松不可逆这一关键科学问题找到一条切实可行的研究途径。

2　鹿科动物骨质疏松调节相关的研究进展

尽管早在 20 世纪 50—60 年代，鹿骨骼生理周期性骨质疏松这一现象就已经被发现，但是这一难得的研究模型至今仍没有被广大研究人员所熟知和利用，相关研究结果也较少，仅有的几篇报道主要集中在钙、磷代谢和转录组学初步分析方面。

2.1 鹿科动物钙、磷代谢和吸收的规律

生理周期性骨质疏松过程中，骨骼矿物质流出的成分主要为钙和磷，例如，雄性北美驯鹿（鹿角最大的鹿种）鹿角形成需要从骨骼中重吸收的钙和磷的量分别为不少于 25g/d 和 12g/d。鹿角中的钙磷比与鹿骨骼一样，均为 2∶1。但是鹿骨骼中钙、磷的重吸收比例却并非 2∶1，造成鹿骨骼中钙磷比在鹿茸生长期时能够达到 3.3∶1.0。试验证明，磷比钙更容易重吸收，骨骼中 25% 的钙和 50% 的磷能够被重吸收。钙、磷摄入不足的白尾鹿、赤鹿、驯鹿等鹿种，其鹿茸发育均受到了抑制，说明生理周期性骨质疏松过程中钙、磷的重吸收并不是无限制的，而是有一个生理上能够承受的上限。

2.2 饲粮中钙、磷含量与鹿茸发育的关系

为了确定梅花鹿生茸期对钙、磷需求量是否增加，本课题组人员开展了相应的试验，选择了 18 头 4～5 岁（该年龄段鹿的生茸能力较强）同期脱角盘的健康雄性梅花鹿，分 3 组，饲喂低、中、高 3 个不同钙、磷水平的全价颗粒料，至形成二杠茸或者三权茸。结果发现，高钙、磷饲粮组的梅花鹿形成二杠茸和三权茸的时间更早，说明饲料钙、磷含量对鹿茸的形成至关重要。

2.3 梅花鹿生理周期性骨质疏松的组织学特征

为了验证梅花鹿生理周期性骨质疏松的发生，本课题组进行了如下前期研究。一是采取了梅花鹿肋骨皮质进行了组织学检查，发现在鹿茸快速生长期，肋骨皮质有明显的重吸收现象。在角盘脱落时，没有重吸收现象；在鹿茸快速生长期，有明显的重吸收腔，可见腔体边缘活跃的破骨细胞；在鹿茸骨化期，重吸收腔开始回填。相比之下，在同一时期，不生茸的雄性梅花鹿无重吸收现象。二是对梅花鹿后肢胫骨进行了X 射线骨质密度的测定，发现在鹿茸快速生长期，胫骨骨质密度有所下降，但下降幅度并不是十分明显。同时分析了试验结果不明显的主要原因：生理周期性骨质疏松主要发生在非承重骨骼，胫骨虽然有所疏松，但是疏松程度不大；此外，对部分血液学指标进行了测定，发现在鹿角形成期，降钙素和骨钙素在血液中的浓度同时升高。

3 梅花鹿作为骨质疏松研究模型的研究方向展望

3.1 探讨鹿茸再生周期中骨质疏松发生逆转的时间

以梅花鹿的生理周期性骨质疏松为研究对象，检测骨质疏松逆转发生在哪个时

间段，确定是鹿茸骨化期还是脱皮期，可以利用组织学方法检测鹿茸再生周期不同时间点，通过判断肋骨的骨质重吸收程度，以确定骨质重吸收最大值的时间点；此外，还可以利用 X 射线成像方法检测鹿茸再生周期不同时间点胫骨骨质密度，以确定胫骨骨质密度最低的时间点；结合以上组织学方法和 X 射线成像技术综合分析骨质疏松逆转的发生时间。

3.2　代谢差异蛋白质及候选因子分析

不同时期组织差异蛋白质筛选：利用双向荧光差异凝胶电泳（Two-dimensional fluorescene difference in gel electrophoresis，2D-DIGE）技术，筛选骨质疏松前期、骨质疏松形成期、骨质疏松恢复期 3 个时期肋骨皮质的差异蛋白质点，进行质谱鉴定。分析参与骨质疏松完全恢复过程的蛋白质、代谢因子和信号通路，探索骨质疏松的完全恢复机制，获得负责调控骨质疏松完全恢复的关键因子。通过生物信息学分析上述试验中获得的蛋白质、代谢因子和信号通路，探索骨质疏松的完全恢复机制，推测可能负责调控骨质疏松完全恢复的关键因子作为候选因子。

3.3　矿物质代谢相关因子在血清中的差异检测

检测骨质疏松前期、骨质疏松形成期、骨质疏松恢复期 3 个时期血清中钙、磷、镁、睾酮、雌二醇、甲状旁腺素、降钙素、骨钙素、碱性磷酸酶等矿物质及其代谢相关因子的差异。

3.4　活体验证方法

通过分子生物学技术离体表达（合成）候选因子，构建大鼠骨质疏松模型将合成的候选因子应用于该模型，验证该因子在大鼠骨质疏松愈合过程中的作用，利用大鼠骨质疏松模型验证候选因子对大鼠骨质疏松愈合的作用效果。

4　小结

鹿科动物具有特殊的钙、磷代谢规律，骨质疏松具有可逆性。因此，鹿科动物具备作为研究此类疾病模型的潜力。研究技术手段包括探索矿物质代谢和重吸收规律、血液激素变化以及不同生理周期骨组织学变化规律、蛋白质组学和代谢组学技术手段。未来的研究思路包括：通过分析骨质疏松可逆过程中蛋白质的表达差异和血清中矿物质相关代谢产物的差异，获得生理周期性骨质疏松代谢途径的关键蛋白质、代谢因子和信号通路；探索骨质疏松的可逆恢复机制；通过大鼠骨质疏松模型，验证候选调控因子对促进骨质疏松愈合作用的效果。

参考文献（略）

本篇文章发表于《动物营养学报》2019 年第 31 卷第 12 期。

鹿茸的功效、深加工和多样化应用渠道的思

刘　振，赵海平*

（中国农业科学院特产研究所　吉林省鹿茸工程研究中心，吉林长春　130112）

摘　要：鹿茸作为鹿产业的主要经济产品，在全民大健康领域发挥着重要作用。当前，鹿产业主要集中在鹿养殖业环节，基于鹿茸功效而进行的茸产品深加工和多样化应用的薄弱环节极大地限制了鹿产业的可持续发展。现代临床医学与生物学研究表明鹿茸众多生物学特性与鹿茸功效密切相关。该文分析制约鹿产业可持续发展的问题，基于鹿茸古今功效记载和研究提出现代鹿茸深加工、应用方式和应用渠道的建议：充分了解鹿茸物料性质，根据应用目的合理选择加工方式和应用方式，加强鹿茸功效的中西医应用宣传，希望借此推动鹿茸产品开发应用进展，提高人民健康生活水平。

关键词：鹿茸功效；茸产品加工；多样化应用；产业发展

鹿茸在中药领域占有重要的席位，在维持人类健康和医疗领域发挥了重要的作用。养鹿业是我国的特色产业之一，我国养鹿的主要目的是获取鹿茸。我国的养鹿历史悠久，鹿品种多样，是世界主要的养鹿国之一。鹿产业对于我国全面建设小康社会、实现全民健康的需求扮演着十分重要的角色。2020年农业农村部将梅花鹿、马鹿和驯鹿列入《国家畜禽遗传资源目录》，意味着他们与家禽、家畜一样，成为城乡居民农牧产品供给来源。当前，鹿产业主要集中在鹿养殖业（第一产业）环节，鹿茸深加工、销售、健康和文旅等第二、第三产业的比重很低，严重限制了鹿茸功效的发挥和鹿产业可持续性健康发展。本文将从鹿茸的功效、深加工和多样化应用渠道进行分析和思考，提出笔者的见解，为提高鹿茸的社会价值和经济效益提供参考。

【作者简介】刘振（1987—　），男，山东人，研究方向为特种经济动物饲养。

* 通信作者：赵海平，男，研究员，博士，主要从事鹿茸生物学和药效方面研究，E-mail：zhaohaiping@caas. cn。

1 鹿茸的功效

鹿茸在我国已有超过 2 000 年的应用历史，其功效记载在了众多医药典籍和各版《中华人民共和国药典》（简称《药典》）中。《本草纲目》记载鹿茸功效为生精补髓，养血益阳，强健筋骨；治虚损、耳聋、目暗、眩晕、虚痢。《药典》记载鹿茸功效为壮肾阳，补精髓，强筋骨，调冲任，托疮毒。主要用于阳痿滑精，宫冷不孕，羸瘦，神疲，畏寒，眩晕，耳鸣耳聋，腰脊冷痛，筋骨痿软，崩漏带下，阴疽不敛。与此同时，现代生物学和生物医学研究分析发现，鹿茸对多种组织系统具有促进机体生长发育、增强新陈代谢、提高机体免疫力、提高性功能、调节心血管系统与神经系统、缓解骨质疏松、促进骨折的愈合、抗氧化和抗衰老等功能。

近年来，生物学研究发现了鹿茸众多独特的生物学特性。一是唯一可以完全再生的哺乳动物附属器官；二是动物界生长最快的组织（生长速度可高达 2.75cm/d），生长速度远远超过肿瘤，然而却不癌变；三是成骨最快的动物组织（10kg/月）；四是大面积伤口（直径超过 10cm）快速无疤痕愈合。鹿茸本身的一系列生物学特性，是鹿茸产生中药药效的根源之一。因此，理论推测，合理应用鹿茸的这些特性，将会提高鹿茸的药效。

如何提高鹿茸的功效呢？笔者认为深加工技术的合理应用和应用方式的多样化是提高鹿茸功效的有效手段。

2 鹿茸的深加工

当前鹿茸的深加工是要是以产地加工为主，市场上深加工的产品较少，少有的几种深加工产品还往往忽略了鹿茸本身的特性和药效的保持。深加工技术应用的目的无外乎如下几个方面：延长鹿茸的保存时间、提高鹿茸的保健医疗价值、增加鹿茸的商品价值和附加值、去除不良味道、去除有害微生物，从而促进贸易和方便应用。合理的应用深加工技术，需要在最大限度保持产品活性的情况下，满足人们对鹿产品的应用需求。因此需要充分了解鹿茸本身的物料性质。

2.1 干制

目前的干制方式主要为煮炸、烘干、冻干，各有其优缺点。煮炸和烘干都经过了高温过程，会失活鹿茸中的某些成分，但是高温也起到了杀灭微生物和病原菌的作用；冻干虽然尽可能地保持鹿茸中成分的活性，但是对微生物和病原菌的杀灭作用有限。在此，必须要明确，鹿茸是一个动物组织，口服应用的情况下，安全是第一要素。因此，对于口服来说，笔者推荐服用煮炸和烘干的鹿茸，不建议直接口服冻干（经过其他方式灭菌后的除外）的鹿茸。

2.2 提取

目前最常用的提取方式为水提和醇提（含泡酒）。鹿茸是一个动物组织，很难溶于水和乙醇。笔者团队初步测定了鹿茸水提和醇提的提取率，鹿茸粉末为 100 目，提取时间为 2h，提取 3 次，料液比 1:3。95℃水提的综合提取率（综合多种区段、规格的样品）为 20%左右（不同区段、不同生理时期的鹿茸提取率差异巨大），70%乙醇的提取综合提取率（综合多种区段、规格的样品）为 5%左右（不同区段、不同生理时期的鹿茸提取率差异巨大）。提取后的提取液是一种很方便服用的产品，但是由于提取率不高，在提取过程中丢失了很多可能有效的鹿茸成分，所以鹿茸提取物并不能代表鹿茸的全部功效，毕竟当前我们不知道鹿茸的主效成分。虽然醇提的效率很低，但不可否认的是，泡酒依然是最安全的鹿茸应用方式之一，因为微生物没法在中高浓度酒中存活。

提取和干制是鹿茸深加工的前提条件之一，其他的深加工技术很多，不胜枚举，在此将不一一赘述。食品和药品的深加工技术，都可以选择性地用于鹿茸的深加工。在选用深加工技术的时候，要慎重考虑鹿茸的物料性质、产品的功效和目的等情况，合理选择应用。例如，目前有人对鹿茸进行发酵提取生产鹿茸发酵提取物，鹿茸是动物组织，与植物组织不同，在发酵过程中特别容易腐败变质，笔者认为该方式应谨慎应用。

3 鹿茸的应用方式

目前最常用的应用方式主要以口服为主，进入消化道的鹿茸要想进入血液循环起作用，需要经过两道"关卡"，即消化酶和微生物（肠道菌群），在多种消化酶的酶解蛋白质被分解成单个氨基酸和小肽；在多种微生物的作用下，鹿茸中的成分被用于合成了其他物质。因此，鹿茸中大部分促进再生、促进快速生长、促进成骨、抑制肿瘤等成分被分解后重新利用，我们不知道到底有多少还能够进入血液循环发挥对应的作用，从而影响鹿茸某些功效的发挥。因此，从理论上推测，如何采用合理的应用方式，将很大程度上提高鹿茸的功效，并发现新的功效。

笔者实验室对鹿茸进行细致的研究，发现鹿茸提取物在外用的情况下，能够产生很好的成骨、促进伤口无疤痕愈合、提高伤口愈合速度等功效。同时，不同提取方式获得鹿茸提取物在功效方面差异巨大，例如，鹿茸多肽比热水提取的鹿茸提取物在抗神经损伤方面效果好很多；从鹿茸中分离鹿茸干细胞提取物在收缩毛孔方面的效果远远好于鹿茸多肽。

因此，笔者倡议，鹿茸的应用应该采取多种应用方式，已获得更好的应用效果和新的功效。除口服外，还应该合理地外用（涂抹、喷雾等）、注射（鹿茸干细胞或者干细胞因子注射）。

4 鹿茸的应用渠道

目前最常用的渠道是作为中药饮片销售，主要流入如下几个渠道：一是消费者直接煲汤、粉碎、灌胶囊、压片、泡酒等方式应用；二是制备成不同规格的礼品，互相赠送，最终被当成了收藏品，而不知道怎么服用；三是药厂制备成成品药；四是药房作为中药饮片；五是艺术爱好者作为工艺品观赏。据笔者调查发现，鹿茸的应用渠道主要以前两种方式为主，后三种方式为辅。

在此特别说明一下第四种，鹿茸在药房的销量很小，这与鹿茸作为"动物药之首"的地位不相符。据笔者了解，鹿茸在药房销量少的主要原因是鹿茸不是中医的常用药。以前由于鹿茸价格昂贵，在价格上普通患者很难承受；然而，当前随着人们生活水平的提高，鹿茸已经开始逐步走入千家万户，普通患者也有能力服用鹿茸来治疗疾病或者提高自身的健康状况。因此，笔者倡议，鹿产业从业者应积极与中医接触，让中医能够更好地了解鹿茸，掌握不同规格和区段鹿茸的药性。如果鹿茸能够成为中医手里的常用药，将极大地带动我国梅花鹿和马鹿产业的发展。

在深刻了解鹿茸功效的基础上，提升鹿茸产品的深加工水平和应用水平，积极扩展可行的鹿茸应用渠道，是目前破解鹿茸产业"出口"狭窄的主要手段，突破制约产业可持续发展的瓶颈和问题。面对鹿茸产业的不断发展，更多的问题也会逐渐出现，追根溯源，制订良好的解决方案，并呼吁全行业人员一起努力，才能更好地引导产业可持续发展，促进产业的转型升级，创造更大的社会价值和经济效益。

参考文献（略）

二、国内鹿业

面向"十四五"的中国鹿产业发展规划探讨

李和平

（东北林业大学，黑龙江哈尔滨　150040）

摘　要：在鹿纳入《国家畜禽遗传资源目录》新形势下，又适逢我国开启全面建设社会主义现代化新征程的"十四五"规划之时，面向"十四五"提出中国鹿产业发展规划的具体思路，对鹿产业发展意义重大。本文针对"十四五"期间我国鹿产业发展应予以重视的"智慧鹿业云科技，优质鹿茸保障体系建设，建立中医理念的内循环为主的鹿产品消费体系，提升对产业、产品内涵认知与树立新型产业思想，开展重大科学问题探索"几方面规划提出了思路，以期对推动中国鹿产业发展起到积极作用。

关键词：特种经济动物饲养学；鹿产业；发展规划探讨

改革开放以来，我国养鹿产业经过前所未有的快速发展，目前已经是颇具规模的特种畜禽产业之一。在主养区已成为增加农民收入、繁荣农村经济的重要支柱产业，也是许多地区农业结构战略性调整的重点，在农业、农村经济中的地位和作用越来越突出。然而，养鹿业长期以来一直是弱势产业，不仅面临国内许多政策的制约，而且又受到国外新兴养鹿业国家（如新西兰）及其鹿产品市场的严峻挑战，导致国内鹿产业发展中一些实际问题和矛盾日益严重。多年来行业主管部门不明确，行业管理与促进鹿产业发展相关政策缺无或不明朗等是桎梏产业发展的关键问题。

2020年初，新型冠状病毒肺炎疫情发生后，根据《全国人民代表大会常务委员会关于全面禁止非法野生动物交易、革除滥食野生动物陋习、切实保障人民群众生命健康安全的决定》和《中华人民共和国畜牧法》规定，经国务院批准，农村农业部于2020年5月27日正式公布了《国家畜禽遗传资源目录》，本次公布的畜禽遗传资源目录所列种为家养畜禽并包括其杂交后代，其中梅花鹿、马鹿、驯鹿等列入特种畜禽。中国鹿产业将遵照《中华人民共和国畜牧法》管理，明确了养殖鹿属于特种畜禽以及鹿产业在管理上的归属，给鹿产业发展带来了新的机遇与挑战。自此，中国鹿产业将走上规范养鹿生产的轨道，将在贯彻落实《中华人民共和国畜牧法》

【作者简介】李和平，男，博士，教授，从事动物遗传育种与繁殖研究，E-mail：461905800@qq.com。

的前提下，实现养鹿业的可持续健康发展。

在鹿产业新的发展形势下，又适逢我国开启全面建设社会主义现代化新征程，"十四五"规划即将实施的开端之时，如何正确分析我国鹿产业中的一系列问题与具体情况，及时预测未来发展之趋势，制定适宜的策略与规划，保持我国鹿产业的可持续高效发展，已经是需要认真研究的重要战略性课题。在认真思考我国鹿产业发展历程，特别是"十三五"期间所取得的成就与产业问题之后，本文在此仅就面向"十四五"的中国鹿产业发展规划提出几点设想，以求与同仁们共同探讨，为鹿产业"十四五"规划的制定提供参考。

1 指导思想

"十四五"的中国鹿产业在指导思想上必须坚持创新发展理念，高质量发展思想；从产业发展的观念、机制、生产、经营方式上实现新的转变和提升。

2 实现途径

正确分析与研判国内外鹿产业经济环境变化及国家战略给中国鹿产业发展带来的机遇与挑战。

3 核心问题

围绕鹿产业发展质量、效率、动力变革的核心问题，从根本上来推动中国鹿产业发展。

4 发展规划

我国鹿产业在调整为畜牧产业之一的新形势下，"十四五"期间预计将在产业实力上实现根本性飞跃。那么，"十四五"期间，建议我国鹿产业发展规划应重点在以下几个方面予以考虑。

4.1 智慧鹿业，云科技

现代 IT 技术为实现智慧鹿业提供了很好的技术支撑，我国鹿产业"十四五"期间应实现智慧鹿业、云科技，在鹿养殖环境监测控制、生物信息获取与检测、精准饲喂与管理、疫病防控决策、遗传育种信息化、图像识别、人工智能、科技知识学习与培训系统等诸方面达到智能化管理、大数据平台与云分析、互联网+与物联网、电子商务的目标，进而实现鹿产业的科技普及、产业科技水平（包括从业人员）快速提升、电子溯源、人工智能养殖（茸、肉）与疾病防治诊断系统、信息实时化等，为正确研判产业发展趋势、实现鹿产业数字经济与实体经济的有机结合、保障鹿产业高质量高效率发展实现核心动力的变革。

4.2 优质鹿茸保障体系建设

种或者说良种是养殖产业第一位的任务。养精鹿、精养鹿、养好鹿的各种有效技术措施在"十四五"期间应该予以实施，鹿的"良种登记"必须实现质的突破和有效应用；从养殖生产源头、养殖环节，初级加工、精深加工产品，到以安全、生态、绿色为核心的系列产业体系上，以团体、行业、地方标准建设为主体，进一步实施、完善标准化体系建设；从鹿福利、无抗、降残、检疫、安全生产等方面实现各个环节的规范化；提升包括标准化规模生产、良种提纯提质增量、现代科技支撑、产品精深加工、流通市场与营销体系、生产与产品质量安全保障（含追溯体系）、现代产业服务、鹿文化建设、DNA条形码鉴定技术、分子育种等相应产业技术；通过补短板、立规矩、定政策，逐步实现鹿产业标准化规范化，形成完善的优质鹿茸生产保障体系。

4.3 建立以中医理念的内循环为主的鹿产品消费体系

以持续挖掘、继承、创新和原创思维的现代中医药思想，从中华民族大健康、公共卫生安全的视角，实施以内循环为主体的、重在培育国人消费群体的鹿产品研发体系建设，形成医药企业、中医诊疗、健康养生各层面的鹿产品（鹿茸）消费增长，真正将鹿产品消费融入国家大健康产业。

从思想上改变以西药发现化合物—细胞实验—体外实验—人体临床试验的研发过程来评价鹿茸等中药材产品的模式，建立以中医标准来衡量鹿产品（茸、角、鞭、骨、胎等）药效学指标、安全性指标的评价体系。中医有着自身的优势和特点，它是直接在人身上予以实践应用、通过长期临床经验积累和世代相传所形成的。套用西医指标来衡量中医，中医往往就不能被人们接受，很难在药理、临床上按照西医标准予以评价。因此，应从传统中医药典挖掘经典名方，在国家大力发展中医药事业的新形势下，加强鹿产品品牌建设（种养基地、中药材、中成药品牌），建立鹿产品中医药疗效评价体系（重点是鹿茸中医标准体系）；正确认识鹿产品的中医价值、树立传统文化自信，将现代科技、科技创新融入传统鹿产品药用价值开发，实现鹿产品生产、利用产业化。

4.4 提升对产业、产品内涵认知与树立新型产业思想

在鹿产业纳入畜牧业范畴的新形势下，政府管理部门、鹿产业从业人员必须对身份转变后的养鹿业有一个正确的认知。

养鹿业将依照畜牧法规范管理，生产者必须辩证看待鹿产品特别是茸、肉生产，

注重增加消费者对鹿产品认知的覆盖面;产品经营者不仅要提升对鹿产业与产品的正确认知,更要在思想上对合法性经营予以正确认知。因此,在鹿产业技术综合实力提升的同时,重点加大鹿文化建设工程实施的力度。

4.5 继续开展重大科学问题探索

鹿本身其实有比鹿茸、鹿肉经济价值更高的科学价值,因此,在鹿养殖生产、产品利用等综合产业技术研发的同时,与鹿相关的生物医学领域的诸多科学问题也将是探索的重点。

分子检测、基因组检测、基因组育种新技术等加速遗传育种改良进程的科学问题也将成为热点;鹿优良种质资源保存、利用,基因库建设将是产业发展必要的保障;精准饲养、高效繁育、疫病防治等将在产业综合技术提升的同时,形成标准化、规范化技术体系。

以国际交流与合作来助推科学难题攻关也是不可忽视的重要工作。

总之,希望中国鹿产业在新的形势下,面向"十四五"的未来五年能够取得骄人的成就。

参考文献(略)

本文根据作者在"第十一届吉林省科协年会鹿业分会场(2020.09.25)"报告整理。

疫情下中国梅花鹿产业的机遇与挑战

李光玉

（中国农业科学院特产研究所，吉林长春 130112）

受新型冠状病毒肺炎疫情的影响，特种动物产业受到了高度关注，梅花鹿是国家一级保护动物，作为特种动物的一种，未来还能不能养、能不能利用，成为大家极为关注的问题。

1 政策调整后中国鹿产业面临的机遇

2020 年 5 月 29 日，农业农村部发布公告，公布了经国务院批准的《国家畜禽遗传资源目录》，包括家养的传统畜禽和特种畜禽共 33 种，其中梅花鹿、马鹿、驯鹿均在目录中，鹿业迎来了利好的发展机遇期。笔者预测，未来养鹿业会进一步规范管理，与普通家畜一样，梅花鹿将由畜牧部门主管，界定会越来越清楚，在产业发展、科学研究、疫病防控、产品开发领域将会提供更加清晰的指导，一定会指导产业实现中国特色的、健康高效的发展模式。

2 产业现状

我国梅花鹿饲养量居世界第一位，产业规模大约 300 亿元。其中，吉林省占总饲养量的 70%以上，主要分布在长春双阳、东丰县和东部长白山区。初步估计，舍饲梅花鹿大约为 70 万头，鲜鹿茸产量为 450t，产业从业人员约为 120 万人，产值达 300 亿元。但鹿产业中大健康产品开发相对较低，不足 10%。

世界上养鹿规模前三位的国家分别为新西兰、中国和俄罗斯。在我国，东北三省的梅花鹿养殖规模占比较大，新疆、内蒙古、甘肃等省区养殖马鹿的占比较大。

【作者简介】李光玉，研究员，博士生导师，E-mail：tcslgy@ 126. com。

3 产业面临的问题与挑战

3.1 繁育问题

目前，产业面临的首要问题是良种繁育问题。优良品种覆盖率低、高效养殖技术不成熟、无法保障优质原材料的稳定供给是当前产业中普遍存在的现象。在品种方面，我国有很多国外没有的优良品种，但是在国内的覆盖率也比较低。在繁养技术方面，国外以散养为主，国内以圈养、舍饲等方式为主。突破人工辅助繁殖及精细化饲养等技术是当前产业面临的关键问题。

3.2 加工问题

笔者认为，产业未来的出口是产品深加工。而目前梅花鹿茸传统加工技术比较落后，大多数产品为粗加工产品，影响了产业未来的发展。鹿茸分等、分级、分段一般全凭经验，产品良莠不齐，质量控制技术相对缺乏，未来产业亟须统一标准。

3.3 功效问题

多年来我国一直开发应用鹿茸产品，但是鹿茸传统核心功效成分及作用机制尚不明确，缺乏重大基础研究储备。未来，需要明确鹿茸的核心功效，在物质基础等传统生物学功能及组效关系上有所突破，通过中药现代化发展让人们重新认识鹿茸。

3.4 开发问题

在鹿产品开发领域，存在原料不稳定、产品开发层次低、科技含量不高等问题。一般传统的应用方式是泡酒、切片、整枝使用等比较粗陋的形式，食用非常不便。而功能性食品和化妆品开发等现代化方式还处在比较低水平的研发状态。未来，亟待开发功效明确、食用方便的大健康产品，打造高技术含量的领军品牌，提升鹿产品科技水平。

4 中国农业科学院特产研究所聚焦的方向与科技支撑

多年来，中国农业科学院特产研究所（以下简称"特产所"）在梅花鹿的品种选育、营养标准制定、繁殖技术提升、饲养标准化规范化及疾病防控、产品开发、行业标准制定等领域，始终引领着产业健康发展。下一步将聚焦产业标准化养殖、产品标准制定、鹿茸等产品的功效解析、疾病防控研发等方面开展深入研究和产业服务。

4.1 品种繁殖领域

全国共审定 7 个梅花鹿品种，由特产所牵头或参与的有 6 个品种。四平梅花鹿、东丰梅花鹿、敖东梅花鹿、双阳梅花鹿、西丰梅花鹿、兴凯湖梅花鹿、东大梅花鹿等都是特产所积极参与的品种审定方向。

4.2 健康养殖领域

在健康养殖领域，特产所重点研究了梅花鹿、马鹿高效养殖增值技术，梅花鹿规范化养殖等技术，尤其是梅花鹿饲养标准的制定，对行业发展起到了关键的技术支撑作用。获得国家科技进步奖二等奖 1 项，吉林省科技进步奖二等奖 1 项。

4.3 疫病防控领域

在疫病防控方面，特产所主要关注布鲁氏菌病、结核病、产气荚膜梭菌病等对鹿业影响比较大的传染病防控技术。重要动物疾病防控关键技术研究与应用、鹿主要传染病诊断和综合精制技术体系的构建与应用、鹿结核病自然感染与卡介苗免疫鉴别诊断方法的建立与应用等技术获得国家科技进步奖一等奖 1 项、吉林省科技进步奖一等奖 1 项、吉林省科技进步奖二等奖 1 项。

4.4 产业服务和检测领域——科研平台

特产所在产业服务和检测领域有很多科研平台，包括特种经济动物分子生物学国家重点实验室（培育基地）、农业农村部特种经济动物遗传育种与繁殖重点实验室、农业农村部特种经济动植物及产品质量监督检验测试中心、国家发改委长白山道地药材产业技术国家地方联合工程研究中心、长春国家生物产业基地医药中试平台、教育部中药有效成分教育部重点实验室、吉林省现代化中药工程研究中心等 33 个科研平台。

4.5 产业引领

在产业引领方面，特产所是国家特种经济动物科技创新联盟牵头单位、中国鹿业协会依托单位、全国参茸产品标准化委员会副理事长单位、中国农学会特产分会理事长单位、全国鹿标准化委员会牵头单位、吉林省特产学会理事长单位、吉林省梅花鹿产业联盟理事长单位、中国鹿业发展大会主办单位、国家参茸标准化区域服务与推广平台。

4.6 标准与专利

目前，在鹿产业方面，共有 5 个现行的国家标准，由两个项目组单位制定，其中《中国梅花鹿种鹿》（GB/T 6935—2010）、《东北马鹿种鹿》（GB/T 6936—

2010）2 项由特产所牵头制定。另外，特产所还牵头或参与制定若干项行业标准，共授权发明专利 65 项，负责制定了"梅花鹿营养需要""养鹿业名词术语"等行业及地方标准 5 项（未颁布 3 项），对鹿业的健康化、精准化养殖起到了很好的指导作用。

5 疫情下，特产所在行动

此次新冠肺炎疫情对特种动物行业是一个重大的挑战，尤其是产品流通在一段时间内受到了限制。第一，在此情况下，特产所结合新型冠状病毒肺炎疫情对家养梅花鹿产业的影响，对产业发展提出了相关建议，积极促进产业复工复产以及正常交易。第二，在服务推动畜禽遗传资源目录修订工作中，为梅花鹿、马鹿和驯鹿纳入畜禽遗传资源目录家养动物名录，提供科技支撑和产业说明。第三，在疫情下，组织公益鹿业讲堂活动，旨在传播新技术，提升行业水平，推动产业健康发展。第四，服务东丰县、双阳区、西丰县等产业集聚区，将科技成果送到生产一线，将论文写在大地上。第五，积极开展合作，引入规范企业进入养鹿行业，与龟鹿药业集团和大北农集团等规范化企业开展合作，将大公司引入小产业中，希望使小产业也能像家畜、家禽等一样，能更加快速地进入集约化、健康化、标准化的饲养模式。

6 疫情下，产业未来发展方向

6.1 研制产业标准，规范化产品养殖，提升产品质量

大家都认为梅花鹿茸是好产品，但是如何用产品标准指导梅花鹿茸在不同产品领域的应用，在养殖过程中，如何提供优质健康的鹿茸产品及其他鹿产业副产品，对产业产品提升会起到非常关键的作用。

标准问题是行业发展的"卡脖子"问题，也是鹿产品受国外其他鹿产品冲击的主要技术"软肋"。未来依标准建立规范行业发展，建立我国梅花鹿标准体系和"技术壁垒"是解决行业问题的关键。现在市场上产品种类繁多，如马鹿、新西兰赤鹿、俄罗斯驯鹿、美洲白尾鹿等，亟须建立区别这些产品的快速廉价的鉴别方法和体系。

同时，要研究解决不同鹿茸功效的区别，建立"不同质不同价"的技术体系。研究建立主要有效成分的含量、加工后降解、鲜鹿茸与干鹿茸的区别等技术体系。

6.2 疾病净化

未来，还要在鹿业影响比较大的传染病等方面重点研究，例如，在布鲁氏菌病、结核病等疾病的净化问题等方面开展研究，这对行业健康发展具有至关重要的作用。

6.3　进大企业及资本市场进入鹿产业

引进大企业及资本市场进入鹿产业，做大做活梅花鹿产业和深加工产品，未来走可溯源标准化养殖、产品加工、电商、鹿文旅特色产业的一二三产业融合发展之路。

未来，我们会在疾病防控、健康养殖等领域提供更多优质的支持，在大健康产品需求旺盛的发展战略体系下，带动我国鹿产业健康、有序发展。今后的鹿产业一定会是一个欣欣向荣的产业。

参考文献（略）

本篇文章发表于《畜牧产业》2020年第7期。

新冠肺炎疫情对我国鹿业的影响及对策建议

张　旭，孙印石，郑军军，李海涛，岳志刚，

鲍　坤，刘　振，杨镒峰，赵海平*

（中国农业科学院特产研究所，吉林长春　130112）

摘　要：鹿产业作为高附加值的特种养殖业，对调整农村产业结构、拓展农民致富、加速实现我国社会主义新农村建设具有重要意义，已成为我国适宜地区农村经济发展的战略重点与农民就业增收的主要途径。新型冠状病毒肺炎疫情暴发以来，对我国农村经济和鹿业发展已产生全方位影响，2020 年初，中国农业科学院特产研究所牵头开展了鹿业调研，及时研判疫情对我国鹿业养殖、加工、销售等各环节的影响，分析我国鹿业面临的困境与挑战，提出在疫情常态化防控下的发展对策及建议，为我国鹿业健康稳定发展提供科学支撑。

关键词：鹿业；疫情；影响；对策

　　2019 年底我国暴发了新型冠状病毒（简称新冠）的传染性疾病，给国家和人民造成了巨大的生命和财产损失。随着疫情发展持续，对农业农村经济影响已呈现全方位态势，受疫情影响，当前中国鹿业面临怎样的困境与挑战，中国鹿业在严格落实防控措施的前提下如何发展？为此，中国农业科学院特产研究所于 2020 年 1 月牵头开展了 "新型冠状病毒肺炎疫情对鹿产业的影响调查"，调研通过电话咨询和调查问卷方式进行，电话咨询 32 人次、网络调查收集问卷 395 份，调研数据来自全国 26 个省、自治区和直辖市，其中吉林省获得调查问卷 228 份、辽宁省 40 份、黑龙江省 25 份，基本符合全国各省鹿养殖比例；调查对象中养殖群体与加工销售群体各约占 50%，其中养殖群体 100 头规模以下占 67%，100～500 头规模占 28%，500 头以上规模占 5%；加工销售群体中初加工及销售占 74%，深加工及销售占 26%，基本符合产业结构现状；调查问卷共设计问题 60 项，全面涵盖鹿产

【作者简介】张旭，女，硕士，助理研究员，从事政策和产业经济研究，E-mail：zhangxu@163.com。

* 通信作者：赵海平，男，研究员，博士，主要从事鹿茸生物学和药效方面研究，E-mail：zhaohaiping@caas.cn。

业链各环节情况。

1 我国鹿业基本情况

鹿产品作为一种健康养生食品的历史源远流长，据记载，我国人工养鹿有近400年的历史，是世界上鹿业生产大国之一，也是将鹿产品用于医药保健事业最早的国家。新中国成立以来，我国养鹿业发展很快，已形成集养殖、加工、物流、销售等于一体的完整产业链。目前，人工养鹿存栏量已达到167.6万头，饲养品种以梅花鹿和马鹿为多，其中梅花鹿约136.4万头，马鹿约19.1万头，其他品种约12.1万头。重点区域是东北四省区（辽、吉、黑、内蒙古）和新疆等地，行业年销售收入近300亿元；年出口鹿茸及加工品约400t，主要出口国家及地区为韩国、中国香港、日本、美国。全国鹿相关产业从业人员达120万人。目前全国有吉林省长春市双阳区、吉林省东丰县和辽宁省西丰县三大鹿养殖区，共有各类鹿产品经销企业200余家，已经形成了鹿产品交易批发市场和物流中心，鹿副产品年吞吐量达到7 000t，年实现交易额超过200亿元，客流量近百万人次，鹿茸吞吐量达到800t。

2015年中央一号文件中明确提出"立足资源优势，以市场需求为导向，大力发展特色种养业"，吉林省作为梅花鹿主产区，是国务院命名的"中国梅花鹿之乡"，对于梅花鹿产业发展高度重视，先后于2011年和2019年相继出台了《吉林省人民政府关于加快发展家养梅花鹿业的意见》《关于推进梅花鹿产业健康发展的意见》及《吉林省梅花鹿产业发展规划（2019—2025年）》等多个支持家养梅花鹿产业发展的政策文件。从这些政策的出台和实施，可以明确看出国家和地方政府非常支持梅花鹿和马鹿产业的发展，也为鹿产品在大健康领域的特殊地位和作用提供了有力支撑，鹿产业作为高附加值的特种养殖业，已成为农村经济发展的重要组成部分，产业发展对调整农村产业结构、拓展农民致富、加速实现我国社会主义新农村建设具有重要意义，已成为我国适宜地区农村经济发展的战略重点与农民就业增收的主要途径。

2 新冠肺炎疫情对我国鹿业的影响

2.1 新冠肺炎疫情对鹿养殖环节的影响

自疫情发生以来，各地紧急启动了重大突发公共卫生事件一级响应，采取了道路、机动车辆通行等管控措施，叫停活体运输和交易，致使养殖户的活鹿、鹿肉和鹿茸等产品无法销售和回流资金，导致养殖企业资金压力加大。针对养殖户的调查显示，62%的养殖户遇到了产品销售不畅的问题，主要集中在东北三省地区；24%的养殖户存在资金链紧张和贷款偿还压力增大的困难，近59%企业现金流仅可维持3个月以内，势必会对2020年的养殖规模产生负面影响。

同时，交通管控措施的实施也导致各种饲料、兽药、疫苗及其他生产生活相关物资的调运受阻，无法及时供应。调查显示，57%的养殖户短时间内玉米、豆粕等精饲料将尤为短缺，其次是兽药（17%）和添加剂（13%）。50%养殖户表示，所处地区精饲料价格已上浮10%左右，兽药价格亦小幅上涨，以至于部分养殖企业已开始减少精料饲喂量，当前正值公鹿生茸前期和母鹿妊娠期，若此时精料和饲料添加剂短缺势必会影响产茸量和繁殖成活率。调查显示，约40%的养殖户预测2020年自家鹿茸产量将会下降5%~15%。

2.2 新冠肺炎疫情对鹿加工环节的影响

受访对象普遍表示疫情严重影响了加工企业的发展，其中影响最大的就是销售情况（77%），其次是物流、人工和原材料，分别占到了约48%、23%和21%，39%的企业开工率仅为往年同期的20%以下。调查显示（图1），仅有13%的企业销售额与往年持平，51%的企业销售额与往年同期相比下降超过80%。影响产品销量的主要原因是防疫封锁、物流停运（70%）；其次是受疫情影响，担心鹿产品安全（52%）；第三是当地限制活体运输（40%）。产品销量下滑最严重的是鲜品（茸、片等）和鹿肉类。30%企业反映销售价格明显下降，销售停滞导致企业流动资金不足，资金周转困难，近60%企业现金流仅可维持3个月以内，生存面临极大威胁。若中小企业破产倒闭，问题会迅速传导至就业是否稳定，其中大量的农民工存在失业风

对于加工企业，哪方面受疫情影响最大？［多选题］

选项	小计/人次	比例/%
原材料	39	20.63
人工	43	22.75
销售	146	77.25
物流	90	47.62
无影响	3	1.59
（空）	1	0.53
本题有效填写人次	189	

图1 疫情对加工企业影响调查

险，造成无工可打、无钱可赚的困难局面。

2.3 新冠肺炎疫情对鹿产品消费的影响

受疫情舆论影响，鹿产品消费显现出两极分化态势，初加工产品（鹿茸片、鹿鞭片、鹿肉等）受政策限制短期内在京东和天猫等线上销售平台下架，销量大幅下降，而能够进入药房销售的深加工产品（鹿茸胶囊、鹿茸口服液等）销量却逆势上涨，由此可以看出普通消费者对该类产品还是非常认可和接受的。据调查，95%的受访者认为食用鹿茸产品能够显著增强机体免疫力，67%的受访者具有食用鹿茸的习惯，93%的受访者同意将鹿茸列入药食同源原料目录。

90%的受访者认为当前疫情下鹿茸有用武之地，但同时，也有50%的受访者认为"野生动物"风波使得消费者对鹿产品态度产生负面影响（图2），在此关键时期下，86%的受访者非常关心新版《中华人民共和国野生动物保护法》修订工作，担心禁食野生动物的社会舆论对鹿产业的影响和国家对鹿产业管理政策走向。

疫情是否会影响消费者对鹿产品的态度？［单选题］

选项	小计/人次	比例/%
负面影响极大	130	32.91
负面影响一般	85	21.52
有正面影响	65	16.46
无明显影响	115	29.11
本题有效填写人次	395	

图2 疫情对消费者态度影响调查

2.4 新冠肺炎疫情对鹿疫病防控的影响

受疫情影响，民众在消费鹿产品过程中会更加关注产品的安全性。与其他动物类产品一样，鹿茸产品最值得警惕的是人兽共患病和兽药残留。调查显示，目前我国鹿养殖业对鹿常见传染病的防控意识较强，防疫工作做得较好，尤其是对人兽共患的鹿口蹄疫疫苗、鹿结核病、鹿布鲁氏菌病免疫的比例较高，分别为

85%、72%、64%；但也有个别养殖户对鹿的疫苗接种意识不强，占调查比例的4%。有36%的调研对象认为农业部门发挥了足够的作用，但也有26%的调研对象认为没有发挥作用。这主要是由于我国除东北三省外绝大多数省份的农业部门没有鹿养殖业的管理权限所致。同时，鲜茸交易是传播人兽共患病的重要途径，73%的调研对象认为应该在鲜茸交易中佩戴一次性手套。而养殖户在与鹿接触过程中应采取更为严格的防控措施，78%的从业者表示会更加注重与鹿及鹿产品接触中的个人防护。

2.5 管理范畴不明晰对鹿业的影响

调查中，养殖户纷纷表示完善野生动物有关法律法规、打击违法犯罪、严格封控管理是必要的，但野外野生动物和人工繁育野生动物要区分开来，将人工饲养鹿群作为野生动物对待，进行隔离甚至禁养、禁用是不合理的，68%的受访者认为应进行科学的分类管理（图3），合理保护和有效利用将有利于我国鹿类动物的保护和合理利用及产业的健康发展。

您认为梅花鹿和马鹿应该纳入家养动物还是野生动物的管理范畴？ ［单选题］

选项	小计/人次	比例/%
野生动物	6	1.52
家养动物	122	30.89
分类管理，野生的归于野生动物，非野生的归为家养动物	267	67.59
本题有效填写人次	395	

图3　鹿养殖管理范畴民意调查

综上所述，新冠肺炎疫情对我国鹿业从养殖、加工到销售全产业链各环节都产生了较为显著的连锁影响，依次体现在产品销售不畅、物流运输困难、企业资金链紧张、贷款偿还压力大、生产物资缺乏、员工复工率不高、成本压力增大等方面（图4）。

3 对策建议

当前，疫情防控形势依然严峻，结合疫情现状和产业发展，提出以下对策与

您目前遇到的困难有哪些？［多选题］

选项	小计/人次	比例/%	
产品销售不畅	298		75.44
生产物资缺乏	102		25.82
物流运输困难	207		52.41
资金链紧张	149		37.72
员工复工率不高	57		14.43
租赁等成本压力	39		9.87
贷款偿还压力增加	119		30.13
本题有效填写人次	395		

图4　疫情下企业面临困境调查

建议。

3.1　因地制宜制定科学有序的复工方案

调查显示，仅有7%的调研对象表示当地已出台扶持政策，帮助鹿相关企业渡过难关。72%的调研对象希望政府颁发特许通行证，保障运输通畅。52%的调研对象希望政府提供产销对接服务，这是业内呼声最高的共性需求。建议各地地方政府根据疫情实际，保证疫情可控的情况下，适当制定科学的道路管制和复工政策，有序恢复饲料、种鹿、兽药、疫苗等生产资料的运输通道。同时，在疫情风险降低时，积极推进鹿产品产销对接机制，协调产区和销区构建稳定的对接关系，解决滞销问题，实现供需对接，最大限度弥补生产者的各种风险损失。

3.2　及时出台产业扶持政策，支持产业发展

目前鹿相关企业资金普遍紧张，尤其是中小型企业生存困难，建议国家和地方政府出台鹿业相关融资优惠和资金补贴政策，希望通过提供贷款优惠、减免企业房租、降低担保费率、延期缴纳税款等方式帮扶中小微企业应对疫情、渡过难关。各企业要正确研判市场变化形势，及时调整生产计划，根据市场需求做好生产布局，

合理安排产品结构。

3.3 对鹿品种分类管理，规范家养鹿管理部门

中国养鹿历史悠久，产业链完整，具有较为完善的标准体系，我国人工繁育鹿种群经过长时间的人工驯化，产业链成熟，数量、遗传多样性、饲养管理规范、疾病检测体系和产品加工体系更适合作为大家畜来管理。建议对鹿进行分类管理，野生种群纳入《中华人民共和国野生动物保护法》的管理范畴，以保护和科研为目的种群归国家林业和草原局管理，人工繁育种群应采取类似于家畜的管理方式，以发展和利用为目的种群归农业农村部管理，促进产业健康发展。

3.4 将人工繁育鹿茸纳入药食同源管理

在2 000多年的应用过程中，并没有关于食用鹿茸有副作用的报道。调查问卷显示，受访者中有83%的认为鹿茸没有副作用，有94%的认为应该将鹿茸纳入药食同源管理范畴。电话咨询结果显示，100%的调研对象均表示鹿茸应该纳入药食同源管理范畴。由于国家对鹿茸、鹿骨等四类产品禁入食品领域的限制，给新西兰等国外鹿产品进入中国市场提供了机会，对我国鹿业的健康发展冲击很大。建议将人工繁育梅花鹿和马鹿的鹿茸、鹿胎、鹿骨、鹿角盘纳入药食同源管理，同时需要从国家层面加强驯鹿茸走私违法行为的打击力度，明确相关部门执法责任，进一步规范中国鹿茸市场。

3.5 亟须建立切实可行的鹿群登记制度和可追溯体系

建立普查登记和良种登记制度，切实保护野生种群，充分发展和利用人工繁育种群。将现有人工繁育种群进行全范围的普查登记，同时建立鹿产业的溯源系统，持续推进无抗养殖示范区建设，号召官、产、学、研、资等相关部门一起参与，确保流转和交易中的鹿和鹿产品来源于人工繁育种群。同时，该溯源系统的运行还将促进鹿产品质量全面提升。

3.6 加强产业基础研究，完善鹿业标准体系建设

高度关注新型冠状病毒与鹿携带病毒的内在联系，严格管理鹿养殖的健康状况和卫生状况；明确鹿茸及副产品内在品质与疾病预防和治疗的关系；开展鹿产品风险评估体系建设；建立鹿产品的可食用标准；建立全新的鹿茸质量等级标准，不能只凭外观评价鹿茸价格，要区分梅花鹿茸和杂交鹿茸，散养的和圈养的；制定养殖场的卫生标准。同时要严格执行国家防疫防控的有关规定，从严控制养殖卫生环境，加强重大动物疫病的培训和监测防控，防范疫病风险。

参考文献（略）

本研究报告已于 2020 年初上报中国农业科学院和上级相关部门，并获吉林省政府领导批示。

关于中国鹿业发展的浅析与建议

郑周田[1]，兰晓波[2]

(1. 吉林大清鹿苑保健科技有限公司，吉林四平 136000；

2. 吉林吉春制药股份有限公司，吉林四平 136000)

摘 要：世界上共有50余种鹿，分布在我国的大约有16种，其中用于人工饲养的主要是梅花鹿、马鹿和驯鹿。我国的养鹿业几乎是伴随着新中国的诞生而兴起，并经历了20世纪50年代、70年代和80年代末至90年代中期(1987—1996年)三个时期的大发展。1950年新中国的第一个国营鹿场在辽宁省西丰县建成后，1952年又陆续在东丰、双阳和辉南等地建成了10余处专业国营鹿场，此后黑龙江、河北、山西、内蒙古和新疆等省(自治区)也相继有鹿场建成。1996年以后，随着改革开放力度的加大，大部分国营鹿场顺应改革要求，将其经营体制从专业和兼业的国有管理模式向集体、个体和合作合资的经营方式转变，从而也造成了我国部分鹿场小而散、粗而杂的饲养模式。构建健康中国的号角已经吹响，未来10年将是大健康产业迅猛发展的10年，有着上千年滋补保健历史的鹿产品必将为广大消费者所青睐。本文从我国鹿产业的发展现状及发展方向入手，分析了我国鹿业的发展潜力，并对我国未来鹿业的发展规划做了简要阐述，旨在与广大同仁共同探讨，并期望对推动我国鹿产业的健康发展起到积极的作用。

关键词：中国养鹿业；发展建议

因新冠肺炎疫情暴发，在国家全面禁食滥食野生动物情况下，在中国鹿业有识之士的共同努力争取下，2020年5月29日农业农村部颁布了新《国家畜禽遗传资源目录》(以下简称《目录》)。梅花鹿、马鹿、驯鹿纳入《目录》管理，中国鹿产业结束了长达32年的野化生涯，正式进入大牧业规划管理当中，这意味着鹿产业在国家层面将会获得更多政策性支持与前所未有的重视。

正如鹿业协会杨福合会长给予的总结："新《目录》的出台，标志着中国鹿产业

【作者简介】郑周田，男，学士，高级畜牧师、高级经济师，主要从事梅花鹿养殖及鹿产品开发，E-mail：1137838191@qq.com。

春天的到来，也将成为中国养鹿发展史的里程碑，新政出台将带给中国鹿产业发展新的机遇与空间。"行业身份地位的明确，有国家政策的大导向，也必然会吸引大量的资本融入我国鹿产业中，也将带来鹿产业的全方面突破性的发展契机。

1 中国鹿业发展现状

中国鹿业在大畜牧的行列里，相比我国猪产业（存栏 7 亿头以上），羊产业（存栏和出栏都在 3 亿只以上）的存栏及出栏量都为亿级别，肉牛存栏量也为千万级，鹿业养殖规模还是非常弱小的，区区几十万的养殖体量确实太小，部分养殖户还处在 30 多年前农村的庭院经济养殖时代，即便是稍具规模的养殖场也依然沿袭着最原始的、简单粗放的秸秆饲喂的圈舍形式，从鹿的养殖技术综合水平上评定，科技与智能的管理应用缺失，已经要落后其他牧业至少 15 年以上。一产的无力导致全产业链及产业化无法有序持续发展，作为依赖于鹿产品原料的企业，即便获批了保健品的批文，怎奈何原料无法保障导致产品无法投产。现阶段国外进口产品又不合规，这就是现实，所以我国鹿业之所以没能形成产业及品牌化，归根到底就是行业的基础养殖规模基数太小，无法为二产提供批量产品原材料，自然就不会形成产业化，导致行业发展缓慢。

2 当下中国鹿业发展方向

国内确实有巨大的鹿产品的市场存量需求，从新西兰的相关机构获得，对现中国鹿产品市场的需求统计：鹿角为 1 000t 以上；鲜鹿茸为 800t 以上；鹿肉为 5 000t 以上；国内鹿产品巨大增量市场需求，将是中国鹿产业大发展的前提。另外，我国农业过剩、几近零成本的玉米秸秆经过青贮、黄贮以及微生物处理的饲料，更适合鹿的规模化饲养，对发展茸肉兼用鹿更有优势。

2.1 肉用鹿市场规模与发展潜力

鹿肉的食用价值远在牛、羊、鸡、猪肉之上。国人食鹿肉历史极久，中国古籍记载的第一个全菜谱，也是《左传》书的"全鹿宴"。当年由于人们捕杀严重，加之人工驯养水平落后，中原大地食材鹿明显减少，一段时期濒临灭绝，鹿肉便成了宫廷皇亲国戚才能享用的奢侈品。当前在大畜牧的背景下，应加快开发食材肉用产业，满足这一潜在的巨大市场需求。

央视报道来自广东的林佳骐到贵州养本地黄牛，让牛山地散步、给予肌肉部位按摩，让牛欣赏音乐，配合肉用牛专用的饲料，其独特的饲养饲喂方式培养的肉牛，每头牛净可出产雪花牛肉多达 100kg，其雪花牛肉供给酒店的价格为 1 000 元/kg，每头肉牛可以创造 12 万元的价值。我国当前的肉用鹿完全可以采用优选的品种、置于良好的饲养环境、配以专业的饲料以及独特的管理模式，为特定消费圈层人士提供精品鹿肉及副产品，将更有机会创造好的价值，我国的鹿产业待开发的空间巨大，比较养牛业有奶牛、肉牛之分，我国鹿业完全可以在茸鹿、肉鹿及休闲宠物鹿产业上三足鼎立发展。

2.2 鹿肉市场发展情况分析

新西兰鹿产业的发展，就是我国鹿业发展最好的模板，包括肉用鹿产业、茸用鹿产业、鹿的狩猎娱乐产业。新西兰仅 400 万的人口并没有太大的国内市场，主要依赖国外市场，我国是其部分茸和肉的消费大国。鹿肉在中国有巨大的消费人群，而我国却没有肉用鹿的产业，提供不出标准化鹿肉，这才是我国鹿产业最大的空白与短板。

新西兰的银蕨公司开发的 220g 包装的鹿肉排出厂高达 14.95 美元（人民币约为 454 元/kg），徽章鹿肉以非常瘦、非常嫩及独特的切割方式，并刻画出青草的天然味道，400g 出厂货价为 24.95 美元（人民币约为 416 元/kg），再比较一下我国自产的鹿肉，50~60 元/kg，曾经的鹿肉都为皇上宫廷及达官贵人专供，价格低廉至此，实在可惜。

而只有肉鹿产业的规模化发展才能为鹿茸以外后续的产品开发提供有力的可持续的原料保障，同时利用肉用的清群选择更有利于选育高产茸用群体，提高鹿业的整体发展水平。

2.3 合理控制群体比例是鹿产业平衡稳定发展的关键

当前国内鹿养殖行业普遍有"重男轻女"的行为，为了追求鹿茸最大收益率，而减少母鹿的饲养量，据不完全统计在养殖群体中公鹿的占比近 70%，甚至高于 70%，这是非常严重的公母比例失调，也是我国鹿业养殖基数一直向小的症结所在。众所周知，鹿为单胎动物，产双羔或三羔的概率极低，且母鹿每年只产一胎，一生只能生产 10 只左右的仔鹿，因此，如果没有足够的母鹿数量要想扩大养殖规模几乎是天方夜谭。与我国的养鹿观念不同，新西兰的鹿业人工养殖以肉用为主，现存栏量在 120 万头左右，公母鹿存栏比例为 30:70，年产鲜茸 900t 左右，每年的屠宰量控制在 30 万头左右，年产肉量近 2 万 t，屠宰群体公母比例为 35:65，基本掌控了全球鹿茸、鹿肉和其他鹿副产品消费市场的半壁江山。因此，合理规划与利用母鹿群体是实现茸用和肉用鹿可持续发展的前提。

3 深挖鹿产业文化，彰显产品的价值

我国的鹿产业一直在寻求讲文化，但无非是重述了《本草纲目》和《黄帝内经》及清朝的那点儿事，故事太少也没有新意。同样是历史积淀下来的产业，我国的茶

产业和茶文化以及陶瓷产业和陶瓷文化，在产地环境及加工工艺等方面就有许多独具匠心之处，并广为海内外所推崇，在这方面我国的鹿产业就相形见绌了。因此，鹿产业文化应该从鹿产品自身的营养功效及加工工艺入手，在讲好故事的同时，尽快开发出不同类别、不同系列、针对不同人群的产品，让广大消费者看得见、摸得到，并切实从消费的过程中获得补益。只有引导广大消费者转变观念，从心理上认同了鹿产品不但可食，而且有益，才能从根本上破解现有的鹿产品只能药用的传统观念。

4 对中国鹿业发展的建议

4.1 规划肉用鹿产业体系建设

在推动鹿产业标准化、规模化的前提下，规划肉用鹿产业体系建设，在培育肉用鹿品种的同时，加大饲料及饲养方式的研究力度，重点开发高端智能化肉用鹿养殖模式，保障鹿产业的持续健康发展。

4.2 在实现茸用鹿规模化圈养的同时，力求做到标准化、规范化

新西兰鹿有天然的放养草地，我国圈养茸用鹿需要科技赋能，规范圈养环境，饲喂专业性的饲料，饲养过程讲究标准化与流程化，产品收取工艺严格、规范。规范散在的农户庭院养殖现状，为新养鹿户提供养殖配套服务，为药企和保健食品企业提供无污染、安全、标准化的鹿产品原料。

4.3 发挥科技优势，寻求鹿产业全方位发展

中国鹿业基础科研水平与能力居世界领先水平，中国在鹿茸生物学、梅花鹿基因组学、鹿类动物资源学、茸鹿育种学、鹿的饲料与营养学等方面居世界领先地位，为养殖和鹿产品开发奠定了基础；充分发挥现有的科技优势，实现科技成果的有效转化，突破传统，采用新技术，提高产品质量和技术水平，走中药剂型现代化和食品化道路，向多样化和方便休闲化方向发展。

4.4 加强鹿产业的品牌建设和产业化发展规划

当前我国的鹿产业还没有形成规模化和品牌化的良性循环，还处于"有品没牌"的发展阶段，需要树立一个大的主导品牌，需要培植大型企业集团，建立鹿产品生产研发的领军企业，需要实行品牌化，构建品牌战略，培育自身品牌，以此赢得消费者对鹿产品更大的信任。

4.5 突破鹿产品原料的传统加工模式，完善相关的标准，发挥鹿产品天然功效

要突破鹿产品原料以传统水煮、烘烤为主的加工模式，建立科学实效的标准化加工模式。注重产品内在的营养及保健功能的保护，充分体现原料真实的生物保健价值，只有高技术含量的鹿产品才可以在市场上有良好的竞争力。

4.6 培育市场，引导消费，加大鹿产品保健作用，强化宣传力度

从观念上引导大家认识到鹿产品不仅仅是药用，对于人们日常生活也是必不可少的天然保健营养品；其次要引导人们学会食用鹿产品的方法，如同韩国一样，将鹿产品引入普通家庭日常消费，养成食用鹿产品的习惯，让人们想吃、敢吃、会吃、放心吃。

古人云"鹿之一身皆益人"，鹿产品用于医疗保健，入药部位之多、使用范围之广均属世界之最，中医药宝库对其养生抗衰理论和方法的探究由来已久，并积累了极其丰富的经验。截至 2016 年底经国家审批的 16 127 个保健食品产品中，原料中含有鹿产品的就有 378 个，保健功能多为免疫调节、抗疲劳等。研究表明，鹿茸在促进伤口愈合、抑制神经炎症、促进血管和神经再生、抑制骨质疏松及特异的抗炎疗效等方面均有独特的功效。因此，关于鹿产品的任何一项科研成果，如果能够实现量产都将产生巨大的经济效益。

对于个人而言，鹿行业应该是笔者终生的选择与守护，从 1996 年"误入"鹿行业，便让笔者不能自拔。在我国的传统理念里鹿寓意吉祥，鹿茸为中药的上上品，曾经是皇家贵族独享之物，现如今通过养鹿、研究鹿也给笔者带来了荣耀与尊贵。二十几年与鹿相伴，见证了我国鹿产业的风光与雨雪，有老前辈、老专家几十年的执着与坚守，衷心不改，一"鹿"向前。无论 32 年的野化捆绑与束缚，还是经营的困惑，我国的鹿产业依然活跃在国民生活中。尽管我国鹿产业的体量还小，但鹿产业的价值无与伦比，得天独厚，鹿的寓意与内涵让世人欢心，吉祥、富贵、健康与长寿是我国鹿产业赋予人类的主题。目前中国是全球营养健康产业最活跃的地区之一，社会整体的消费模式即将从注重衣食无忧转变为讲求生活质量，随着国家层面大健康产业的规划，中国鹿产业也必将迎来崭新美好的春天。

参考文献（略）

对我国鹿福利的建议及其相应内容的探讨

李和平[1]，林仁堂[2]

(1. 东北林业大学野生动物资源学院，黑龙江哈尔滨 150040；

2. 中国畜牧业协会鹿业分会，北京 100028)

摘 要：随着社会经济的发展与进步，动物福利越来越受到人们的关注。实施动物福利，不仅可以使动物在康乐状态下生存，而且有利于产业健康发展。近年来，我国有关鹿福利的问题亦在日益受到重视，笔者提出了我国鹿福利应该考虑的基本原则和应该实施的管理内容，包括饲料与水的供给、鹿场与设施管理、饲养管理、锯茸管理、运输管理等五方面的内容，以期更好地实施鹿福利标准及制定法规。

关键词：鹿福利；鹿产品；标准；法规

鹿是重要的经济动物，近几十年来养鹿产业在世界许多国家迅速发展起来。鹿的人工驯养及其产品生产备受重视，特别是鹿福利问题也日益引起了人们的关注。

新西兰是世界上的养鹿大国之一，也是施行鹿福利法规最早的国家，1992 年便出台实施了鹿锯茸最低标准的福利法规，并由相关专家专门从事鹿福利研究。考虑到国际上对动物福利越来越重视，为了满足鹿在康乐状态下生存，为人类生产安全的茸、肉等产品，实现鹿在人工驯养条件下的福利要求，建议我国在近期或适当的时候制定鹿福利的行业标准、国家标准，或发布具有法律效力的福利法规。

动物福利强调以动物为本，基本出发点是让动物在康乐状态下生存。因此，针对人工驯养条件下的鹿类动物，首先应该考虑鹿对避免饥渴与营养不良、环境与场所舒适、免遭伤害与疾病困扰、免受精神痛苦、表现正常行为等的需求，这是考虑鹿福利的基本原则。针对目前我国养鹿业的历史、现状以及养殖条件，考虑到全国各养鹿场的规模、养殖种类和生产条件不同，各鹿场保证实现鹿福利的条件差异，以及凭借多年对人工养殖鹿研究的成果，笔者从饲料与水的供给、鹿场与设施管理、饲养管理、锯茸管理、运输管理五方面提出了达到鹿福利的最低标准，为我国未来实施鹿福利标准或法规的制定提供参考。

【作者简介】李和平，男，博士，教授，从事动物遗传育种与繁殖研究，E-mail：461905800@qq.com。

1 饲料与水的供给

鹿是反刍动物，具有典型的反刍动物消化系统，其维持正常生命活动需要的营养物质和微量元素等均由饲料、水供给。不同种类、年龄、性别、体况、季节、生理时期的鹿的饲料，均应达到《饲料行业现行国家标准和行业标准》的要求，日常饮水达到《生活饮用水卫生标准》（GB 5749—2006）。按照鹿的饲养标准配制饲料，日粮供给应满足鹿对各种营养物质的需要，饲料种类尽可能营养丰富而且多样化。

不同年龄阶段的鹿对饲料的消化和吸收能力不同，因此其所需饲料的质和量也有差别，应针对不同年龄阶段制订不同的饲喂方案。如离乳仔鹿应饲喂营养丰富、易消化、适口性好的饲料，采用少量多次的饲喂方案。公鹿和母鹿在不同时期所摄取饲料的量不同。应高度重视公鹿配种期、生茸期，母鹿妊娠期、哺乳期等特殊时期的饲料配制，以确保特定阶段的营养需要，保证鹿的健康体况。

要根据鹿的不同健康水平配制不同营养成分的饲料，可以在饲料中加入一些有助于增强鹿免疫力的生物活性物质，以促进鹿的健康水平。要重视不同气候和季节条件下鹿对饲料的需求。冬季圈舍御寒条件较差的情况下，应适当提高含能量较高饲料的饲喂量，以利于鹿抵御寒冷；夏季气温高、潮湿的情况下，饲料应现用现配，以防饲料变质引起疾病。

饲喂方法应做到减少饲料浪费和腐败，不饲喂沾满泥土及受污染的牧草、枝叶、瓜果等粗饲料，以免造成消化系统障碍，导致发病率升高。加强防范鹿接近、接触或误食有毒植物、不卫生或有毒材料、危险物品（电气设备、金属线、塑料等）的措施。饲料组成发生变化时应坚持循序渐进的原则，不宜突然变更。鹿场应有足够的饲料储备。多雨季节饲喂的饲料如被鹿践踏沾满泥土时，应及时更换新鲜饲料，保障鹿饮食的卫生。鹿场应具备保证饲料质量、防止霉菌滋生、饲料不被啮齿类和鸟类等动物污染的措施与条件。

任何鹿出现消瘦或患病时都要让兽医进行及时诊断或治疗，采取措施。鹿场对鹿应采取自由饮水的方式，保证水源洁净；对于供水设备（锅、槽等）应做到减少污染和浪费，供水设备的高度要适合鹿的饮水高度。运输鹿时应根据具体情况制订饲料与饮水供应方案。

2 鹿场与设施管理

鹿场是鹿采食、饮水、活动、排便、休息等活动的场所，也是进行养鹿生产活动的地方，养鹿者应该有一套有关鹿场与其相应设施管理的措施方案，以此保障鹿的正常栖息与生命活动。在人工养殖条件下，更要最大限度地保持鹿的自然行为和生活习性，提高鹿群的生产力。鹿舍设计与建设应以"防逃逸、御严寒、避酷暑"

为原则，还应适合当地自然条件，符合鹿的生物学特性和生长发育的需要，便于科学管理。

养殖者对鹿场管理应具备应对紧急情况（如洪水、暴风、火灾或恶劣天气等）的应急计划和措施。养殖者要经常关注天气警报，提前做好准备，防止紧急情况来临时措手不及，对鹿造成损伤。鹿场能供给鹿足够的饲料和饮水，以保证减少鹿在饥饿或饥渴的状态下发生应激反应，影响鹿的健康。及时清理鹿场通道，圈舍内的树枝、树棍或其他障碍物，确保鹿的安全，避免鹿受到不必要的伤害。定期检查圈舍的安全性，避免缺口、突出物等造成鹿逃逸、损伤等，保证鹿舍通风、空气流通，以此来降低鹿舍内的空气湿度，排除鹿舍空气中的有毒气体，降低微生物和有害气体含量，保证鹿的健康生活。圈舍排水系统设置合理，做到及时清扫鹿舍，避免尿、粪、污物、污水污染；鹿舍地面应防滑，防止鹿因滑倒而受到伤害；鹿场围墙高度应在 2.2m（梅花鹿场）或 2.4m（马鹿场）以上，以防止鹿跳跃、逃逸造成损伤。

鹿场设施会直接影响鹿的健康、生产力、安全和福利，因此鹿场所用设施的设计、建造、运行及维护等应根据鹿的种类而定。当建造新鹿舍或是旧鹿舍需要翻新时，建造者应向鹿场的专业部门或专业人员咨询，保障鹿的福利。鹿场大门、通道及鹿舍门必须维持良好的工作状态，开关应安全且旋转自如。门闩不应突出，以防止鹿受伤。鹿圈设施（如饲槽）应具备一定的标准，不能在其内堆积大量的泥土，以免引起鹿肺部过敏反应，影响鹿的健康。所有养鹿机械设备要维持良好的工作状态，有防止鹿接近机械设备、保护鹿不受伤害的控制措施。所有可能导致鹿受伤的因素，包括所有突出、缺口、棱角处以及损坏的地面均应及时移除、修理或是覆盖，为鹿提供安全保障。鹿舍内应有能保障最低 20lx 光照的设施，以确保安全检查和对鹿处理时使用。

鹿的特殊时期，如隔离检疫、断乳期、治疗、称重及活体出售，鹿场应有满足鹿福利与安全的设施和精心管理的措施。此时期需要提供足够的空间，允许鹿表现其正常的自然行为，如休息、反刍、嬉戏。应注意以下几点。一是根据鹿体形大小为其提供的最小空间。断奶仔鹿空间面积为 $1.2 \sim 1.8m^2$，成年鹿空间面积为 $2.0 \sim 3.0m^2$；高度以允许鹿能正常嬉戏为原则，高度为 $2.0 \sim 3.0m^2$。二是临时设施内要保障通风良好。防止氨气、二氧化碳等有害气体浓度的增加，防止鹿患呼吸道疾病或窒息死亡；设施内氨气的浓度水平不应持续超过 $10 \sim 15mg/m^3$，超过 $25mg/m^3$ 就会对鹿产生刺激，引起鹿的呼吸道疾病。三是如果鹿在临时设施内滞留超过 24h，一定要在临时设施内提供一个干燥的区域供鹿休息。四是临时设施内如果没有自然光，就需要提供 $8 \sim 16h$ 的人工光照（光照强度在 50lx 以上），以保证鹿有足够的光照，促进钙质吸收，保障鹿的健康。五是为防止意外伤害，养殖者要对临时设施内的带有茸角的公鹿予以特殊照顾。六是临时设施内的鹿都必须有足够的卧、走、站的空间，不会产生过度的应激反应，也不会对其他的鹿造成伤害。

3 饲养管理

饲养管理水平的高低直接影响鹿的福利状况。鹿的饲养应根据圈舍、设施的设计将鹿分成若干群，以便于管理，适应鹿的生理发育特点和康乐要求。鹿在自然界中有社会和等级制度之分，人工驯养的鹿群头数与圈舍大小应相互适合，保证鹿群有足够大的空间，以减少相互争斗，降低受伤的概率，避免产生应激反应，保证生活环境的安全性。成年公母鹿不能混养在一起，特别是母鹿妊娠期及公鹿生茸期、配种期应特别关注。鹿的年龄不同，采食量不同，混养在一起会难以把握饲料的饲喂量，鹿场应按年龄对鹿进行分群饲养。

不同品种的鹿，会因习性、体型等产生排斥而争斗，鹿场应将不同种类的鹿分群饲养。鹿群中，如果出现一只鹿连续受到其他鹿侵犯的情况，应及时将其拨出，并检查其疾病、受伤情况，同时进行鹿群监测，查找原因并及时进行处理，以确保将鹿群中的争斗损伤降到最低。

鹿场可根据公鹿的年龄、体质分群饲养，合理调控日粮标准，调配、组合各种饲料，满足公鹿在不同生长时期的营养需要。特别在公鹿生茸期，鹿场应保证对不同年龄、体质的生茸公鹿予以特殊照顾，生茸公鹿的饲料中要有充足的蛋白质、矿物质和维生素等营养物质，以便其生产高质量的鹿茸。生茸期正值夏季，鹿场应做好防暑降温工作，可在鹿场设置荫棚、淋浴设施等，给鹿降温，降低应激反应，确保福利。还要定期对鹿舍及其周围的附属设备进行检查，确保其牢固性和设备的安全性，注意检查并去除各种容易损伤鹿茸器物的隐患，防止突出物伤鹿、伤茸，保证公鹿的安全和茸的完整。

对公鹿的用药、检测、称重等日常管理均要在鹿茸生长之前结束，以免对鹿茸生长产生不良影响。为了提高母鹿的繁殖力和繁殖优良后代的效率，鹿场应为母鹿营造舒适的生活环境，不要将妊娠母鹿与其他母鹿混养，避免妊娠母鹿受到惊吓，引起不必要的伤亡，且一定要保持鹿舍清洁干燥，注意通风。一是母鹿妊娠期和哺乳期时应饲喂营养充足的饲料，不能饲喂变质、腐败的饲料，确保母鹿的体况保持在中等或中等偏上。特别是哺乳期，提供的饲料要多样化、适口性好，以增加母鹿的采食量和消化率，保障泌乳质量，保证仔鹿健康生长。二是母鹿产仔时应将可能引起的应激降到最低，从而降低新生仔鹿被遗弃的概率。确保产仔母鹿对饲料、水的需要，消除外界环境的干扰，为产仔母鹿、仔鹿提供安静、舒适的生活环境。三是对于难产母鹿一定要实施助产，减轻鹿的痛苦，提高鹿的福利待遇。四是在母鹿预产期到来之前7~10d，将母鹿提前安置到专门产仔的圈舍中，以确保母鹿顺利产仔，防止产生应激反应。五是鹿场要保持妊娠母鹿圈舍周围环境的安静，做好母鹿的保胎工作，避免外来陌生人员惊动和骚扰母鹿，且每个圈舍不宜养殖过多母鹿，以免过于拥挤造成流产，威胁母鹿和胎儿的健康。要让妊娠母鹿做适量的运动，每天要在圈舍内运动1~2h，以促进母鹿的血液循环，预防难产，但不能强行驱赶，以免造成母鹿惊吓或炸群。

仔鹿生长发育、能量代谢旺盛，其体重、体型和各器官的功能都要发生很大的变化，如果对仔鹿管理不当，将会导致其生长受阻、发育迟缓，对其体型、生理机能和生产性能均有不良影响。因此，为了培育出具备产茸量高、生长利用年限长、抗病力强等优良性状的鹿群，鹿场应采取科学的饲养管理技术和良好的福利措施。仔鹿出生后，为了保证仔鹿的安全，鹿舍内应设置清洁卫生的护仔栏，并派专门饲养人员监督管理，防止频繁受到人或动物的干扰，减少对仔鹿的应激，减少疾病的发生，提高成活率。对产后母鹿死亡、母鹿拒绝哺乳而未吃到初乳，需要人工哺乳的仔鹿，要用健康牛、羊初乳或初乳粉代替喂养仔鹿（最好选择与鹿初乳最接近的羊初乳），以确保仔鹿获得足够的免疫力。应对人工哺乳仔鹿进行日常检查，观察其是否出现腹泻、脱水、便秘、咳嗽等异常状况。若出现此类状况，应立即找兽医进行治疗，防止情况进一步恶化，影响鹿的健康。

仔鹿断奶后容易产生应激反应，影响采食。鹿场应按照仔鹿的性别、出生日期、体质强弱等分群管理，分别给予不同的饲养管理措施。仔鹿的断奶日龄不少于84d（12周），具体断奶日龄要依据发育的实际情况而定，在保证仔鹿自身能够获得足够营养、正常生长发育后才可断奶。断奶初期仔鹿的消化系统（瘤胃）和消化机能尚不完善，没有得到足够的锻炼，应供给液体饲料，直到瘤胃发育完全为止。提供的日粮应由营养丰富、容易消化、适口性好的饲料组成，在断奶最初几天内应尽量维持哺乳期仔鹿习惯的采食方式。断奶应选择天气情况较好且较稳定的条件下进行，以减轻仔鹿因受外界环境的影响导致的应激反应。

鹿的耳号、耳标是便于生产管理的措施。建议鹿场在仔鹿出生后1~3d内打耳号或耳标，鹿养殖者要尽量降低打耳号、耳标时给鹿带来的痛苦和应激，避免鹿耳软组织和血管受到破坏。给鹿打耳号、耳标所选用的工具一定要锋利，并且要经过严格的消毒，防止感染；打完耳号后对鹿要有良好的管理和照顾，确保其健康和安全。给鹿打耳标比打耳号的应激反应要小，建议鹿场首选打耳标。给鹿打耳号时打掉的耳组织应不超过10%，而且一定要使用消毒、锋利的工具进行操作。打耳号的方法应该是行业通用的推荐方法。每只鹿耳上仅可做1次标记。

4 锯茸管理

鹿茸是正在生长的含有丰富血管和神经组织，并在外面包有一层非常柔软细毛皮肤的嫩鹿角。鹿茸是养鹿生产的主产品，其收取相当于对鹿实施外科手术，会给鹿带来痛苦和忧虑，因此收茸方法必须符合外科手术的基本原则，满足鹿福利要求。

锯茸方法可采用化学麻醉（局部麻醉、全身麻醉）法或物理法，推荐使用化学麻醉法，以减少锯茸给鹿带来的痛苦和忧虑。锯茸使用的麻醉剂应该是由行业专门或权威机构（如中国鹿业协会）认证、推荐使用的产品。物理法必须遵从保定确切、减少出血、降低疼痛、缓解应激的原则，按照由专业机构推荐的操作规程进行。

锯茸操作人员必须具备鹿生物生理学、动物福利的专业知识，还要是获得兽医资格证书或取得权威部门上岗认证资格的专业人员，只有这些专业人员才有锯茸资格。锯茸器械必须是由行业权威部门（如中国鹿业协会）推荐并有生产许可的医疗器械，锯茸前必须严格消毒，达到外科手术要求的卫生标准。鹿茸收获的季节正值夏季，锯茸时间应在清晨早饲前进行。鹿茸收取规格由鹿场管理人员、技术人员根据鹿茸生长和市场情况而定，做到准确掌握收茸时机。

锯茸位置必须在角柄上方，且锯茸位置尽量准，因下锯位置与茸产量、再生密切相关。留茬过高，部分鹿茸留在角柄上影响产量，造成不必要的浪费；留茬过低，容易损伤角柄，影响茸再生，还有可能导致畸形。推荐下锯位置：头茬茸在角柄上方1.5cm处，再生茸在角柄上方2.0cm处，初角茸在角柄上方2.5~3.0cm处。锯口断面要与角柄断面平行，即留在角柄上的茸周围高度一致。

锯茸前应在角柄基部使用临时止血带或湿润粗麻绳，锯口应使用行业权威部门推荐的止血消炎药粉进行止血，要确保止血效果，保障具有一定标准的卫生条件，避免大量出血和感染。锯茸时要做好记录，收取的鹿茸必须使用中国鹿业协会颁发的正式ID标识加以标记。公鹿锯茸后7d内不允许屠宰，这是因为麻醉药物在体内还未完全排除。在加工、保存鹿茸时应注意卫生、防潮和防虫蛀。

锯茸场地应是经过合理设计的场地或圈舍内不被其他鹿干扰的宽敞地方，避免锯茸公鹿因噪声、突如其来的刺激而受到惊吓。锯茸后对公鹿要做妥善的处理。麻醉锯茸的公鹿可注射解麻药物解除麻醉状态，解麻药物是由行业专门或权威机构（如中国鹿业协会）认证、推荐使用的产品。锯茸后的公鹿应有足够的活动空间，并注意观察其精神状态和表现，出现异常应及时处理。整个锯茸过程要由符合锯茸福利要求的3~5人组成的小组负责。

5　运输管理

鹿的引种、商调等均涉及运输。运输时鹿的生活环境发生了暂时的改变，鹿的活动环境狭窄、拥挤，酷热或严寒，颠簸，采食、饮水不规律，这些变化均会使鹿产生应激反应，轻者发病，重者死亡。因此，鹿在运输前应事先制订周密的运输方案，包括所需运输工具的合理选择、与运输有关的相关文件（如检疫）的办理、驾驶员技能要求、运输途中鹿的管理、咨询兽医或专业技术人员等方面，以确保鹿的安全运输。

运输前应当加强鹿的饲养管理和驯化，使鹿逐渐过渡到运输的饲养方式，以便更好地适应运输条件。不同圈舍的公鹿如果要同车运输，1周前就应混群饲养，以免在车上顶斗发生伤亡。不同性别、不同品种、不同体况的鹿不应同车混运，若一定要同车运输，最好相互隔开，以免产生应激反应，影响健康。

只有达到一定健康标准的鹿才可以运输，对于体质较差的鹿或病鹿，只有得到兽医人员开具的运输证明后才可运输。妊娠后期的母鹿禁止运输。特别是预计21d之内就要分娩的母鹿绝对不能运输，以保证胎儿的安全，避免孕鹿产生应激，影响产仔，导致流产。生茸期或有角公鹿，只有角柄到茸（或角）顶端的长度不超过6cm的才可以运输。茸损伤、茸或角柄正在出血的鹿均不可装车运输。仔鹿断奶10d以上方可出售，运输时间要少于6h。未断奶的仔鹿和断奶不足10d的仔鹿不可运输，刚断奶的仔鹿原本就面临着断奶应激，再将其运输到另一个地方，会导致仔鹿死亡。

运输途中鹿的饲养管理和饮水十分重要。在出发前要准备充足的饲料，最好不要在运输途中临时购买，途中购买的饲料不一定是鹿习惯的饲料，极易影响鹿的消化功能和健康。要保证途中有足够的饮水。如果运输时间不超过1d可不饲喂精饲料，途中停车时提供充足饮水即可；如果运输时间超过2d要贮备充足的优质饲料和饮水，保证鹿摄入足够的营养。

运输1周岁以上的鹿，应在运输前12h限制饲喂，运输前4~6h停止饲喂，以避免运输途中因环境突然改变而产生应激，引起消化系统不适。所有被运输的鹿必须能够站立，且四肢能承担体重，能承受运输中不合理或不必要的痛苦和应激。

仔鹿必须配有动物防疫部门出示的结核（Tb）检疫标签，出售者应提供具有法律效力的鹿健康与身份证明后才可获得运输的资格。运输负责人一定要在运输前检查所运输的鹿，以确保鹿健康且适合运输。

以上是针对我国鹿福利的建议及其相应内容，旨在与广大同仁进行探讨，为我国实施鹿福利标准或制定法规提供参考。

参考文献（略）

本篇文章发表于《黑龙江畜牧兽医》2016年第4期（上）。

金融支持畜牧业发展现状——以吉林省为例

郑　策

（吉林省政府投资基金管理有限公司，吉林长春　130000）

摘　要：畜牧业上连种植业，下连加工业，横向牵动医药、食品、包装、物流等行业，是典型的劳动密集型产业和现代农业的支柱性行业，是农村富余劳动力转移的最佳承载产业。发展畜牧业，对保持物价稳定和抑制通货膨胀目标的实现，对优化农业结构、推进农业产业化和农民增收等具有重要意义。2020 年 9 月，国务院办公厅印发了《国务院办公厅关于促进畜牧业高质量发展的意见》，文件在保障措施中提到，中央财政、金融机构、社会资本要从各自的角度加强对畜牧业高质量发展的支持。本文对畜牧业的金融支持现状做了概述，以期为政府制定政策导向及产业发展规划提供参考依据。

关键词：金融支持；畜牧业现状

1　金融支持畜牧业发展的阻碍

虽然畜牧业发展得到了一定的金融支持，但与非农产业相比，支持力度非常有限。由于受多种因素的影响，畜牧业在信贷、抵押、担保、保险等各种金融工具的运用上还不够完善；政府有关部门还缺少优惠的配套政策；部分养殖户受生产经营条件的制约，仍存在担保难、融资难问题；部分养殖户经营规模小，缺乏新的效益增长点。究其原因，无非以下两点。

1.1　金融机构的逐利性导致其积极性不高

近年来，尽管金融机构对畜牧业的支持有所增加，但远远不够，积极性不高。一是因为畜牧业附加值较小，收益低，对金融机构缺乏吸引力；二是农民的贷款信用能力达不到银行放贷标准；三是风险较大，不确定影响因素多，各种动物疾病也

【作者简介】郑策，男，硕士研究生，副研究员，从事金融研究、经济研究，E-mail：164319858@qq.com。

增加金融机构对畜牧业不稳定性、高风险性的评估，所以金融机构对整改畜牧产业都表现出积极性不高的态度。

1.2 畜牧业自身抗风险能力差

畜牧业自身抗风险能力差主要来自以下两个原因。一是畜牧业养殖风险，和其他行业不同，畜牧业要承受不可预见的自然风险，有天灾、疫病等。同时，我国畜牧业家养占比很大，缺乏规模化、专业化、标准化、品牌化的养殖模式，也使得疫情袭来时，几乎无抵挡之力。二是市场风险，我国农村地域广，经济发展水平低，交通、通信等相对落后，加之畜牧业从业人员较分散，畜牧业生产者获得畜牧产品的市场信息不及时，畜牧业产品容易受销售过程中供求关系、品种及质量、价格等市场因素变化的影响。

2 吉林省金融支持畜牧业发展的现状

近些年来，吉林省农村金融发展取得了较大的进展，农村金融机构改革初步完成，金融服务手段和产品不断创新，以市场经济规则为指导进行金融资源配置的能力逐步提高，对农业和畜牧业的发展起到了一定的支持作用，极大地促进了畜牧业经济的质量提升和发展方式的转变。吉林省为适应农村经济和社会发展变化，在推进农村金融创新方面进行了积极探索。根据吉林省资源享赋的优势以及农村金融服务需求多元化的特点，在农村金融产品和服务手段创新方面取得了明显成效。农村金融产品的创新拓宽了畜牧业发展的资金渠道，对畜牧业发展的金融支持力度有所提升。农村金融产品的创新主要有以下几种。

2.1 土地收益保证贷款

吉林省土地资源较为丰富，农户基本都拥有一定的农地和土地收益，但农业经济的发展依然受到"融资难、融资贵"的制约。为了将农村土地的财产效用和融资功能进一步激发出来，吉林省提出了用土地的未来收益作为保证开展贷款业务的新思路，并在全国率先成立物权融资农业发展公司，并于 2012 年 8 月首家选定吉林省梨树县下辖的 7 个乡镇进行试点。

土地收益保证贷款是吉林省首创的金融服务农业的创新模式。土地收益保证贷款是指农户用土地的未来收益作为保证，按照依法合规、平等协商、风险可控的原则，将土地承包经营权流转给物权融资农业发展公司，由该物权融资农业发展公司向金融机构出具对农民贷款负连带保证承诺的新型融资模式，保证贷款利率原则上在人民银行同期限档次基准利率基础上，统一上浮 30%，上浮后利率根据贷款期限的不同维持在 7.8%~8.32%，与吉林省农村民间借贷平均利率水平 20% 相比，具有明显的价格优势。土地收益保证贷款不会使农民失去土地和基本生活保障。如果农民能正常偿还贷款，与农民达成的土地流转合同自动解除。农民不能按时归还贷款时，物权融资公司将土地另行转包，用转包费来偿还银行贷款，直到期满再将土地承包经营权返还给农民。这种贷款方式有效地降低了资产流失的风险，保证了农民和金融机构双方的利益。

目前开展此项业务的金融机构有中国邮政储蓄银行、公主岭浦发村镇银行、中国农业银行、前郭县阳光村镇银行、吉林银行等。当前，各金融机构土地收益保证贷款累放情况见表1。

表1　金融机构土地收益保证贷款累放情况统计

序号	金融机构	贷款总数/笔	贷款额度/万元	贷款方向					
				养殖业		种植业		生活消费类	
				数量/笔	额度/万元	数量/笔	额度/万元	数量/笔	额度/万元
1	中国邮政储蓄银行	10 205	99 864.58	2 580	11 696	7 382	86 871	283	1 298.1
2	公主岭浦发村镇银行	632	5 254.73	199	2 043.9	424	3 132.6	9	78.3
3	中国农业银行	1 730	10 963.42	37	124.8	1 691	10 833	2	6.5
4	前郭县阳光村镇银行	32	57.5	—	—	32	57.5	—	—
5	吉林银行	176	1 453.36	114	378.91	50	1 040	12	34.5

2.2　直补资金担保贷款

自2004年我国开始实行粮食直接补贴政策，农民的利益得到了一定程度上的保护。吉林省是我国著名的产粮大省，享受补贴的农户比例较大，根据这一实际情况结合农业发展的金融需求，2009年9月，以农民直补资金担保贷款的建议被吉林省财政厅采纳，并上报财政部。2010年2月，中共吉林省委主管领导给出肯定性批示，决定在吉林省试点推广直补资金担保贷款。2010年3月吉林省政府决定在吉林省公主岭、前郭、扶余、农安、柳河、东辽、舒兰、敦化和白城市洮北区九个市县（区）试点。在政府的支持下，中国建设银行、中国农业银行、中国邮政储蓄银行和吉林省农村信用社等金融机构积极参与直补资金担保贷款试点。农户自愿申请，以直补资金作为担保，贷款额度为所获直补资金的5倍，省政府对贷款利率统一为同期基准利率上浮30%。

直补资金担保贷款具体操作流程：农户向银行提出贷款申请，经信贷员对农户基本情况进行初审，财政所将农村经营管理站签字的农户土地确认单进行质押登记，营业所主任和审贷中心依次审核信贷员出具的借款合同，审核通过后向农户发放贷款。一般情况下，农户办理贷款需要7~15d。若农户按期还款，直补资金正常发放给农户，若农户不能偿还贷款，财政部门根据农户质押登记和借款合同，用其日后直补资金归还贷款本息。具体操作流程见图1。

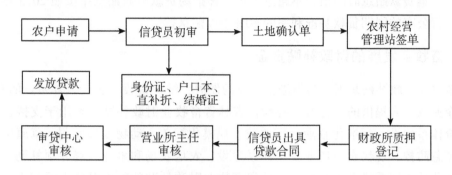

图1 直补资金担保贷款具体操作流程

目前受到多种因素影响，此项业务已逐渐暂停，仅有部分市县仍在开展。

2.3 政策性融资担保贷款

基于传统补贴方式的效力减弱、农村金融供需失衡、传统金融机构支农动力不足等现实问题和需要，2015年7月，财政部、农业部、银监会联合印发《关于财政支持建立农业信贷担保体系的指导意见》（财农〔2015〕121号），对全国农业信贷担保体系建设进行了全面部署，决定在2015—2017年，将农业支持保护补贴中农资综合补贴资金20%的存量部分，加上种粮大户补贴试点资金和增量资金，用于支持适度规模经营，将这部分资金作为注册资本金，成立全国农业信贷担保体系。省级层面，在全国各省、自治区、直辖市、计划单列市建立省级农业信贷担保机构，并向市县延伸业务分支机构，直接为新型农业经营主体提供信贷担保服务。

2016年3月11日，是按照国家部署要求，经省政府批准、省财政厅出资组建了吉林省农业融资担保有限公司（简称省农担），是省内唯一一家专注农业的政策性融资担保机构，目前注册资本金已到位32亿元，是省内资本金规模最大的融资担保机构，并在全省范围内设立19家分公司，构建起业务覆盖所有市（州）、县（市、区）地域的政策性农业融资担保体系。

截至2020年三季度末，省农担在保项目3 093笔，在保余额49.42亿元，折后在保余额43.41亿元，公司政策内业务在保余额37.4亿元，在全部业务中占比75.68%，户均在保余额159.78万元，公司累计代偿率0.51%。

2.4 政府贴息贷款

贴息贷款主要体现在吉林省、市财政对部分畜产品加工企业给予了固定资产贷款和流动资金贷款的贴息政策。例如，2013年吉林省省市级财政对符合规定的种猪场实行贴息补助政策，减少了畜牧业养殖户的利息负担，从而达到稳定生猪生产、做好省级冻肉储备和活体储备的目标。对符合条件的种猪场在 2013 年 5 月 1 日至 2013 年 12 月 31 日新增的流动资金贷款和展期的流动资金贷款，按照贷款约期予以贴息，一笔贷款贴息时间最长不超过 1 年。种猪场贷款财政贴息率按照 2013 年中国人民银行公布的同期贷款基准利率的 60% 予以贴息。

2.5 畜牧业发展的财政补贴资金

畜牧业财政补贴是国家为促进畜牧业的发展，维护畜牧业企业或养殖户的利益，而向企业或个人提供的一种资金补偿。吉林省畜牧业财政补贴主要用于支持畜禽良种繁育体系建设、标准化牧业小区改建、规模化饲养、动物疫病监测、草原生态建设、紧急防控、现代农业产业技术体系建设、农垦农场和事业三场专项补助、现代农业产业技术体系建设等方面。吉林省畜牧业财政补贴的额度总体来看偏小，吉林省畜牧业财政补贴主种类主要有基本建设投资、畜禽良种补贴和畜牧业发展引导资金等。

2.6 畜牧业发展的保险支持

一是国家政策性保险，目前，国家畜牧业保险补贴仅限于能繁母猪、育肥猪和奶牛 3 个品种，吉林省省主要参照国家政策执行。一是能繁母猪保险。吉林省从 2007 年开始施行能繁母猪保险，全省能繁母猪保险金额为 1 000 元，费率 6%，保费 60 元，中央财政承担 50%、省财政 10%、市县财政 20%、养殖户 20%。二是育肥猪保险。吉林省从 2008 年开始被国家列为育肥猪保险试点。保险金额 500 元，费率 4.8%，每头育肥猪保费为 24 元，中央财政承担 10%，省财政承担 10%，县级财政、龙头企业和养殖户承担 80%。由于财政承担保费比较低，养殖户缺少养殖积极性，育肥猪保险始终没有开展。2013 年，为提高养殖户参保积极性，财政部将育肥猪保险保费承担比例调整为中央财政承担 50%、省财政承担 15%、县级财政承担 15%、养殖户承担 20%。三是奶牛保险。吉林省从 2008 年开始施行奶牛保险试点，保险金额 5 000 元，费率 8%，每头奶牛保费为 400 元，中央财政承担 50%，省财政承担 15%，市县财政承担 5%，参保养殖户承担 30%。

二是吉林省政策性保险，2014 年 5 月，为加快延边黄牛产业发展，延边州政府决定试办延边黄牛保险，并申请实施保费补贴。2014 年 9 月，经吉林省政府与吉林省畜牧局和财政厅共同协商，拟计划在 2015 年畜牧业发展引导资金中安排 500 万元，专项用于延边黄牛保险补贴，支持延边黄牛快速发展。

三是商业性保险，商业性保险主要是针对畜产品加工企业的保险，主要是对厂房和设备等固定资产进行保险。如广泽公司分别在中国人寿保险公司和平安保险公司对厂房和设备进行了保险，华正公司等企业还参加了产品责任险和公众责任险。

3 金融支持畜牧业发展存在的问题

3.1 畜牧业经济与金融支持不相匹配

吉林省畜禽养殖业和加工业的产值已分别达到农业总产值和农产品加工业总产值的50%以上和30%以上，但信贷规模仅为农业贷款总额的7.6%左右，信贷规模与畜牧业发展规模不匹配。一定程度上表明当前各地仍处于重农轻牧的认知阶段，必须在认识和投放两个层次上解决农牧并重和并进问题。

3.2 没有形成良好的畜牧业产业链

从吉林省乃至全国来看，畜牧业养殖仍以家庭经营、小规模散养的居多，畜牧业中小企业没有形成合力，各自发展。龙头企业较少，对发展现代畜牧业的带动和辐射作用有限，影响了畜牧业产业链条的延伸和发展，制约了向现代畜牧业的转型。户多面广量小的分散经营管理模式不利于金融机构对需求方的管理，增加了承办贷款的金融机构的成本和风险。

3.3 抵押物不足成为制约畜牧业信贷支持的瓶颈

现有的金融机构贷款形式主要以抵押贷款为主，而养殖场户、合作社、畜牧业企业往往缺乏合格的抵押品，其资产主要沉淀在活禽、活畜，而对于金融机构来说，"家有万贯、带毛不算"，这意味着养殖户的主要资产难以作为抵押物出现，抵押物匮乏成为制约畜牧业获得资金支持的主要障碍。

3.4 缺乏多元化的融资手段和融资渠道

缺乏多元化的融资手段和融资渠道，制约了畜牧业企业的做大做强。目前从全国来看，通过上市公开募集资金的畜牧业企业少之又少，企业资金需求单纯依赖银行贷款这一间接融资方式。究其原因，一方面，企业缺乏利用资本市场、债券市场融通资金的理念和意识；另一方面，地方政府对经营实力较强的企业缺乏必要的政策扶持、引导和辅导。

4 加强金融支持畜牧业发展的对策建议

4.1 进一步完善金融支持畜牧业发展的资金投放机制

金融机构在授信额度内，应尊重和顺应畜牧业生产周期和经营特点，赋予符合贷款审批条件的客户一定的用款自主权，同时，建议各金融机构应在严格控制风险的前提下，在支持"三农"的信贷资金中，专列畜牧业贷款规模或者设定畜牧业贷款占各项贷款的最低比例。

4.2 依托畜牧业龙头企业，打造产业链金融服务模式

金融机构应依托较大规模、较强实力和较好信誉的畜牧业龙头企业，对从育种、饲料、养殖、防疫到屠宰加工、销售的一体化的整个畜牧业产业链提供必要的信贷资金支持。通过延长产业链条，以龙头企业为核心，开发服务其上下游客户的信贷产品，拓宽金融支持的广度和深度。

4.3 充分发挥资本市场、债券市场和期货市场的功能

积极鼓励和支持符合条件的畜牧业龙头企业利用境内、境外资本市场上市融资。适当降低畜牧业企业发行企业债券标准，允许一定规模的畜牧业龙头企业发行债券，拓宽直接融资渠道。

4.4 政府应积极为金融支持畜牧业发展创造条件

一是积极推进信用体系建设，创建良好社会信用环境，营造金融支持畜牧业发展的"洼地效应"；二是注重培育和建立优质畜牧业项目库，及时向金融机构推荐优质畜牧企业；三是扩大畜牧业贷款有效抵押物范围，用足用好土地流转相关政策，为土地承包经营权抵押和宅基地使用权转让创造条件，从而丰富畜牧业贷款抵押的方式和品种，有效缓解畜牧业贷款抵押物不足问题；四是切实加大财政扶持力度。通过以奖代补形式鼓励养殖大户改善条件，扩大规模，形成养殖规模效应。

参考文献（略）

黑龙江省鹿业养殖现状及未来发展规划

李和平[1,2]

（1. 东北林业大学　野生动物与自然保护地学院，黑龙江哈尔滨　150040；
2. 黑龙江省畜牧兽医学会　鹿科技分会，黑龙江哈尔滨　150040）

摘　要：文章对黑龙江省目前鹿业养殖现状进行了概述，并针对黑龙江省发展鹿业的优势与特色、鹿群品质与技术积累，及梅花鹿、马鹿列入特种畜禽新形势下的未来发展提出了规划，以期为黑龙江省鹿业科学发展提供参考。

关键词：黑龙江省鹿业；养殖现状；发展规划

经国务院批准，农业农村部于 2020 年 5 月 27 日正式公布了《国家畜禽遗传资源目录》。本次公布的畜禽遗传资源目录列出了家养畜禽及其杂交后代。其中梅花鹿、马鹿等列入特种畜禽，将遵照《中华人民共和国畜牧法》管理。黑龙江省是我国养鹿大省之一，在当今梅花鹿、马鹿养殖由野生动物转变为畜禽管理的过程中，应对黑龙江省鹿业现状有一个充分的了解，并在此基础上制订科学的未来发展规划。

文章基于笔者了解、掌握的黑龙江省鹿行业情况及从事鹿业科研教学的经验，从黑龙江省鹿业现状、未来发展规划两个方面进行论述，以期与同仁们共同谋划黑龙江鹿业的科学发展。

1　鹿业现状

黑龙江省的养鹿业作为一个养殖产业，起步于新中国成立后的 1956 年，是由当时的 4 家鹿场、250 余头梅花鹿开始的。黑龙江省养鹿业由艰苦创业、巩固发展、跌宕起伏、回复提升到如今的稳步发展，经历了由国营、集体经济到民营、个体为主的经营模式的转变。经过 60 余年的发展，鹿业目前已经形成了稳定、健康发展的特色产业。

【作者简介】李和平，男，博士，教授，从事动物遗传育种与繁殖研究，E-mail：461905800@qq.com。

1.1　数量规模

据不完全统计，目前黑龙江省养鹿企业、鹿场（户）有350~400家，全省年产鲜茸60 000kg以上，养殖数量接近8万头，其中梅花鹿占70%~80%，杂交鹿占20%~30%，马鹿不足1%。饲养规模以中小型鹿场为主体，100~500头规模的鹿场占50%以上，不足100头规模的占40%以上，500~1 000头规模的占5%左右，1 000头以上规模的仅占2%。

1.2　产业实力

黑龙江省的鹿业养殖规模仅次于吉林省，位居全国第二。

1.2.1　梅花鹿

黑龙江省饲养的梅花鹿品质优良，一些纯繁群体无论在群体规模还是品质上，已经位居全国一流。兴凯湖梅花鹿历经黑龙江省农垦的国营鹿场到裕鹿集团再到宏鹿集团的管理主体的变迁，以其独特的品质在国内久负盛名（与吉林省、辽宁省的其他梅花鹿品种有所不同）；玉泉、饶河等地的梅花鹿养殖企业（如金地鹿业）从吉林引进纯种双阳梅花鹿，经过继续选育提高，形成了更优良的梅花鹿群体。哈尔滨地区的典型企业，如轩辕热电厂鹿场，多年来坚持不懈地收集全国优良高产梅花鹿优良基因，群体产茸性能高、规模大，企业踏实低调；还有其他一些养殖场（户）拥有优良的梅花鹿群体。目前这些优良梅花鹿群体成年公鹿头茬二杠、三杈鲜茸平均单产已经达到2.8kg、4.5kg，种公鹿头茬鲜茸平均单产均在6.5kg以上。但黑龙江省也有一些小规模养殖的梅花鹿群体品质较差，亟须改良品种、提高饲养管理水平。

1.2.2　马鹿

黑龙江省马鹿养殖数量较少，但品质高。在全国鹿王评比中可以看出黑龙江省的实力，2019年中国畜牧业协会鹿业分会组织的全国性鹿王大赛中，黑龙江省囊括各奖项的一、二、三等奖；众所周知，黑龙江曾经有闻名世界的优良种公鹿，如哈尔滨特产所鹿场的96-13号种公鹿（2007年鲜茸产量达32.75kg，创世界纪录），在全国鹿产业发展中起到了积极的推动作用。

1.2.3　杂交鹿

目前杂交鹿市场需求很大，养殖效益也不错，鹿杂交技术的兴起可以说是由市场经济形势带来的，也是目前的一个发展方向。目前黑龙江省有一些养鹿场正在尝试进行杂交鹿养殖，但合理杂交组合与获得最佳杂交效果的技术与实践需进一步探讨。

1.3　产业技术

黑龙江省的高校和科研单位在养鹿产业技术上，从围绕养殖生产的基础研究到生产应用，均已取得良好的技术成果。例如，东北林业大学与哈尔滨市特产研究所共同研究创建的"鹿体外受精与胚胎体外培养及绿色肉用马鹿育肥配套技术"已达到国际先进水平；黑龙江省野生动物研究所进行了鹿各时期营养需要研究以及鹿颗粒饲料研发；黑龙江省中医药大学对鹿茸成分提取与药理进行了深入研究并取得了一定成果；东北农业大学成功研制了鹿保定用麻醉制剂；哈尔滨市特产研究所的马鹿人工授精、胚胎移植、东新马鹿育种等技术已经在全国范围内推广应用，为养鹿产业发展提供了有力的科技支撑。鹿人工授精等繁殖技术真正转变成实用技术、转化为生产力是在黑龙江省率先实现的；而黑龙江省在鹿饲养管理、饲料开发（如哈尔滨海大饲料有限公司）、精准化饲养方面也正在显示强劲势头；黑龙江省在鹿的生态保护研究方面也处于国际领先水平；对于分子水平上的研究，黑龙江省诸多高校与科研单位的研究也取得了新进展。

目前存在的主要问题是，黑龙江省鹿方面的科学研究居于先进水平，而养殖场、企业在转化为实用技术层面还没有跟上步伐，形成了所谓"两张皮"现象。如何将鹿科研成果转化为提高养殖效益的实用技术，是黑龙江省科技工作者仍需努力的方向。

2 未来产业规划

2.1 发挥黑龙江省资源优势，突出生态健康养殖特色

黑龙江省属于寒温带–温带湿润–半湿润季风气候，森林、草地、湿地资源丰富，加上盛产大豆、小麦、玉米、水稻等粮食作物，每年还有大量秸秆供应，在自然气候条件、粗饲料资源、精饲料来源等方面都为鹿业发展提供了优势条件。黑龙江省的鹿业发展不仅要充分发挥资源优势，更应与生态省建设的国家战略、黑土地保护战略相适应，以生产安全、健康的鹿产品为核心指导思想。

2.2 科技优势与企业需求融合，建立双赢产业机制

黑龙江省鹿产业基础科学研究实力是很强的，科研、教学单位的专家学者各有所长，很多学者在国家层面的项目中取得了较高水平的研究成果。而对黑龙江省鹿方面研究，政府的投入是很少的或者说没有：加之黑龙江省鹿业相关龙头企业也没有很好地实现与高校科研部门的对接，造成黑龙江省鹿产业成果转化链条断裂。希望黑龙江省的鹿业龙头企业（如鹿源春集团、金地鹿业、裕鹿集团、宏鹿集团、兴安鹿业等）尽快实现与科研的融合。

同时，从事鹿产业的管理和技术人员应加深了解鹿的生物学特性、饲养管理、日粮配制、疾病防治等知识，这是刻不容缓的。千万不要在不懂行的情况下匆忙投入生产，固守粗放、不科学的养殖方式容易造成经营失败。

2.3 形成从养殖到产品的全产业链的良好运行机制

鹿养殖需要规范化、标准化的防疫体系和绿色健康的技术体系，为消费者提供健康、安全、无公害绿色产品；由养殖生产、产品加工到最终实现消费者利用，应摆脱低水平、初产品、模糊开发产品，在困境中实现突破。

2.4 尽快适应政府管理的新体制，抓住机遇但更要提升自我

最近新的《国家畜禽遗传资源目录》的公布，标志着梅花鹿、马鹿等进入畜牧行列，依照《中华人民共和国畜牧法》按照家畜管理，发生了鹿由"野生动物"转变为"家畜"的实质性变化，意味着鹿产业将在政府管理新体制下进行生产运行，其生产过程中"饲养环境的优化、种畜的质量、饲养管理技术、饲料的安全性、药物的正确使用以及加工、运输和储存"等都将随之发生变化。

在鹿由野生动物管理变成特种畜禽的今天，给养鹿业带来了新的机遇，但科技工作者和从业人员都应清楚地认识到，《中华人民共和国畜牧法》的管理严格性并不亚于《中华人民共和国野生动物保护法》，应尽快适应《中华人民共和国畜牧法》管理下的鹿场运行，在抓住机遇的同时，更重要的是要提升自己的实力。畜牧管理的技术要求远远高于野生动物，如最简单的系谱管理，按照畜牧动物管理，还需要多长时间才能达到要求？另外，应时刻警醒，实力强大的新西兰鹿业在新形势下会给黑龙江省鹿产业带来怎样的冲击。这要求大家不仅要提升自己的产业实力，还要准确研判产业趋势。

2.5 注重鹿文化宣传，真正实现以文化拉动产业发展

黑龙江省的鹿茸、鹿肉等产品是国内外知名的，这不是依靠少数一些鹿从业人员和专家就能带动、支撑的产业。鹿全身都是宝，但这些宝如何以优质产品的形式让社会认知、消费，是产业兴旺的根本。因而，借助会议、培训及其他各种形式宣传鹿文化，已经是鹿产业发展亟须加强的当务之急。

2.6 科学良好的鹿群体结构与生产是优化而高效生产的关键

鹿产业需要抓好种、料、管、病等技术环节。针对黑龙江各种规模、各种类型的养鹿场，提出如下看法，供大家参考。

2.6.1 正确选择养殖品种

黑龙江省处于高寒地区，要正确了解梅花鹿、马鹿的生物学特性，饲养者在饲养过程中也能发现黑龙江省的鹿与吉林省、辽宁省的鹿表征有差异，建议黑龙江省北部高寒区域养殖马鹿、杂交鹿，不宜养殖梅花鹿。

2.6.2 大型鹿场繁育体系

大型梅花鹿纯繁场（如宏鹿集团、轩辕集团、金地鹿业等）在繁育体系（核心

群、繁殖群、生产群）上，不应固守传统思想，开放核心群选育可以助力群体品质提高，逐步形成良性循环的纯种繁育体系。牛羊等动物开放核心群繁育体系的实践已经证明了该体系的优势与优越性。鹿开放核心群繁育体系见图1。

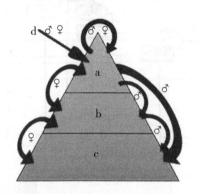

a. 核心群；b. 繁殖群；c. 生产群；d. 外来种鹿（与育种目标相符合）。

图1 鹿开放核心群繁育体系

（资料来源：李金泉，2018）

2.6.3 中型鹿场繁育体系

具备一定规模（300头以上）的鹿场，在繁育体系上如果有杂交环节融入繁育体系，建议按照笔者最新提出的杂交与提纯循环繁育技术体系，即三代杂交循环繁育体系，持续改进群体遗传结构，提升鹿茸群体生产性能；同时可以将这个过程中出现的或者评定后认为茸用性能低的鹿改作肉用，即可以提供肉鹿生产的一种途径。

三代杂交循环繁育体系：F_0 世代以梅花鹿母鹿与马鹿公鹿杂交，F_1、F_2、F_3……各世代母鹿用梅花鹿种公鹿逐代改良，F_3 以后各世代公鹿的梅花鹿血统超过87.5%，可按照纯种梅花鹿进行评定，优秀公、母鹿可进入 F_0 世代群体；F_1、F_2 世代公鹿及 F_3 世代以后未被选留的所有鹿均进入生产群，其中品质较差者进入淘汰群；循环繁殖、选种、育种，以提高群体品质与生产性能。杂交与提纯循环繁育技术体系（即三代杂交循环繁育体系）见图2。

2.6.4 小型鹿场的生产

小规模（30~50头或不足100头）的鹿场一般追求的是直接经济效益，养殖纯种鹿无可厚非，梅花鹿、马鹿都可以。但是在市场形势下的今天和未来，可以考虑饲养杂种优势好的杂交公鹿，其茸产量更高、经济效益更好，还能持续利用多年，也易于管理。小规模养殖不建议公母鹿都养，更没有必要开展育种，那样会导致经济效益不理想。

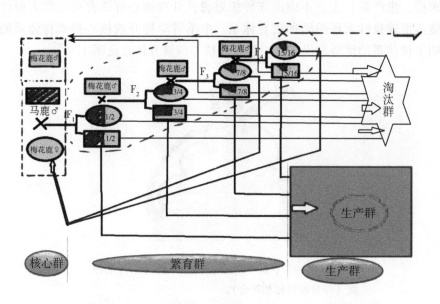

图 2　杂交与提纯循环繁育技术体系（即三代杂交循环繁育体系）

3　小结

综上所述，从国家经济与社会发展、世界经济与人类健康需求等方面综合考虑，坚信鹿产业是一个持久高效益的阳光产业。黑龙江省鹿产业虽然科研实力较强，但从业人员素质参差不齐，还没有真正将科技成果转化为生产力。这需要鹿从业工作者和专家学者共同努力，促进科技和产业的融合，使鹿产业进入良性、健康发展的轨道。

参考文献（略）

本篇文章发表于《黑龙江动物繁殖》2020年第28卷第4期。

兴凯湖梅花鹿发展历程与保护开发

韩欢胜[1,2]

（1. 黑龙江八一农垦大学　动物科技学院，黑龙江大庆　163319；

2. 黑龙江普惠特产有限公司，黑龙江哈尔滨　150030）

摘　要： 兴凯湖梅花鹿是寒区湿地放牧型优良的梅花鹿品种，为更好地保护和利用这一宝贵的遗传资源，本文对其发展历程、品种特性、保护与开发现状进行综述，并提出了保护与开发的建议。

关键词： 兴凯湖梅花鹿；保护；开发；遗传特性；发展历程

种质资源是一项重要的战略资源，是行业发展的基础，也是基因工程的基本素材，其对保持生物多样性具有重要意义。兴凯湖梅花鹿是中苏友谊的见证，也是中国唯一的森林湿地草原地区放牧型梅花鹿品种，遗传资源独特。近些年受国外鹿业的冲击，国内鹿业市场的波动和鹿场转制等因素的影响，兴凯湖梅花鹿种群数量锐减，品种退化严重。如何合理的保护和利用好这一宝贵资源已成为我国养鹿界高度关注的问题，也是亟须解决的问题。

1　兴凯湖梅花鹿发展历程

兴凯湖梅花鹿的发展历程基本经历了 4 个阶段，依次为风土驯化阶段（1952—1962 年）、建场扩繁阶段（1962—1976 年）、品种培育阶段（1976—2004 年）和经营转制阶段（1985 年至今）。

1.1　风土驯化阶段

1952 年刘少奇率团访苏，斯大林从远东地区 3 000 头乌苏里梅花鹿中选出 115 头作为国礼赠送中国，该群鹿 1952 年 10 月定居北京动物园。但因迁移后自然气候和营养的改变，1952—1958 年的 6 年间鹿群繁殖存活的幼鹿不到 30 头，繁殖存活率极低。乌苏里梅花鹿原产于贝加尔湖畔，为在中国找到其适合的栖息地，1958 年北京

【作者简介】韩欢胜，男，博士，主要从事特种经济动物研究及饲养，E-mail：hanhuansheng@ aliyun. com。

市公安局从北京动物园优选出 15 头，移至与贝加尔湖畔气候条件相似的其下属的兴凯湖农场进行适应性驯化，1959 年自然繁殖了 10 余头仔鹿，证明兴凯湖自然环境适合乌苏里梅花鹿的繁衍生息。1962 年北京市政府又向兴凯湖农场移置了 100 头乌苏里梅花鹿。至此，乌苏里梅花鹿在异国风土驯化成功。

1.2　建场扩繁阶段

随着我国境内驯养的乌苏里梅花鹿种群数量的不断壮大，1962 年正式建立了国营的兴凯湖农场鹿场。此后在传统中医药文化的带动下，我国加大了对梅花鹿的研究力度，同时在出口创汇经济的拉动下，兴凯湖的乌苏里梅花鹿在 20 世纪 60 年代中晚期得到了我国中医药界的广泛认同，并进行大量的出口创汇。此阶段兴凯湖的乌苏里梅花鹿迎来了快速扩群期，同时向全国输出，1976—2004 年向全国输出种鹿约 800 余头。

1.3　品种培育阶段

为了保证乌苏里梅花鹿血统纯正，并在此基础上提高种群优势，1976 年兴凯湖农场鹿场开始进行乌苏里梅花鹿人工选育。黑龙江省农垦总局对该项工作高度重视，1995 年列入了农业部（农垦司）"九五"计划"马鹿、梅花鹿新品种（系）选育"研究项目，黑龙江省农垦总局"兴凯湖梅花鹿品种选育研究"攻关项目。1996 年黑龙江省农垦总局又将兴凯湖农场鹿场认定为兴凯湖梅花鹿种源基地。经过 4 个世代的闭群系统选育，培育的新品种兴凯湖梅花鹿于 2003 年 12 月通过国家畜禽品种委员会审定，2004 年 4 月 28 日被农业部确定为畜禽新品种，正式被命名为兴凯湖梅花鹿，兴凯湖梅花鹿是目前黑龙江省唯一的梅花鹿人工培育品种。此阶段，鹿场从饲养、繁殖到产品加工，生产管理水平得到大幅提升，鹿群规模最大时达 2 000 余头。

1.4　经营转制阶段

随着改革开放多种经济形式的出现，国营开始向私营转型，20 世纪 80 年代兴凯湖农场鹿场也开始尝试从国营向私营的转制。1985 年、1989 年先后两次尝试承包经营，1997 年进行了委托经营，2000 年又尝试进行股份制经营，直至 2012 年才顺利完成国营向民营的转制，农场将兴凯湖农场鹿场转制到民营企业黑龙江农垦兴凯湖裕鹿集团。裕鹿集团经营 8 年后，2020 年又将鹿场转让给黑龙江农垦兴凯湖宏鹿实业有限公司进行私人经营。因转制的波动和受国际鹿茸市场影响，此阶段兴凯湖鹿场的发展波动较大，总体处于一个不稳定的发展时期。

2 兴凯湖梅花鹿种质特性

2.1 耐寒抗湿

兴凯湖梅花鹿种源原产于苏联远东贝加尔湖畔，地处高纬度地区，冬季寒冷漫长，平均气温-38℃，夏季温暖多雨。目前，兴凯湖梅花鹿种源地区兴凯湖，自然气候条件与原产地基本相似，该区属大陆性季风气候，夏季湿润多雨，冬季严寒漫长，冬季日最低气温-39.6℃，但与原产地自然环境大的差异是该区系重沼泽区。经过近60年的寒区风土驯化和长期的湿地放牧，兴凯湖梅花鹿已具备了较强的耐寒抗湿遗传特性。通过跨地区引种适应性比较发现，吉林地区的梅花鹿品种引入高寒地区后，常出现生产力下降明显，越冬期死亡率高的现象，一般需要经过2~3年的适应期，而兴凯湖梅花鹿引入高寒区后却不存在这种现象，由此也证明了兴凯湖梅花鹿具有较强的抗寒性。

2.2 早熟、利用年限长

兴凯湖梅花鹿较其他品种梅花鹿早熟、利用年限长。兴凯湖梅花鹿育成母鹿自然配种产仔率为53.8%，而双阳梅花鹿育成母鹿自然配种妊娠率为37.03%。兴凯湖梅花鹿成年公、母鹿利用年限平均达12年，比其他品种梅花鹿明显长2~4年。

2.3 茸正色好质优

兴凯湖梅花鹿茸型正，茸根细上冲，主干圆短、嘴头呈元宝型，畸形茸率低（5.6%）；生长天数短，二杠茸45d、三杈茸67d；茸质鲜嫩，鲜干比2.81∶1；无残毒，优质率高（优质率71%）；茸色细毛红地；头锯公鹿可放三杈，其三杈率和鲜茸重居各品种梅花鹿同锯之首。

2.4 温顺、适应性强

兴凯湖梅花鹿驯化程度高，放牧群体规模大，公鹿500多头、母鹿400多头，放牧群收牧时鹿各回自己圈舍。引种到种源地外的千余只兴凯湖梅花鹿，应激性小，耐粗饲，易于饲养管理，生长发育增膘快，仔鹿成活率达90%左右，鹿死亡率低，公鹿母鹿死亡率平均为3.6%，表现出较强的异地适应性。

2.5 体大秀美

兴凯湖梅花鹿体型大，成年公鹿体重（130±15）kg、体高（110±5.5）cm，成年母鹿体重（86±9）kg、体高（99±4）cm。其体质结实强健，四肢及筋腱发达、蹄坚实。夏季体毛红润、梅花斑点大而清晰，体型紧凑秀美，性情温和，与人的亲和力强，适合作观赏鹿。

2.6 杂交效果显著、种用价值高

兴凯湖梅花鹿具有茸正色好质优、茸生长天数短、茸重高遗传力（0.36）等独特的遗传性能，杂交利用上具有明显优势。

2.6.1 兴凯湖梅花鹿与其他品种梅花鹿杂交效果

东北梅花鹿（♀）与兴凯湖梅花鹿（♂）杂交，杂种 F_1 代 1~3 锯合计鲜茸重比东北梅花鹿提高 74.4%，杂种优势率为 32.66%；兴凯湖梅花鹿（♂）与双阳梅花鹿（♀）的杂交 F_1 代初角茸较母本双阳梅花鹿产茸性能提高 71.07%，较父本兴凯湖梅花鹿提高 19.05%，初角茸杂种优势率 40.40%。生产中，用兴凯湖梅花鹿作母本，与其他品种梅花鹿如双阳梅花鹿、东大梅花鹿杂交，后代茸重都高于亲本。兴凯湖梅花鹿与其他品种梅花鹿杂交，在茸重上都表现出明显的杂交优势，说明其遗传基因的表型表达更为显著。

2.6.2 兴凯湖梅花鹿与马鹿杂交效果

兴凯湖梅花鹿（♂）与马鹿（♀）的杂交上锯三杈马花 F_1 代 8.38kg，产茸量介于母本（11.44kg）与父本（5.97kg）之间，上锯三杈茸重性状杂种优势率 -3.77%。茸重杂种优势率低，但茸色红色，茸毛短，售价高，杂交 F_1 代的收益较母本每年多 531.35 元/头，较父本每年多 226.85 元/头。杂交 F_1 后代生长发育快，肉质好，适合作为肉用鹿或茸肉兼用鹿的培育。另外，兴凯湖梅花鹿（♀）与马鹿（♂）杂交，兴凯湖梅花鹿体大难产率低，F_1 茸色好，杂种优势明显。说明，兴凯湖梅花鹿与马鹿杂交经济效益好，生产中适合开展经济杂交。

由于兴凯湖梅花鹿与其他品种梅花鹿的杂交改良效果明显，与马鹿种间杂交后代经济效益显著。因此，兴凯湖梅花鹿不论作为父本还是母本，与其他品种的梅花鹿和马鹿杂交效果显著，应加大兴凯湖梅花鹿种质资源的开发利用。

3 兴凯湖梅花鹿保护与开发现状

兴凯湖农场鹿场自 1962 年建场以来，种用范围遍布我国北方的黑、吉、辽、鲁、冀、京、津等省市 20 多个单位。但随着经济的全球化，受国内外鹿业市场的影响，2004 年后种群规模骤减，目前种源基地存栏数不足 1 000 头，亟须保种，再加上保种资金长期短缺，饲养、繁育工作的滞后，致使该优良品种梅花鹿在数量和质量上近几年不仅没有得到提高，反而出现了严重的退化现象。兴凯湖梅花鹿既是国家宝贵的种质资源，也是黑龙江省和垦区的优势品牌，如何充分合理地保护和利用这一资源优势，已迫在眉睫。

3.1 种群数量锐减

兴凯湖梅花鹿从 1952 年 115 头发展到 2004 年种源基地存栏达 2 000 头规模，2004 年后受国际金融危机和加入世界贸易组织后国外鹿业的冲击，2004—2012 年种群数量从 2 000 多头骤减到 800 余头，2012 年转制后种群规模曾一度恢复到 1 500 头左右，但因对外输出和鹿场的连续转让，种群数量又再度下降，目前基地的种群数量不足 1 000 头。

3.2 种群系谱不清、品种退化严重

品种审定后，种源基地鹿场在转制和转场过程中，因管理疏忽、建档不及时、档案丢失等，目前种源基地出现鹿群档案不全、系谱不清的问题。再加上兴凯湖梅花鹿从苏联赠入我国以来一直未进行血液更新，目前品种出现了严重的近亲衰退现象。

3.3 现代化程度低、种质资源利用率偏低

兴凯湖鹿场种源基地长期采用传统的放牧与舍饲相结合的饲养方式，养殖水平现代化程度低。繁殖上长期以来主要采取自然配种方式进行良种扩繁，精液采集冻存和人工繁育技术仅是试验性的尝试，新型繁育技术应用少。品种审定前后尽管培育出许多优良种鹿，但对外输出总体不到 2 000 头，种质资源利用有限，利用率总体偏低。

3.4 缺少长期有效的种质保护与开发方案

在种质资源保护与开发上，2013 年中国畜牧业协会鹿业分会专家组进行种质资源调研时根据兴凯湖梅花鹿种群的状况，建议应加强保种工作，并提出指导性意见，引起了裕鹿集团的重视，并在活体保种上采取了一些措施，但总体上缺少系统的保种方案和有效实施，保种工作进展缓慢，种质资源保护和利用不充分。

4 兴凯湖梅花鹿保护与开发建议

4.1 开展形式多样的保种

动物种质资源包括动物活体本身、所有的体细胞和生殖细胞体系。目前种质资源保存主要有活体保存、卵子或卵巢的保存、精液的保存、胚胎保存、全基因保存、体细胞保存等。兴凯湖梅花鹿种质资源遗传性能独特，目前种源基地的种群数量不足 1 000 头，应尽快开展活体、精子、胚胎、卵母细胞、DNA 文库等多种形式的保护。尤其应加强对特级种鹿的保护。

4.2 应用现代繁育技术加快良种扩繁

要实现兴凯湖梅花鹿的保护和有序利用，当务之急是加快良种的快速扩繁，扩大活体种群。研究应用人工输精、性别控制、胚胎移植、体外授精和克隆等现代繁育技术，进行良种的快速扩繁，并加强饲养管理，提高繁殖成活率，实现活体种群快速扩繁。

4.3 引进外血、提纯复壮

兴凯湖梅花鹿是我国唯一的森林湿地放牧型品种，其血统是乌苏里梅花鹿，目前国内的种源都与赠入的115头鹿有或近或远的亲缘关系，各鹿场间串种也很容易近亲，要保证兴凯湖梅花鹿血统纯正，应从俄罗斯远东地区引进乌苏里梅花鹿进行血液更新提纯复壮。

4.4 利用杂种优势、有序开发利用

随着鹿业市场的全球化和人们消费需求的多样化，中国鹿业生产方向也将趋于多元化发展，国内外市场竞争亦将更加激烈。国内鹿业要赢得发展，在保证产量和质量提升同时，也应迎合市场多元化发展要求。今后肉用鹿、茸肉兼用鹿和观赏鹿必将是中国鹿业的发展方向。兴凯湖梅花鹿具有体大、抗寒耐湿、茸质好、温顺、杂交优势明显等特点，应发挥种质资源优势，挖掘其潜力，与国内其他品种鹿开展多种形式的杂交组合，培育自然生态适应性好、经济价值高、市场需求旺盛的肉用鹿、茸肉兼用鹿和观赏鹿，以实现兴凯湖梅花鹿种质资源的有序利用。

参考文献（略）

加大力度推进鹿业三产融合发展

李铁军，宋　军

(东丰县梅花鹿产业发展服务中心，吉林辽源　136300)

摘　要： 东丰县地处吉林省中南部，是著名的"中国梅花鹿之乡"，在这里开启了梅花鹿人工驯养的先河，史称"皇家鹿苑，盛京围场"。20世纪50年代这里建成了多家国营鹿场，从此梅花鹿养殖业成为东丰县特色农业生产的主力军，并由此带动了地方经济的快速发展。本文全面阐述了东丰县政府为促进这一特色产业的持续、健康发展，如何充分利用现有的资源优势，与企业和科研院校联合，通过政策扶持、品牌打造、区域规划、企业带动、产品研发等一系列措施，促进梅花鹿养殖业从生产到加工、从产品到文化的全方位提升，并最终形成了梅花鹿养殖、加工、商贸、文化和旅游一体化的产业发展格局。

关键词： 梅花鹿产业；融合发展

多年来，东丰县始终把梅花鹿产业作为优化产业结构的优势产业，通过规划引领、政策推动、项目带动、品牌培育、技术支撑、规模扩张，加速推进一二三产融合发展。

1　夯实基础，促进融合发展

1.1　种源优势突出

东丰梅花鹿具有种性纯合、遗传性能稳定、抗病性好、耐性强、生产性能优良的特点，品种优势显著，被国家确定为"中国梅花鹿种源养殖示范县"。东丰梅花鹿及鹿产品先后取得"吉林省名牌产品""吉林省著名商标""国家地理标志保护产品""国家地理标志商标"等多项称号。目前，已建设4个种源保护场，正在建设"吉林梅花鹿种源保护中心"。

【作者简介】李铁军，男，研究生，高级兽医师，主要从事畜牧兽医工作，E-mail：2183888430@qq.com。

1.2　养殖基础扎实

东丰县梅花鹿产业以东丰药业养殖基地、江城淋漉公司为重点养殖企业，以横道河镇、大阳镇、沙河镇、小四平镇、那丹伯镇为基地，形成梅花鹿养殖区域特色。2020年饲养梅花鹿23.1万头，鹿茸产量443t，实现涉鹿产值21.5亿元。

1.3　龙头带动较好

东丰县产业化龙头企业4户，生产药品、保健品、食品等88种产品。"马记鹿茸""强身""神益""六嫂""立鹿"等品牌被评为吉林省名牌产品、吉林省著名商标。加工企业实现产值5.4亿元。2018年"马记鹿茸"被省农委评为"最受消费者喜爱的十大农产品品牌"。"爱关节（梅花鹿筋骨片）的开发与产业化"项目被授予中国林业产业创新奖。

1.4　研发能力较强

东丰县先后与中国农业科学院特产研究所、吉林农业大学等院校建立合作关系，2019年6月签订了建设"梅花鹿产品研发中心和质量检测中心"产学研战略合作框架协议，与长春中医药大学签订了"梅花鹿药用资源开发合作协议"，与吉林农业大学签订"建设梅花鹿技术研究学院框架协议"。聘请国家级、省级专家11名，组建专家团队，全程为梅花鹿产业服务。搭建了官产学研合作平台，为梅花鹿产业发展提供技术支撑。

1.5　旅游发展较快

东丰县建设了养鹿官山园、皇家鹿苑博物馆等景点，全力推动梅花鹿文化旅游产业发展。目前，建筑面积4 690m²，投资3 500万元的皇家鹿苑博物馆，已投入使用；占地面积16.2万 m²，总投资2 177万元的养鹿官山园，已投入观赏鹿，对游人开放；2017年以来，组织实施了观展梅花鹿驯化，累计驯化观展梅花鹿300多头。达到与游人零距离接触、拍照、喂食点头致谢等观赏效果，成为文化旅游又一靓丽风景线。东丰县2020年被国家授予"中国观展梅花鹿驯化基地"。

1.6　创投园项目落地

由东丰县政府投资建设的"东丰-国际梅花鹿产业创投园"建设项目，总占地面积74万 m²，总投资23亿元。一期投资为5.9亿元，主要建设项目有梅花鹿产业科技创新中心、梅花鹿产品质量检测中心、鹿产品交易中心、梅花鹿国际会展中心、梅花鹿特色餐饮服务中心等几大板块。目前，综合服务楼和2栋标准化加工车间的主体框架已建设完工。项目建成后，将梅花鹿产业的研发、加工、销售、综合服务等融为一体，形成梅花鹿产业发展核心区，对促进梅花鹿产业发展将发挥重要作用。

1.7　加速了产业升级

2018 年东丰县被认定为"省级梅花鹿特色农产品优势区"，2019 年被确定为"市级现代农业产业园"，2020 年被确定为"省级现代农业产业园"和省级"互联网+农产品出村进城工程试点县"。东丰县被授予"中国观展梅花鹿驯化基地"。东丰梅花鹿地理标志商标被评为"2020 世界地理标志产业博览会金奖"。文福种鹿场被农业农村部确定为国家级吉林梅花鹿保种场。东丰县鹿业公司（以养鹿官山园为主体）被评为吉林省休闲农业和乡村旅游四星级示范企业。

2　强化措施，助推产业发展

2.1　加大组织领导力度

为创新县域经济发展模式，实现一二三产业融合发展，增加县域经济发展后劲，县委、县政府先后成立了"东丰县梅花鹿产业发展领导小组"和"东丰-国际梅花鹿创投园区项目推进领导小组"，组长由县长和县人大主任担任，领导小组下设办公室和 7 个工作推进组，切实加大梅花鹿产业发展的组织领导力量。

2.2　加大机构调整力度

在成立梅花领导组织的基础上，以梅花鹿产业发展服务中心为依托，成立东丰梅花鹿产业发展服务中心（梅花鹿产业发展局），正科级建制，事业编制，机关编制人数 15 名，下设梅花鹿科技服务中心和东丰梅花鹿种源保护中心 2 个单位，编制 15 名，总体服务于梅花鹿产业事业编制达 30 人。

2.3　加大政策扶持力度

先后出台了《梅花鹿标准化规模养殖实施意见》《东丰县梅花鹿产业发展基金使用管理办法》《东丰县金融支持梅花鹿产业发展指导意见》《东丰国际梅花鹿产业创投园招商引资优惠政策》《东丰县梅花鹿养殖保险实施意见》等政策，年投入梅花鹿产业基金 2 000 万元。通过加强政策扶持和服务，力争做到投资有政策、发展有扶持、贷款有贴息、风险有保障、服务无空档。

3　深度谋划，推进融合发展

总体思路：以创建东丰梅花鹿国家级特色产品优势区、现代农业产业园为目标，以东丰-国际梅花鹿产业发展创投园建设为核心，做大"一产"、做强"二产"、做优"三产"，实现三产深度融合，加快推进"梅花鹿+医药"健康产业发展，将梅花鹿产业打造成具有较强影响力的国家级梅花鹿养殖基地、梅花鹿特色产业鹿药研发基地和全国梅花鹿全域旅游目的地。围绕这一思路重点做好以下工作。

3.1 抓好产业体系建设

做大"一产"，主要在梅花鹿种源保护基地、良种繁育基地、标准化养殖基地和驯养基地建设上，为梅花鹿产品深加工企业提供充足的原料来源，保障加工项目能够持续、稳定生产；做强"二产"，在做强现有梅花鹿产品精深加工的基础上，围绕中医药、保健品、食品深加工三大类进行全方位谋划，推动鹿药工艺技术升级改造；做优"三产"，全方位打造皇家鹿苑特色旅游链条。首先，依托自然景观、人文资源，深入挖掘东丰县梅花鹿历史文化，修建小四平乡村皇家鹿苑博物馆。其次，以鹿文化为主题，改、扩建扎兰芬围民俗文化园。最后，以梅花鹿健康养生为特色，建设龙头湖生态旅游综合体。

3.2 抓好"服务体系"建设

开展标准化生产体系建设。从饲料、养殖、加工等方面，全面开展标准体系建设，严格执行鹿行业标准，按照高质量发展的要求，全面提高生产标准水平；开展疫病防控体系建设。依托"鹿病防控专家组"，以东丰县动物疫病预防控制中心、县动物卫生监督所为承担单位，建立健全县、乡、村三级动医防控体系，全面开展人兽共患病净化，实施科学防控，达到动物疫病防控要求；开展产品质量监管体系建设。与省畜牧业管理局、科研机构、中庆投资控股集团等合作，采取区域试点、大面积推广等形式，实行养殖、加工等环节数据化信息化管理；开展追溯体系建设，抓好市场监管，维护正常的经营秩序。

3.3 抓好"政策体系"建设

持续实施产业基金扶持政策，继续设立产业发展基金2 000万元。制定持续梅花鹿产业招商引资政策，加快功能齐全、优势突出、带动能力强大的龙头产业集团建设。加大标准鹿场（小区）建设，对建设用地、调整土地用途等方面给予更多的优惠政策，加快梅花鹿标准化规模养殖场建设步伐。

参考文献（略）

双阳区鹿产业发展情况及前景分析

张 镇，尹 剑，丁尚红

（长春市双阳区畜牧业管理局，吉林长春 130000）

1 双阳区梅花鹿产业发展基本情况

双阳养鹿历史悠久，距今已有300多年，是国家命名的"中国梅花鹿之乡"。经过原始饲养、传统养殖、现代发展等几个阶段，双阳区已成为全国驯养梅花鹿的种源中心、生产中心和产品交易中心。近年来，双阳区先后被评为"中国最具海外影响力市（县、区）""中国梅花鹿种源养殖示范区""国家梅花鹿养殖综合标准化示范区"等称号，"双阳梅花鹿"获得"最具影响力中国农产品区域公用品牌""中国百强农产品""全国绿色农业地标品牌"等殊荣，并成功注册为国家地理标志证明商标。"双阳梅花鹿"品牌价值超过50亿元，已经成为双阳区对外发展的一张"金名片"。

在各级政府的大力扶持和各界同仁的共同努力下，双阳区先后开展了鹿乡特色小镇建设、省级现代鹿产业园区建设和双阳区梅花鹿及产品可追溯体系建设等工程，实施了双阳梅花鹿产业创新发展战略，双阳区梅花鹿产业得到了长足发展，已经进入了黄金发展期。截至目前，双阳区鹿达28万头，养鹿户1.3万余户，年产鹿茸300余t。鹿副产品加工企业50余家，生产加工10大类130个品种，各类鹿产品经销企业320余家，年交易鹿副产品6 500余t，鹿业全产业链产值达60亿元。

多年来，双阳区委、区政府高度重视梅花鹿产业发展，不断加大扶持力度，双阳区梅花鹿特色产业得到稳定健康发展。

1.1 明确定位，科学规划，为产业发展指明前进方向

双阳区党委政府一直把发展和壮大鹿产业作为双阳区特色产业发展的重点内容，结合全省梅花鹿产业"核心区"定位，确立了"三个基地、三个中心、一个市场"的梅花鹿产业发展布局。经过几年的不懈努力，基本建成了以鹿乡镇为中心的梅花鹿标准化养殖繁育基地，以三鹿场、博文鹿业为依托吸收区内大型养殖企业参与的梅花鹿种源保护基地，以东鳌鹿业、虹桥鹿业、长生鹿业、世鹿集团等企业为龙头

的鹿产品精深加工基地；由吉林大学、吉林农业大学、中国农业科学院特产研究所等科研院所和高等院校协作组建的科技研发中心，以双阳区质监局鹿产品质量检验检测中心为主体的吉林省唯一的鹿产品质量检验检测中心，以鹿乡特色小镇为主体的全域旅游的国家级梅花鹿文化旅游体验中心；同时我们正在全力推动鹿乡鹿产品交易市场建设。目前，双阳区集养殖、加工、销售、旅游于一体的梅花鹿特色产业体系日臻完善，并得到稳定发展。

1.2 立足优势，保种扩繁，为产业发展奠定坚实基础

1.2.1 抓良种场建设

近年来，双阳区先后争取省级良种繁育专项资金近 500 万元，支持三鹿场、博文鹿业、东鳌鹿业等 10 余家梅花鹿养殖企业，开展梅花鹿扩繁养殖场标准化基础设施建设，不断扩大养殖规模，全区鹿存栏得到稳步提升。

1.2.2 抓梅花鹿人工输精

截至现在，双阳区已连续 5 年开展梅花鹿人工输精，每年开展技术培训班 10 余场，累计培训人员 1 万余人次，完成梅花鹿人工输精 2 万余例。

1.2.3 抓良种基因库建设

2014 年开始建设双阳梅花鹿良种基因库，2015 年建成并投入使用，目前已冷冻贮存优质双阳梅花鹿精液 3 000 管，实现了梅花鹿良种基因的永久保存。

1.2.4 抓标准化养殖

科学制定养殖规范，大力培养标准化养殖企业，"精养鹿、养精鹿"模式得到广泛推广。目前，全区规模养殖户已有 80%实现了养殖标准化，每头养殖成本平均下降 200~300 元。

1.3 建设市场，塑造品牌，为产业发展注入强大动力

1.3.1 建市场，提高产业发展水平

目前，双阳区已经形成了鹿乡镇和双阳城区两大鹿产品交易中心，形成了较为完整的梅花鹿市场营销体系。同时，定期组织开展联合执法，有效保障了市场秩序。

1.3.2 深研发，延伸产业发展链条

目前，东鳌鹿业、长生鹿业、世鹿鹿业等 10 余家企业与吉林大学、吉林农业大学、中国农业科学院特产研究所等科研院所和高等院校完成技术对接，紧抓国家政策放开契机，大力发展梅花鹿产品精深加工业。目前全区深加工年产值达 20 亿元。

1.3.3 树品牌，扩大产业影响力

扶持区内企业开展了品牌创建和商标申请工作，授权了区内一批规模化企业使用双阳梅花鹿商标，企业经济效益得到明显提升。成功举办中国双阳梅花鹿节、中国鹿业发展大会等节庆活动，实现了梅花鹿产业与旅游文化产业的完美结合，双阳

梅花鹿已经成为双阳区一张叫得响的名片。

1.4 强化扶持，优化服务，为产业发展提供有力保障

1.4.1 成立专门机构

成立了由区委、区政府主要领导负责、部门牵头、专家参与的梅花鹿产业发展推进领导小组，不断加快政策制定、项目引进、产品研发进程。同时，加大对双阳区鹿业协会和公共服务组织的支持引导力度，为产业发展提供了坚强的组织保障。

1.4.2 凝聚发展合力

产业发展推进领导小组下设政策制定、宣传推介、良种繁育、科技研发等多个部门，通过部门联动，召开联席会议等方式部署工作、落实任务、破解难题。各部门、各单位都围绕梅花鹿产业发展积极争取资金、争取政策，做了大量工作，取得了积极成果。

1.4.3 加大政策扶持

双阳区先后出台了《关于加快梅花鹿产业发展实施意见》《双阳梅花鹿产业创新发展实施意见》等多个文件，累计争取省级梅花鹿产业专项资金 2 000 余万元，扶持双阳区梅花鹿良种繁育、标准化养殖和产品精深加工企业扩大生产规模，有力促进了产业发展。

2 双阳区梅花鹿产业发展存在问题及建议

2.1 存在问题

2.1.1 对养殖户扶持力度不够问题

梅花鹿养殖已经进入恢复期，需要政府继续加大资金扶持的力度，养殖是基础，养殖发展不起来加工经销都将受到致命的影响。吉林省 2010—2012 年实施了可繁母鹿补贴政策，但不是普惠制，只是可繁母鹿补贴，生产公鹿没有，并且到 2012 年就结束了。据了解辽宁西丰从 2012 年开始，一直执行可繁母鹿补贴、生产公鹿产茸奖励（1.5~2.5kg 奖励 1 万元、2.5kg 以上奖励 2 万元），鹿存栏补贴（50 头以上奖励 1 万元，200 头以上奖励 2 万元）。就目前的恢复性发展局面而言，政府支持仍然是发展的主要动力，要实现养殖业的快速发展，就必须在扶持政策上继续倾斜，实行普惠制的资金支持，促进养殖健康发展。

2.1.2 产品科技研发滞后问题

加工滞后一直是影响双阳区梅花鹿产业发展的瓶颈，虽然双阳区开发鹿茸及鹿副产品历史悠久，但由于深加工企业自身财力不足、技术水平有限等多方面原因，鹿产品精深加工明显滞后，仍处于出卖材料和初级产品阶段，已开发出的产品在市

场上没有绝对的优势和竞争力。与辽宁西丰等外地相同条件的地区相比，无论在政策、资金扶持还是在引进大企业进行精深产品开发方面，都没有体现出任何优势。在这个时候，如果上级政府不能够抓住机遇加大对双阳区产品深加工企业的扶持力度，企业发展后劲不足，那么，高附加值产品市场将被其他地区抢去，双阳区将逐步沦为梅花鹿高端产品的原材料供应地，从而制约产业的更大发展。

2.1.3 梅花鹿及鹿副产品检疫检验困难问题

目前梅花鹿和鹿茸及鹿副产品没有检疫标准，加之动物检疫实行申报制，导致梅花鹿和鹿茸及鹿副产品没有进行检疫，也无法对鹿茸及鹿副产品进行检验，不能证明产品的真假、优劣以及相关指标是否符合规定，影响了梅花鹿制品的市场流通。同时，这一问题也成为职业打假人（职业索赔人）关注的重点，他们购买鹿产品经销户的问题商品后，向相关执法部门投诉举报，借助"维权"力量向经营者恶意索赔，从而牟利。2017年以来，双阳区工商分局累计受理投诉举报1 331起，其中涉及鹿产品投诉举报342起，占比26%。

2.1.4 鹿茸、鹿骨、鹿角、鹿胎禁止作为普通食品，使用范围受限问题

原国家卫生部在2012年1月10日《卫生部关于养殖梅花鹿副产品作为普通食品有关问题的批复》（卫监督函〔2012〕8号）中明确规定上述鹿副产品不可作为普通食品。虽然国家食药监总局于2014年下发通知，部分放开了"药食同源"政策，但规定允许养殖梅花鹿及其产品作为保健食品原料使用，仍不能作为普通食品。此外，企业从申报产品文号到获得审批时间很长，手续烦琐，产品从研发、中试到实现生产投入资金巨大，按照惯例，需要3~5年甚至更长的时间，企业自身财力不足，难以支撑，必定会严重影响产业发展速度。

2.2 促进产业发展的建议

2.2.1 加大政策资金扶持力度

双阳梅花鹿是吉林省著名商标，是国家地理标志证明商标，梅花鹿产业是吉林省极具竞争力的特色产业，发展势头很足，区内多家养殖、加工企业的项目正在实施中，发展前景越来越好。这都得益于每年省里设立专门引导资金对双阳区家养梅花鹿产业的扶持。建议各级政府继续设立专项梅花鹿产业发展资金，一是实施普惠制资金扶持政策，针对可繁母鹿、生产公鹿产茸等方面进行补贴奖励，加大对个体养殖散户补贴力度；二是继续实施产业项目引导资金政策，加大对双阳区梅花鹿良种繁育、标准化养殖、产品深加工等方面的资金支持力度。

2.2.2 强化科技研发支撑水平

一是由政府牵头建立企业与科研院校合作平台，鼓励企业依托高等院校和科研院所的科技优势，开展科研课题联合攻关，并给予一定的经费支持，提高企业整体实力和创新能力，在延伸产业链条上做好文章。二是加大招商引资力度，制定出台

梅花鹿产业发展招商引资优惠政策，引进一批国家百强企业入驻进行鹿业开发，确保双阳区乃至吉林省的梅花鹿深加工产业立于不败之地。

2.2.3 健全完善鹿业系列标准

建议政府强化吉林省梅花鹿健康产业发展领导小组地位，要求各部门根据《关于推进梅花鹿产业健康发展的意见》精神，持续发挥部门主导作用，全力抓好落实推进，抓紧制定梅花鹿术语、种质、鹿场建设、饲养管理、防疫规范、加工技术规范、产品检验、梅花鹿及产品检疫等系列标准，力争以吉林省标准化规模养殖技术规程为蓝本，形成梅花鹿标准化规模养殖国标体系。

2.2.4 加大人才培养培育力度

由政府组织成立省级梅花鹿人才产业高地。聘请专家、学者参与鹿业发展的规划、种源保护、产品开发等各项工作，设立专项资金扶持被国家、省、市列入梅花鹿产业发展的科技项目。通过具体科研项目培养培育一大批鹿业人才，为鹿产业发展提供强有力的技术支撑，让鹿业发展后继有人。

2.2.5 拓宽金融政策扶持渠道

建议政府组织相关部门成立鹿业发展银行或鹿业担保公司，积极协调银信部门加大对梅花鹿产业各个环节的资金投放，放宽贷款条件，延长贷款期限，增加贷款规模，并进行适当的扶持和贴息，满足梅花鹿产业发展需要；并设立梅花鹿产业发展财政专项基金，鼓励对梅花鹿产业发展有突出贡献的企业、单位和个人，全面拓宽全区鹿产业发展的投、融资渠道。

2.2.6 组建协调国家部门机构

建议上级政府设置专门机构与国家相关部门积极开展沟通协调，一是推动鹿茸、鹿骨、鹿角、鹿胎进入药食同源目录，进一步放开产品使用范围，为梅花鹿产业发展解绑脱困，让企业尽快获得梅花鹿产品食品、药品、保健品文号，早日实现生产获得效益；二是推动解决梅花鹿的野生动物人工繁育许可证和野生动物专用标识办理，对双阳等历史形成的梅花鹿养殖县（区）的梅花鹿收购、销售、加工企业的生产经营活动放宽准入政策，对收购的梅花鹿制品予以办理专用标识，助推产业更大发展。

3 鹿业发展前景分析

据调查掌握，目前双阳区鹿产品精深加工大多还是各自为战、小作坊式的生产模式，很多产品还处在研发的初级阶段，一定程度上影响了产品效益。但是，双阳具备以下3个方面的优势，总体上看，鹿业发展前景光明。

3.1 从政策机遇的"好"看优势

双阳区委、区政府把发展和壮大梅花鹿产业作为双阳区特色产业发展的重点内容，2020 年政府工作报告提出全力打造梅花鹿百亿级产业航母，吉林省提出全力打造双阳区梅花鹿高新产业发展示范区，长春市也把加强双阳梅花鹿产业基地建设作为一项重要内容，为双阳未来梅花鹿产业发展提供了难得的机遇。

3.2 从开发空间的"广"看优势

鹿产品精深加工项目较多，鹿茸、鹿角等可以加工成上百种药品、化妆品、保健品，鹿筋、鹿皮、鹿毛绒等还是食品、轻工、纺织等行业的重要产品原料。经初步统计，有 30 余种以鹿为源的原料型产品可被广泛应用于药品、保健品、化妆品、食品等深度开发领域，而双阳区鹿产品精深加工产业还处于初级阶段，这些原料还没有被充分利用。

3.3 从市场需求的"量"看优势

随着国民经济的不断发展、人口老龄化的逐步加深，以及大健康产业观念的提出，人们消费价值正由传统的衣食住行向更深层次的个性化、健康化消费转变，社会对鹿产品需求量逐年增加。据有关统计，消费量最大的韩国，鹿产品年需要量就在 200t 左右，加上世界现有的国际华人和东南亚诸国按每人每年消费 1kg 计算就会达到 10 万 t，而目前全球梅花鹿产品总量也不超过 2 000t，鹿业市场还有很广阔空间。

参考文献（略）

四平梅花鹿四十年发展历程

宋晓峰

（四平市种鹿场有限公司，吉林四平　136000）

四平市种鹿场有限公司是国家级农业产业化重点龙头企业，鹿系列产品被认定为"国家地理标志保护产品"，现饲养 3 600 余头四平梅花鹿，该品种 2002 年被农业部审定为"畜禽新品种"。2010 年吉林省政府举办的首届世界鹿业大会现场会在此成功召开，提升了吉林省养鹿业在世界的知名度。四平市种鹿场有限公司是全国规模较大的梅花鹿种鹿繁育基地，培育品种"四平梅花鹿"经不断提纯扶壮和品种选育，"鹿王"茸产量达到 22.5kg，创造了梅花鹿养殖产茸的最高纪录；高效养殖技术荣获国家科技进步奖二等奖，鹿场荣获中国标准示范养鹿场奖，所产梅花鹿茸被认定为国家地理标志保护产品，获得历届中国鹿产品博展会金奖。企业多年来实施人才战略，发挥人才引领作用，制定了完善的《卫生防疫标准和饲养管理细则》，发明的"青黄贮饲料发酵加工方法"获得了国家专利，并制定了鹿茸、鹿血、鹿骨加工、鹿胎冷冻干燥、茸片鉴别 PCR 法等 9 个系列标准技术体系。紧密联系国家及省内多家科研院所和高等院校，共同完成国家、省（部）级多项科研课题，荣获多项奖励。企业梅花鹿养殖规模约 3 600 头，通过"公司+养殖基地+农户"的方式，带动农民养殖 5 000 余头，为产业促农增收，发挥了较好的作用。2016 年，经省畜牧局协调，企业发起成立了"吉林省梅花鹿产业联盟"，并任联盟首届理事长单位，邀请全省 52 家梅花鹿产业链龙头企业和中国农业科学院特产研究所、吉林农业大学、中医药大学等科研院所和高等院校入盟，制定了规范科学的《联盟章程》。整合了资源，建立健全了以企业为主体，市场为导向，生产与研发相结合的创新体系。

科技就是生产力，吉春制药集团始终坚持科技创新。近年来，共投资 8 000 余万元用于产品研发，不断提升企业创新力。2013 年，吉春制药成立"梅花鹿产业开发院士工作站"，重点研发以梅花鹿为原材料的保健品，现已开发 71 个品种，均得到了国家食药监局的注册批准。主打"鹿司令"保健酒系列产品已进入国内主要地区消费市场，深受消费者喜爱；"吉春鹿茸胶囊"被批准为国药准字号药品，批准为 OTC 药品。2015 年，吉林省科技厅评选吉春制药为"吉林省鹿产品技术创新理事长

【作者简介】宋晓峰，男，大专，畜牧师，从事经济动物饲养管理工作，E-mail：171517305@qq.com。

单位",定为"吉林省鹿产品标准化示范区",承担了吉林省"梅花鹿系列标准制定及产品可追溯体系建立"科技创新与科技成果转化项目,制定了吉林梅花鹿种鹿、营养、饲养管理、卫生防疫等8个方面的技术规范、操作规程和系列地方标准。企业科技创新能力的提升,较好地推进了产业化发展。

1 四平梅花鹿生物学特征

四平梅花鹿为茸用型培育品种,由原四平种鹿场崔尚勤、中国农业科学院特产研究所高秀华等培育,2001年通过国家畜禽遗传资源管理委员会审定。

四平市种鹿场有限公司原名四平市种鹿场,始建于1971年,国营四平市地区鹿场,2005年改制为民营企业,隶属吉林吉春制药股份有限公司。建场初期,由吉林省的长春地区、四平地区、辽源市及辽宁省铁岭地区引进种鹿。在同质选配的原则下,进行闭锁繁育,严格选种选配,及时发现优秀个体补充到核心群,试情配种,通过精选扩繁,科学饲养管理,经过30年的不懈努力,于2001年培育成功。

1.1 饲养分布区域

四平梅花鹿主产区为吉林省四平市,主要分布在吉林省松辽平原及辽宁铁岭地区,吉林省的其他地区及黑龙江省也有少量分布。据2008年统计存栏6 500头,核心群1 200余头。

1.2 体型外貌特征

四平梅花鹿体躯中等,体质紧凑、结实。公鹿头部轮廓清晰,额宽,面部中等,眼大明亮,鼻梁平直,耳大,角柄粗圆、端正。鹿茸主干粗短,多向侧上方伸展,嘴头粗壮上冲、呈元宝形。茸皮呈红黄色,色泽光艳。夏毛多为赤红色,少数橘黄色,大白花,花斑明显整洁,背线清晰。头颈与躯干衔接良好,鬐甲宽平,背长短适中、平直。四肢粗壮端正,肌肉充实,关节结实,蹄呈灰黑色,端正坚实。尾长适中,尾毛背侧黑色。

1.3 体重和体尺

成年公鹿体重130~152kg,体斜长99~113cm,体高92~108cm,胸围117~131cm,管围10~12cm;成年母鹿体重71~80kg,体长90~97cm,体高87~91cm,胸围96~106cm,管围8~10cm。

1.4 生产性能

1.4.1 产茸性能

四平梅花鹿育成公鹿 240 日龄开始生长初角茸。上锯公鹿平均成品茸重 1.215kg，畸形率 8.2%，鲜干比 2.85。

1.4.2 繁殖性能

四平梅花鹿母鹿 16~17 月龄性成熟，26~28 月龄配种；公鹿 28 月龄性成熟，40 月龄配种。母鹿发情周期 7~12d，妊娠期 235d。仔鹿出生重 5~7.5kg，断奶重 14.75~15.25kg，哺乳期日增重 157.8~158.29g，繁殖成活率 88.5%。

1.5 育种价值

四平梅花鹿具有性情温驯，适应性和抗病力强，驯化程度高，公鹿产茸量高、优质率高，母鹿繁殖力强，生产利用年限长，鲜茸形状和茸型的典型特征遗传稳定，有明显杂交优势等优良特征，具有很好的育种价值。

2 四平梅花鹿养殖技术

四平市种鹿场有限公司始终与中国农业科学院特产研究所、吉林农业大学等科研院所和高等院校保持技术协作关系，积极探索和实践梅花鹿规范化养殖技术。梅花鹿、马鹿高效养殖增值技术，2005 年荣获国家科技进步奖二等奖；梅花鹿规范化养殖研究技术 2006 年获得吉林省科技进步奖二等奖；鹿茸优质种质创新与产业化开发技术 2019 年获得吉林省科技进步奖一等奖。

2.1 控光养鹿技术

冬季对产茸公鹿进行温室控光饲养，促使公鹿早脱盘生茸，在寒冷的冬天，用塑料大棚覆盖鹿舍，并安装 250W 自镇水银灯 3 盏（300m² 鹿舍）既保暖又增加光照时间，20 只老龄鹿作实验鹿，与其他鹿舍对比，经过 90d 的实验对照，鹿的成活率和产茸量均于对照组，实验达到预期目的，每年都在进行大棚控光养鹿。

2.2 黄贮饲料饲养技术

针对家养梅花鹿对粗饲料的需求，四平市种鹿场有限公司经过三年反复研究探索，研发出完整的家养梅花鹿黄贮饲料加工与饲喂技术，并有效地解决了越冬期的粗饲料难题，此项技术可为家养梅花鹿养殖业带来更高的经济效益。整个技术分以下 5 点进行阐述。

2.2.1 黄贮窖建造

（1）窖址选择及施工。黄贮窖应选择在离养殖区 50m 左右坡状的地势较高处，向阳通风。窖的东、西、北三面为水泥浆砌石墙，南侧向阳面留 3m 宽取料口，便于保温，避免冬季饲料创面结冻。石块砌墙下宽 1m，上宽 0.3 ~ 0.5m，底部带基础。墙里面呈 20° 向外倾斜砌筑，墙外面垂直，便于机械压实，建完的贮窖从里面看呈梯形。为避免透气，窖底铺 15cm 毛石再打 10cm 厚混凝土，窖里面墙壁与地面抹 C30 水泥沙浆光面，地面以 5% 的坡度向取料口处倾斜，用以保证窖内积水自然流出，为了便于取料和窖头保温，窖的高度可在 2 ~ 3m，宽度一般为 5 ~ 6m，适宜机械碾压，窖的长度根据饲养鹿的只数确定（全年饲喂每只成年鹿按 4m³ 设计）。这样的窖贮存的黄贮饲料可全年饲喂，并可贮存至翌年饲喂。

（2）作业场地。黄贮窖建完后，石墙外侧应全部用黄土填平压实，不留缝隙，防止雨水渗入并隔绝空气。依据场地情况，在窖外侧推平压实 20m 宽的场地，用于安放铡草机、堆放原料及人工作业。场地留有运输物料的上、下车道。

2.2.2　饲料加工

（1）时间。10 月上旬农民秋收玉米秸秆季节。

（2）设备。链条式喷筒铡草机，潜水泵及 6 分塑料管供水设备，链轨拖拉机。

（3）物料。洗净的胡萝卜、鲜啤酒糟和含水在 50% 以下没有污染的全叶玉米秸秆。

（4）加工步骤。①在加工前必须将窖内清净并彻底消毒，底部物料为单一玉米秆，用链条式喷筒铡草机将玉米秆铡成 0.6 ~ 1cm 小段喷至窖内，最长不能超过 1cm。铡草机上的喷筒及时旋转，使喷入窖内物料的厚度尽量一致，然后人工摊平。窖内底部厚度至 30 ~ 50cm 时用链轨拖拉机反复进行碾压。②底部玉米秆压实后，即可添加胡萝卜和啤酒糟，胡萝卜和啤酒糟既可单独添加也可共同添加。如单加胡萝卜可将胡萝卜与玉米秆一起用铡草机铡碎，均匀喷洒至窖内 30 ~ 50cm 厚时进行碾压；单加啤酒糟时，可在玉米秆铺至 30 ~ 50cm 厚时在上面均匀撒上 2cm 左右的鲜啤酒糟，然后进行碾压；如二者共同添加可按上述方法分层添加，这样反复碾压，碾压的密度最低达到 400kg/m³。窖内物料的高度控制在不超出窖面 50cm，最上面 30cm 不要添加胡萝卜和啤酒糟。③单加胡萝卜添加量为总重量的 15% ~ 20%，胡萝卜要防冻，添加前应将其洗净；单加啤酒糟添加量为总重量的 10% ~ 15%，啤酒糟温度要降至15℃以下；分层同时添加胡萝卜和啤酒糟不应超过总量的 25%。④加工完的黄贮含水量在 60% 最适合。有检测设备的可仪器测量水分，如无检测仪器可用手攥的方式粗略测量水分，即对刚加工的混合贮料用手紧攥，以成团出水但不滴水为标准。

2.2.3　水分控制

（1）水分控制是黄贮饲料是否成功的关键。当玉米秆水分低于 50% 时，需要加水使水分达到 60%。可用水泵连接带有可控阀门的塑料管，将水管放在铡草机喷筒上，控制水量，铡草机运转能将水喷成雾状均匀喷洒到物料上，满足贮料的水分要求。

（2）每天加工镇压后的贮料应呈一面坡状。有利于排水，遇到雨天用塑料布遮盖，以防雨雪过多腐烂。

2.2.4 封窖

对加工完的贮料要及时进行封闭处理，在贮料上面用塑料布密封，在塑料布上加 20cm 黑土踩实，窖门用编织袋装土擦好压实，不能透气，防止发霉。

2.2.5 工艺流程

工艺流程见图 1。

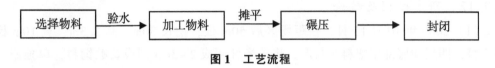

图 1 工艺流程

2.2.6 黄贮饲料的饲喂

贮料在窖内经 10d 左右的自然发酵，逐渐进入冷却期，15d 以后即可饲喂。

2.2.7 饲喂量

根据梅花鹿的性别和不同生长期进行科学饲喂，随着季节天气变化，调整饲喂量。饲喂量应以每次剩 10% 的残渣为标准，饲喂前将残渣清除后再添加饲料。不同生物学时期的饲喂量见表 1。

表 1 梅花鹿日均饲喂黄贮饲料量分配 （单位：kg）

序号	鹿别	早饲喂量	午饲喂量	晚饲喂量
1	成公鹿	1.5	1.5	3
2	育成鹿	0.75	0.75	2
3	成母鹿	1	1	2
4	仔鹿	0.6	0.6	1

2.2.8 饲喂方法

先均匀的将黄贮饲料投放在饲槽内，然后在黄贮饲料上均匀投放精料，自由混合采食。

2.2.9 饲喂工具

用带厢的手推车将贮料装入车内，装完后用木板或塑料布盖严保温，也可用大的编织袋装。饲料车要专用。严禁饲料车与粪车混用。

2.2.10 饲喂要求

每次饲喂时应在 30min 内装完贮料，并及时填入饲槽，最好现喂现取，并及时盖严截面。

2.2.11 效益分析

试验证明，利用黄贮饲料饲喂梅花鹿具有显著的经济效益：一是可以满足梅花鹿的营养需求，保持冬季膘情，提高梅花鹿群整体素质，群体成活率可提高3%以上。二是群体鹿消化系统疾病降低95%，每只鹿每年可节省10元医药费。三是提高了产量，饲喂黄贮后成年公鹿三权鲜茸单产平均提高500g，母鹿怀胎率达90%以上，流产和死胎率明显下降。四是提高饲料利用率，降低饲养成本，全年可节约粗饲料40%，节约精饲料20%。五是工人劳动强度减轻了。

2.2.12 研发过程及结论

（1）2009年10月15日，在距场区后50m处，挖长30m、高2.3m、宽10m梯形土窖，四周和底部用塑料布封严，将玉米秆铡成2~3cm制成黄贮饲料，单独添加胡萝卜，此项技术获得成功。但饲喂残渣20%，透气发霉损失5%。

（2）2010年10月，将原窖加长30m，将玉米秆铡成1.5~2cm，在原30m处加胡萝卜、后30m处加啤酒糟，均取得成功。透气发霉损失3%，剩余残渣15%。

（3）2011年秋季，将原土窖全部改为石头砌墙，窖里面抹水泥，无透气，玉米秆铡成1cm，填充物每隔30cm厚加一层胡萝卜、再加一层啤酒糟，循环添加，距离窖上面50cm不在添加。压实封窖。全窖没有发霉变质，黄贮饲料色泽黄绿、气味清香，适口性强，剩余残渣10%。

（4）2012—2013年连续采用2011年的黄贮加工方法，收到较好的效果，并在周边地区进行推广，得到一致好评。

结论如下。此项技术生产的黄贮原料为玉米秸秆、胡萝卜、啤酒糟，其中以玉米秸秆为主料，由于胡萝卜汁与啤酒糟汁侵入玉米秸秆内，增加黄贮维生素含量。在适宜的厌氧环境下，通过乳酸菌发酵，提高了饲料利用率，促使瘤胃内有益细菌和纤毛虫繁殖，有利于饲料中营养成分快速降解、消化、吸收与利用。经中国农业科学院特产研究所营养分析检测，结果为乳酸菌数量$6.35×10^7$cfu/g；粗蛋白质、粗脂肪分别比玉米秆高出18%和11.23%。钙、磷含量比玉米秆高出47.2%和55.5%。发酵后的黄贮饲料温度一般保持在3~5℃，在30℃的夏季和-25℃的冬季均能饲喂。玉米秸秆如果不经任何处理直接饲喂，利用率不到20%；粉碎后饲喂，叶片变粉尘，硬秸鹿不吃，利用率仅为30%。以上两种饲喂方法还存在许多弊端，主要表现在以下几方面。其一，需大量的贮存场地，风干物燥，易发生火灾，存在安全隐患；其二，夏季不易贮存、极易发生霉变，鹿采食后易患病；其三，饲喂量大、弃物多、增加饲养员劳动强度；其四，整秆饲喂只能散放在地上，易受粪尿污染，影响采食；其五，没经发酵的玉米秆鹿采食后不易消化和吸收。而采用黄贮饲喂则可有效解决上述全部弊端，极大地提高了梅花鹿群体质量，降低饲料成本，增加经济效益。而且操作简便，投资少见效快，大、中、小养殖企业和养殖户都能适用。此技术为四平市种鹿场有限公司独家研发，解决了梅花鹿冬春季节缺乏多汁饲料的难题，同时也为我国合理利用秸秆、杜绝焚烧、减少环境污染开辟了一条科学有效的途径。

2.3 机械保定锯茸技术

在注射疫苗、疾病治疗、助产、锯茸等环节全部采用机械保定技术，不使用麻醉药品，有效地杜绝了麻醉剂在鹿体、鹿茸中的残留，保证了提供给消费者的每支鹿茸及其他相关鹿产品不因药物残留问题而存在任何风险隐患。

2.4 围栏放养技术

现有围栏牧场面积 1 060hm²，根据饲养鹿数量划分为若干区域，进行轮牧放养。根据鹿种类、数量及季节变化合理调整轮牧计划。围栏放养打破了传统的梅花鹿圈养模式，扩大了鹿的生存空间，加大了鹿的运动量，增强了鹿的自主觅食、自主生存和抵抗疾病能力；充分利用野生饲料资源，减少饲料投入，保证营养均衡，有利于梅花鹿体质发育，提高生产性能，减少疾病；有效节约成本，全面提高梅花鹿养殖的经济效益。

3 鹿系列产品的加工技术

3.1 鹿茸低温冷冻干燥技术

将新鲜鹿茸分成四道工序进行冷冻干燥，即前处理、冻结、升华和解析干燥，通过此程序加工可保留鹿茸活性成分 90% 以上，克服鹿茸加热、煮炸、干燥等活性物质流失的弊病。

3.2 超微粉碎技术

采用低温超微粉碎专利技术（专利号：ZL200520126680.8）利用介质复合化形式对鹿茸进行制粉，配置的制冷机使鹿茸在制粉过程中处于 5~10℃ 环境中，将鹿茸粉碎成 300 目的极细粉，提高微粉率 200%，收粉率提高 10%，粉体粒度细，易于人体吸收。

3.3 鹿茸胶囊生产工艺技术

取新鲜鹿茸在 -45℃ 冷冻干燥并进行超微粉碎处理，使细度达 300 目，获得鲜鹿茸的微粉；冻干鹿茸微粉进行调配填充后检验；检验合格后装瓶包装。

3.4 鹿茸血酒配制技术

取 1 000g 新鲜鹿茸血加入 2% 的胰蛋白酶，调节 pH 值至 6.5~7.2，在 43℃ 条件下，保温酶解 4h，取酶解后的上清液加热到 75~80℃ 灭活，放凉至室温后与优质白酒混合鹿茸血含量控制在9%左右,酒精的含量控制在33%,搅拌30min,放置在4℃冷室内24h,过滤掉沉淀加少量蜂蜜,装入容器,低温(4~10℃)保存1个月,过滤灌装即可。

面对新的发展形势,加快科技创新成果转化,推进梅花鹿产业规模化生产,是四平市种鹿场有限公司确定的重点战略目标,也是引领全省梅花鹿产业实现养殖、加工、市场一体化的主要标志,特别是积极地响应吉林省委省政府《关于加快梅花鹿特色产业发展意见》的号召,投资占地面积30万 m² 的吉林大清鹿苑保健科技有限公司,将建设成为吉林省梅花鹿特色产业园区。梅花鹿高端系列产品,预计年可实现产值过10亿元,纳税超亿元,并保持可持续、快速增长。作为梅花鹿联盟理事长单位,本单位有信心当好全省梅花鹿产业的龙头,主导产业未来发展方向。本单位更有决心,引领联盟,展开合作,精诚团结,共谋发展,助推吉林梅花鹿产业早日驶入发展快车道。

参考文献（略）

西丰梅花鹿品种保护开发与利用现状

马世超

（西丰县鹿业发展服务中心，辽宁铁岭　112499）

摘　要：西丰梅花鹿是西丰县农垦集团公司几代畜牧工作者培育出的梅花鹿品种，具有优良的产茸性能、繁殖性能和遗传性能。为了使西丰梅花鹿这个优良品种能够得到有效的保护和利用，发展壮大，本文详细阐述了西丰梅花鹿品种选育和保护的历史与现状，根据主产区自然生态条件、生产条件、种质资源现状，提出了对西丰梅花鹿保护、选育和利用的措施及建议。

关键词：辽宁省西丰县；西丰梅花鹿；品种保护开发；利用

西丰县位于辽宁省东北部，区域总面积 2 686km²，辖 18 个乡镇、174 个行政村、35 万人口，鹿业是西丰县的主导产业和特色产业，已形成鹿业发展新格局。西丰县林业用地 258 万亩（1 亩≈667m²），森林覆被率 57.81%（全省为 40%），是辽宁省重点林业县和全国绿化模范县，全县 261 万亩土地整体通过了绿色环评，成为全国绿色食品基地县。空气中负氧离子含量高，超过世界卫生组织标准 13 倍，被誉为天然氧吧。年产粮食约 4.25 亿 kg，秸秆约 4.5 亿 kg，至少可以为 30 万头梅花鹿提供精粗饲料，为生产"绿色鹿茸"、有机鹿产品提供了保证。

1　品种的基本情况

1.1　品种培育历史

西丰梅花鹿品种选育项目早已从 1974 年开始确立了，是经西丰县科技人员 20 多年不懈努力培育出来的，1995 年通过了省级科研成果鉴定，其中主要的 8 项技术指标居国际领先水平，确定为西丰梅花鹿品种。该品种获 1996 年中国农学会特产学会授予的中国梅花鹿最佳品种奖。西丰梅花鹿鹿茸获 1996 年长春国际鹿产品博览会金奖。多年来，西丰县政府一直对该种源基地建设给予高度重视，投入了大量资金、

【作者简介】马世超，男，学士学位，高级兽医师，从事兽医中草药研究，E-mail：651998537@qq.com。

人力和物力。并于 1998 年起，先后筹集 150 多万元建立和完善 "全国首家梅花鹿人工授精品种改良站"，开始 "梅花鹿人工授精配套新技术" 的研究，通过多年研究，于 2002 年通过辽宁省科研成果鉴定，研究达到当时同类研究的国际先进水平，对促进我国梅花鹿产业的发展做出了巨大贡献。梅花鹿生产基地建设被国家列为 2002 年 "星火计划" 项目。目前在全国选育出的梅花鹿 "六品一系" 中，西丰梅花鹿无论品种还是质量都名列前茅。

西丰梅花鹿属茸用型培育品种，由辽宁省西丰县农垦办公室李景隆总畜牧师牵头，联合辽宁省国营西丰育才鹿场、西丰县谦益参茸场、西丰县和隆参茸场、西丰县凉泉参茸场、西丰县振兴参茸场等 5 个鹿场的技术人员共同培育而成，2010 年国家畜禽遗传资源委员会审定通过。养殖地区分布在辽宁省铁岭市的西丰县，并被引种到国内 14 个省、自治区和直辖市达 20 000 余头，为我国梅花鹿产业的发展做出了很大贡献。

1.2　品种体质外貌特征

西丰梅花鹿体型中等，体质结实，四肢较短而坚实，有肩峰，裆宽，胸围和腹围大，腹部略下垂，背宽平，臀圆。臀斑大而色白，外围有黑毛；尾较长且尾尖生黑色长毛。夏毛多呈浅橘黄色，背线不明显，花斑大而鲜艳，条列性强，四肢内侧和腹下被毛呈一致的乳黄色，很少部分鹿的被毛呈橘红色，其花斑明显。公鹿头短、额宽，眼大明亮，粗嘴巴大嘴叉，角基周正、角基距宽、角基较细，冬季有灰褐色髯毛，大部分卧系。母鹿的黑眼圈、黑嘴巴、黑鼻梁明显。

1.3　生产性能

1.3.1　产茸性能

西丰梅花鹿收茸规格主要为三杈锯茸和二杠锯茸；产茸利用年限达 12 年，头茬鲜茸平均单产 3.2kg，产茸高峰锯龄为 7 锯。近几年随着饲养条件和技术的提高，平均头茬鲜重还在提高，二茬茸重也改善明显，一般在 0.4~0.6kg。当年的仔公鹿也 30% 左右长茸，不用到翌年春季。

1.3.2　鹿茸生长天数

二杠锯茸的生长天数为（43±3）d，三杈锯茸的生长天数为（62±8）d。

1.4　繁殖性能

1.4.1　性成熟期

公、母鹿均在 14~16 月龄达到性成熟期。但据近 3 年西丰县育才种鹿场的实际观察发现，当年产的个别母鹿，如果发育良好也能够配种成功，这与刘燕云等观察到的 "发育良好的鹿有 7 月龄就达到性成熟的" 结果相一致。

1.4.2　初配年龄

初配年龄母鹿为 16~18 月龄，公鹿为 2 锯。

1.4.3　繁殖指标

产仔率 95%，仔鹿成活率 92%，繁殖成活率 87.4%。

1.4.4　仔鹿初生重

公、母仔鹿初生重分别为（6.3±0.8）kg 和（5.8±0.7）kg。

1.5　生产利用年限

公、母鹿生产利用年限均为 12 年。

2　西丰梅花鹿人工授精技术及推广过程

2.1　梅花鹿人工授精配套新技术

由西丰县农垦集团公司与哈尔滨农垦天山种鹿养殖场共同研究完成的"梅花鹿人工授精配套新技术"项目于 2002 年 7 月 31 日通过省级科研成果鉴定，鉴定委员会认为此项技术成绩突出、技术先进、成果居国际领先地位。其中梅花鹿精液的稀释配方、细管冻精、圆筒开膛器和直肠把握输精方法四项技术成果处于同类研究的国际先进水平，属国际首创。目前技术已趋完善，可以在全国广泛地推广应用。本项目的合作单位有中国农业科院特产研究所和沈阳农业大学。

"梅花鹿人工授精配套技术"的研究成果主要有以下几方面的突破。

（1）电刺激采精技术。通过该项技术，采精成功率达到 100%（$n=124$）。

（2）细管冻精。在国内外首次研制成功梅花鹿细管冻精，解冻后精子活率在 0.44 以上，各项指标合乎要求。

（3）公鹿试情法。采用经驯化的年轻公鹿进行试情，能准确及时地发现发情母鹿。此法操作简便，效果好，易于推广。

（4）圆筒开膛器及直肠把握输精。采用圆筒开膛器及直肠把握的输精方法，2001—2002 年度给母鹿用细管冻精一次性输精受胎率达 78.13%（50/64）。

2.2　西丰梅花鹿的经济效益

经过 1974—1995 年的 21 年品种选育和 1996—2004 年的 9 年推广应用，西丰梅花鹿表现出具有典型的品种特征和优良的产茸性能、繁殖性能、遗传性能和显著的杂交改良效果。据测算当时西丰梅花鹿的群体规模较大，经济效益高，年只均创净效益上锯公鹿达 1 500 元，可繁殖母鹿 1 600 元。现如今，经过 15 余年的精心选育培育，到 2020 年公鹿、母鹿的平均纯效益达到 3 000~4 000 元。

3　西丰梅花鹿品种保护取得成绩

2010 年西丰梅花鹿品种通过国家级审定被列入《中国畜禽遗传资源志》，成为国家又一人工培育的梅花鹿新品种。2012 年、2017 年和 2018 年分别制定了辽宁省地方标准《西丰梅花鹿品种》（DB21/T 1974—2012）、《梅花鹿冷冻精液人工授精技术规程》（DB21/T 2749—2017）和《西丰梅花鹿种鹿》（DB21/T 2949—2018）。2020 年 5 月 15 日，西丰县人民政府与中国农业科学院特产研究所签订战略联盟实施意见，主要在良种登记和鹿业保种和发展上达成合作。

4　西丰梅花鹿品种保护现状

西丰县委、县政府十分重视鹿业的发展，把梅花鹿产业作为西丰县经济发展的主导产业之首和强县富民的特色产业。县委、县政府将梅花鹿品种保护和开发作为一项重要的考核内容列入乡镇及县直班子考核之中，并占有较大的比重。2012 年西丰县人民政府下发了西政发〔2012〕9 号文件，出台了《西丰县扶持鹿业规模养殖优惠政策》，2014 年在原有政策的基础上加大扶持力度又出台了西委办〔2014〕12 号文件、《西丰县 2014—2016 年鹿业发展规划》及新的《西丰县扶持鹿业规模养殖鹿业政策》。2018 年出台《西丰县 2018—2020 年扶持规模养鹿优惠政策》（〔2018〕38 号）、2020 年出台《西丰县加快鹿产业健康发展实施意见》（县委〔2020〕7 号）着重提出梅花鹿的良种登记和良种繁育场建设工作，西丰梅花鹿已经登记良种200 头，2020 年人工授精 2 000 头。西丰县现有高产优质公鹿 2 000 头。

5　西丰梅花鹿品种保护存在的主要问题

辽宁省内没有梅花鹿良种场，更别说保种场，梅花鹿存栏数量不大，西丰县政府虽然高度重视西丰梅花鹿保种工作，但优惠政策及保种投入资金不足、渠道单一，致使养殖场保种积极性不高，如再不加强保种，将面临品种退化的风险。

6　西丰梅花鹿保护开发措施及未来发展建议

6.1　政府高度重视，积极组织领导

西丰县政府成立了西丰县鹿产业发展工作领导小组，从组织上强化西丰梅花鹿品种资源保护的各职能部门责任，并制定切实可行的品种保护与利用规划，目标责任明确，措施政策完善，建立起规范有序的良性循环体系。同时，把西丰梅花鹿品

种保护与鹿业发展列入乡镇政府及相关职能部门的一项重要工作内容，积极协调发挥科研院校和相关专家的作用，使鹿业保种工作成为政府、部门院所的常态性工作。

6.2　制定鹿业发展实施意见

西丰县加大对保种工作的资金投入，设立良种登记资金，并将经费列入财政预算，计划建设良种场，对符合条件的给予一定的资金支持。

6.3　建设西丰梅花鹿良种繁育基地

以开展梅花鹿良种登记为契机，建设西丰梅花鹿种质资源保护基因库，提纯复壮西丰梅花鹿品质。加大对优良种公鹿的筛查力度，争取每年从中选出2%的种公鹿作为良种登记，争取每年对20%的可繁殖母鹿实施人工授精。到2025年，按照良种建设标准，争取建设县级良种鹿场2个，向省申报良种繁育场1个、向国家申报良种繁育场1个。

6.4　依靠基地，教学一体。

中国农业科学院特产研究所、西丰县科羽鹿业服务有限公司、西丰县钓鱼镇永晟种鹿场共同建立西丰县实验和技术推广基地。用于新技术的科学研究和技术的推广，如鹿茸增产新技术、中草药添加剂、颗粒饲料、人工授精配套新技术等。5年内良种登记达到1 000头以上，人工授精10 000头以上，基因库建设争取冻精储存2万粒。

参考文献（略）

西丰县鹿业发展情况及发展规划

马世超

（西丰县鹿业发展服务中心，辽宁铁岭 112499）

摘 要：西丰地处辽宁、吉林两省交界处，历史悠久。素有"梅花鹿养殖发源地、参茸药材集散地、皇家猎场兴盛地、生命健康产业地"之称，国家级梅花鹿养殖标准化示范区、全省"一县一业"鹿业示范县，享受全国唯一的鹿产品进出口加工贸易保税政策，西丰鹿茸、西丰鹿鞭为地理标志保护产品，年加工和经销鹿茸及副产品800t，国内外鹿茸的50%在西丰加工经销，西丰已经成为世界鹿产品贸易中心。本文简要阐述了西丰的养鹿历史及产业现状，详细介绍了西丰县政府在立足生态资源优势和特色产业的基础上，如何以健康养生、医养保健、绿色食品加工、全域旅游开发为定位，确立了发展生命健康产业，建设"生态郡、养生谷、健康城"的发展思路。并最终将西丰的鹿产业建成了以生命健康产业园和东北参茸中草药材市场为载体的生命健康产业集群。以此作为经验分享，以供业内参考。

关键词：西丰县茸鹿；发展规划

鹿业是西丰县的主导产业和特色产业，是脱贫攻坚、农民增收、繁荣农村经济的重要产业。西丰县委、县政府以发展生命健康产业为战略，全力打造"生态郡、养生谷、健康城"，鹿业作为生命健康产业重要组成部分，必将直接影响到生命健康产业的落地生根和发展壮大。因此，加快推进鹿业发展，加速实现资源优势向经济优势转化，对助推生命健康产业健康可持续发展，具有十分重要的意义。具体发展情况如下。

1 国内鹿产业情况

我国驯养的鹿种有梅花鹿、马鹿、驯鹿等，其中主要以梅花鹿和马鹿数量为最

【作者简介】马世超，男，学士学位，高级兽医师，主要从事兽医中草药的研究，E-mail：651998537@qq.com。

多。据业内专家估算，目前全国现养茸鹿约 40 万头，养殖规模 100 头以上的企业约 500 多家，鹿茸产量每年 300t。主要产地有东北、新疆、内蒙古、甘肃、青海、山西、台湾等地区。其中梅花鹿占 90% 以上，其次为马鹿。梅花鹿主要分布在吉林、辽宁、黑龙江等省。品种有双阳梅花鹿、西丰梅花鹿和东丰梅花鹿等 7 个品种；马鹿主要分布在新疆，品种有伊河马鹿、塔河马鹿、清原马鹿。东北地区的茸鹿饲养在全国占 80% 以上。

2 西丰梅花鹿人工驯养历史沿革

西丰养鹿历史悠久，1619 年努尔哈赤灭叶赫将此地封为围场（叫大围场）。清朝入关后，将沈阳中卫更名为盛京，大围场一分为二，西丰、东丰一带为盛京围场，105 个围，有记载 1733 年开始围栏内养鹿，有猎户打猎窖鹿，猎人捕获母鹿养殖后产仔，可以养活，开始人工饲养梅花鹿（距今 300 多年历史），1896 年在冰砬山下（现小四平）建"皇家鹿苑"养鹿 60 头，开始人工驯养梅花鹿。

1947 年西丰解放后，部队发动农民土改，没收振兴镇地主刘香阁、杜香久两家梅花鹿 90 头（部分鹿是从惠泉买入），成立西丰县高丽墓子公营鹿场，1950 年鹿场搬迁到现在地址，更名为国营振兴鹿场，养鹿 97 头；1960 年建和隆鹿场，1961 年建育才鹿场，1962 年建谦益鹿场，1968 年建凉泉鹿场，1985 年建有国营鹿场 7 个，共养鹿 8 000 余头。

3 西丰县鹿业发展现状

3.1 基本情况

截至目前，梅花鹿年饲养量 4.5 万头，西丰现有种鹿资源 2 000 余头，通过人工授精和本交繁育的方式进行纯种梅花鹿的提纯复壮，扩大良种覆盖面。东北参茸中草药材市场有各类经销及加工户 350 家；生命健康产业园区共有加工企业 80 多家，仅鹿产品加工企业就达 30 余家，全县年加工和经销鹿茸及鹿副产品约 800t。国内著名企业东阿阿胶（春天药业）、茅台健康产业集团等落户西丰，和辽宁鹿源、鹿宝堂、鹿滋堂、广丰鹿业、吉源鹿业等多家鹿业龙头企业形成产业集群。西丰县主要鹿产品有茅鹿源保健酒系列、隆丰野鹿王鹿酒系列、神虫保真酒系列、仔鹿糕、鹿鞭糕、鹿骨髓片、鹿脑核桃粉、全鹿糕、鹿胶糕、鹿血酒、鹿鞭酒、鹿尾酒、鹿筋酒、鹿茸片（蜡片、白粉片、黄粉片）、参鹿膏、全鹿大补丸、参茸丸、茸血补脑液等。国内外鹿茸 50% 都在西丰加工经销。从事鹿饲养、加工、销售人员达 5 万多人，占全县人口的 14.3%。

3.2 打造品牌，三产联动

辽宁鹿源参茸饮片有限公司的"鹿源"是国家著名商标，"鹿源堂""野草王"是辽宁省著名商标，"隆丰野鹿王"是铁岭市著名商标。

2008年5月西丰被中国野生动物保护协会正式冠名为"中国鹿乡"。并于2008年11月12日正式举行授牌仪式；2009年"西丰鹿茸""西丰鹿鞭"被国家质量监督检验检疫总局批准为地理标志保护产品；2010年西丰梅花鹿通过国家级品种审定被列入《中国畜禽遗传资源志》，成为国家又一人工培育的梅花鹿新品种；2011年11月被辽宁省确定为省级"一县一业"鹿业发展示范县；2012年3月28日"西丰梅花鹿"地理标志证明商标获得国家工商总局批准。2013年被评为国家级出口食品农产品出口（鹿产品）质量安全示范区；2014年西丰被中国林业产业联合会冠名为"中国鹿产业第一县"；2016年西丰县成为农业（鹿业）一二三产融合发展试点县；2018年中国质量认证中心评估"西丰梅花鹿"的区域品牌价值为85.68亿元；2019年9月经过3年努力，"农业农村部第九批国家农业标准化项目即西丰梅花鹿养殖标准化示范区"项目以全优成绩通过了国家市场监督管理总局组织的专家组的验收。西丰县新的鹿业产业格局已经形成，已成为国内梅花鹿主要养殖基地和国际加工贸易集散地。

4 鹿业发展的措施

4.1 政策支持情况

西丰县委、县政府一直以来非常重视鹿业生产，2016年制定了《西丰县2016—2019年鹿业发展规划》，2020年又印发了《中共西丰县委 西丰县人民政府关于印发〈西丰县加快鹿产业健康发展实施意见〉的通知》（西委〔2020〕7号），并出台了《西丰县2016—2019年扶持鹿业规模养殖优惠政策》（西委办发〔2016〕19号）和《中共西丰县委 西丰县人民政府关于印发〈西丰县2018—2020年扶持规模养鹿优惠政策〉的通知》（西委〔2018〕38号）文件。2018年落实政策扶持资金300多万元，用于扩大养殖规模的贷款贴息、新建鹿舍补贴、新增鹿补贴等。2019年落实资金500多万元，用于养殖场新建鹿舍等各种补贴。并将梅花鹿列入养殖保险，保费个人承担20%，其他各级财政承担，每年补贴200万~300万元；梅花鹿纳入粮改饲补贴，验收合格者，按标准给予全株青贮玉米补贴，总计补贴100余万元。

4.2 一二三产业融合发展，全面推进鹿产业

2016年西丰县成为国家农村一二三产融合发展试点县（鹿业），获得中央投资1 000万元。此项目通过龙头企业带动，积极引导合作社、家庭农场、农户等多种发

展形式，共同合作开发休闲农业和乡村旅游，推动传统鹿业与科普教育、文化创意、健康养生、旅游体验等产业的深度融合，拓展鹿业多种功能延伸，丰富农村产业融合发展。

重点支持西丰县鹿宝堂药业集团有限公司鹿胶生产车间建设项目、以辽宁鹿滋堂生物科技有限公司为主体的产加销一体化项目、辽宁鹿源参茸饮片有限公司产加销一体化项目、以佳丰鹿业有限公司为主体的农业多功能拓展项目、天德傅博果业专业合作社农业多功能拓展项目、西丰县梅花鹿养殖鹿保险业务项目和妇女小额创业贷款贴息项目等几个项目。

通过三产融合项目，企业提质增效，带动参股股东/社员的增收，增加就业岗位，带动梅花鹿产业的发展；加快产业转型升级，推动实现农业现代化；催生农村新业态，形成县域经济发展的新增长点；建设美丽乡村，加快城乡一体化进程。

4.3 全力推进标准化建设

2017 年西丰被确定为农业部第九批国家农业标准化项目——西丰梅花鹿养殖标准化示范区项目，通过示范区建设，西丰县共制定《西丰梅花鹿种鹿》《梅花鹿冷冻精液人工授精技术规程》等 6 个标准，其中《梅花鹿冷冻精液人工授精技术规程》获得省级科技成果鉴定和辽宁省科技进步奖三等奖。创新性的建立西丰县产品质量溯源信用信息平台，开展梅花鹿养殖保险、举办鹿文化节鹿王大赛、与贵州茅台、东阿阿胶签订合作协议，共同开发鹿茸及其衍生产品。2019 年 9 月通过 3 年努力，西丰县以全优成绩通过了国家市场监督管理总局组织的专家组的鉴定。

4.4 知名品牌示范区建设

西丰县确立发展生命健康产业，建设"生态郡、养生谷、健康城"的发展思路，围绕"三大功能区划"，立足梅花鹿资源优势，采取"龙头企业+基地+农户"、农户土地入股合作社等模式，狠抓鹿产品精深加工，推动了一二三产业协调发展。

以生命健康产业园区为基础，开展知名品牌示范区建设，园区建设理念为"创建全国鹿产业知名品牌，打造鹿产业世界贸易中心"；建设口号为"昔日皇家围场，今日中国鹿乡"。

西丰拥有着其他地区无法比拟的茸鹿品种和品牌优势。东阿阿胶、茅台健康产业集团等入驻园区并已初具产能，与辽宁鹿源、鹿宝堂、鹿滋堂、广丰鹿业、吉源鹿业等多家鹿业龙头企业形成产业集群，生产的茅台保健酒、隆丰野鹿王鹿鞭酒等系列产品，以及鹿皮胶、鹿骨钙等畅销海内外。

在中国鹿业协会、中国农业科学院特产研究所的支持下，西丰县几年来共召开 5 届中国鹿业发展大会，7 届中国（西丰）鹿文化节和 6 届中国梅花鹿（马鹿）鹿王评选大赛，会议取得了圆满成功，推动了西丰县鹿业品牌建设和发展。

4.5 科技推广和服务平台建设

西丰梅花鹿是全国最优秀的梅花鹿品种之一，于 1995 年正式通过辽宁省科研成果鉴定，8 项技术指标居国际领先水平。2010 年 5 月通过国家审定，西丰梅花鹿列入《中国畜禽遗传资源志》，成为国家永久性保护的梅花鹿品种。为了更好地支持西丰梅花鹿产业发展，2012 年 3 月西丰县政府成立了鹿业服务平台——西丰县科羽鹿业服务有限公司，无偿为养鹿户提供技术咨询和指导，并进行新技术推广应用。通过推广同期发情和性别控制等技术，每年开展人工授精的梅花鹿 1 000 余头。同时，每年举办培训班，受训人员约 500 人次。与沈阳大学合作开发了遗传资源保护基因库的建设工作，现以钓鱼镇永晟种鹿场为基地，进行种公鹿、种母鹿的核心群建设；以科羽鹿业为重点进行基因库建设。所有这些都为鹿产业的可持续发展奠定了深厚的物质基础。

5 未来发展规划及具体措施

5.1 制定发展规划

西丰县委、县政府高度重视鹿产业发展，制定并出台了《中共西丰县委 西丰县人民政府关于印发〈西丰县加快鹿产业健康发展实施意见〉的通知》（西委〔2020〕7 号）。依托现有鹿产业基础，积极推动梅花鹿养殖、加工企业集聚发展，在种源品质、饲养规模、产品精深加工等方面，培育一批具有市场竞争力的鹿业重点企业和知名品牌。计划到 2025 年末，全县梅花鹿饲养量达到 10 万头，存栏 6.8 万头，规模鹿场达到 240 个，年产成品鹿茸 60t，年经销、加工鹿茸及鹿副产品 1 300t。

5.2 建设两大基地

5.2.1 建设梅花鹿规模化、标准化养殖基地

2020 年 5 月 29 日后，梅花鹿作为特种家畜养殖，按照《中华人民共和国畜牧法》管理。要逐步引导小养殖户走出庭院，建设标准化小区或规模化鹿场，鼓励现有规模养殖龙头企业、养殖大户按照国家鹿场建设标准建设鹿业基地，形成集群效应，每年新建养鹿场 10 个，对符合标准的养鹿场给予一定资金扶持；重点发展南部生态旅游及特色产业示范区，各乡镇充分调动各方面资金，如扶贫资金、惠农保险资金，鼓励养鹿大户发展鹿产业扶贫，带动贫困户脱贫致富。

5.2.2 建设西丰梅花鹿良种繁育基地

以国家鹿业协会开展梅花鹿良种登记为契机，建设西丰梅花鹿种质资源保护基因库，提纯复壮西丰梅花鹿品质。每年良种登记 200 头，每年人工授精 1 500~2 000

头，到 2025 年，建设良种鹿场 2 个，向省及国家申报良种繁育场 2~3 个。

建立健全梅花鹿疫病防疫体系和预警监测制度。鹿病防控在梅花鹿饲养中十分重要，特别是对结核病、布鲁氏菌病的防控，加强对饲养人员和鹿的疫病监测，及时做好补免工作，发现问题，按照《鹿结核病防治技术规范》和《布鲁氏菌病防治技术规范》进行处置。根据实际需要制定切实可行的免疫程序，科学使用鹿魏氏梭菌病疫苗、鹿狂犬病疫苗和坏死杆菌疫苗等，逐步建立鹿场免疫程序标准和应急处置程序。

5.3 打造六大体系，推进鹿业发展

5.3.1 政策支撑体系

按照县委〔2020〕7 号文件和县委〔2018〕38 号文件的要求，县政府设立梅花鹿产业发展引导基金和奖励基金，现已投入 200 万元作为风险抵押金，银行进行 1∶8 放大再贷款，支持梅花鹿养殖。到目前为止，西丰县支持鹿产业发展共贷款 4 616 万元。对符合条件的新建规模养殖场，给予一定的资金扶持，在养鹿户保险上，给予补助，在新增鹿、新建鹿舍给予一定的补贴，免费开展梅花鹿人工授精工作。

2011 年西丰县成立了辽宁省参鹿产品质量监督检验中心，服务于东北参茸中草药材交易市场内的商户，在保证鹿产品质量方面起到重大作用，为鹿产品经销保驾护航。

5.3.2 鹿产品品牌及加工集群建设体系

打造"西丰梅花鹿"品牌，完善品牌认证标识的查询、防伪、广告、产地证明等功能，促进梅花鹿产品生产企业使用专用标志。建立"西丰梅花鹿"品牌运营中心，构建"西丰梅花鹿"区域公共品牌，打造以"茅鹿源保健酒""东阿阿胶鹿胶"和鹿源系列"隆丰野鹿王保健酒"等品牌为主的"西丰梅花鹿"产品。积极参加国内外大型展会，加大梅花鹿特色产业宣传，提升"西丰梅花鹿"的品牌影响力和市场知名度。

县政府加大鹿全产业链招商力度，对投资总量大，科技含量高的企业，采取一事一议的方式给予优惠政策；建设及培育一批如神鹿集团、鹿源、鹿宝堂、鹿滋堂等以鹿茸及鹿副产品精深加工为主的龙头企业。

5.3.3 建设鹿产品集散中心、创新营销体系

建立市场管理办公室或管理中心，全面加强东北参茸中药材市场规范化管理。积极引进资金实力雄厚，具有市场管理经验和电子商务销售资质的企业，整合资金，实现五统一（即质量统一、税收统一、资金统一、仓储统一、物流统一），真正将东北参茸中药材市场打造成带动全县鹿产业发展、促进三产融合、实现县域经济振兴发展的有效载体。

整合梅花鹿产品资源，利用"互联网+"平台拓展市场销售渠道，借助"快手""抖音"等手机平台，实现优质鹿产品在线销售。

5.3.4　科技支撑体系

继续加强与中国农业科学院特产研究所、大连物理化学研究所、中国科学院生态研究所沈阳分院等科研院所合作，依托"一会两站"创新平台，依托他们的团队和省级科技特派团的智力支撑，加快推进梅花鹿产业科技创新体系建设，深度探索研究开发项目3~4个，在药品、保健品、新资源食品、食材鹿等方面积极开展原有科研成果的引进、转化和新品种研发。针对鹿茸、鹿角、鹿胎、鹿骨等人食品生产工艺进行研究，借助梅花鹿进入特种家畜后，破解鹿产品药食同源难题。

中国农业科学院特产研究所、西丰县科羽鹿业服务有限公司、西丰县钓鱼镇永晟种鹿场共同建立中国农业科学院特产研究所西丰县科研项目实验和技术推广基地，用于新技术的科学研究和以往技术的推广，如鹿茸生产新技术、中草药添加剂、颗粒饲料、同期发情配套技术和新的饲养方式等，力争在应用和实验开发上有所突破。

利用沈阳农业大学科技特派团支持西丰发展契机，依靠全国鹿业专家力量，争取在西丰召开全国性的梅花鹿养殖技术与疫病防控培训会，扩大西丰县在全国的知名度和影响力，重点培训疫病防控技术和人工冷冻精液繁育技术。在西丰全面推广梅花鹿人工授精技术，全面提高西丰梅花鹿的品种优势和良种覆盖率，搞好提纯扶壮，争取培养10~20人的人工授精队伍，保障今后发展需要。

5.3.5　文化旅游观光体系

深入挖掘鹿文化内涵，推动鹿文化与各类艺术形式深度融合，实现鹿养殖业、加工产业与文化旅游产业融合发展。建立人工驯化梅花鹿基地，将驯养的梅花鹿分散到北山广场、城子山、冰砬山、红豆杉养生谷等主要景点供游人参观。扶持佳丰鹿业、永晟种鹿场等发展集养殖、观光旅游、餐饮娱乐、鹿产品销售于一体的三产融合鹿场。聘请有资质的中医坐诊，并配制中药，丰富以鹿为主的康养旅游业内涵，做大做强健康养生旅游业。观赏鹿旅游中心正在建设中，现正在驯化的梅花鹿10头。继续办好"中国鹿业发展大会"和"中国（西丰）鹿文化节"。

支持条件成熟的乡镇依托现有梅花鹿产业优势建设逐鹿小镇，打造林下赏鹿、文化陈列、民宿产业等休闲旅游特色功能。积极推进鹿文化主题公园和景点建设，打造多功能文化旅游综合体。

5.3.6　加强联盟体系建设

起草《西丰县人民政府 中国农业科学院特产研究所战略联盟实施意见》，进一步深化和特产所的合作，促进西丰县鹿业健康发展。

履行鹿酒联盟秘书处职责，做好行业规范、鹿酒标准制定、评选名优品种等工作。积极与吉林东丰、双阳组建战略联盟，加强鹿文化交流，整合鹿业相关企业资源，统一养殖、加工、经销全产业链行业标准，通过联盟章程和行业标准约束，形成行业自律，提高风险抵御能力。

6 保障措施

6.1 切实提高认识，强化组织领导

成立西丰县鹿产业发展领导小组，领导小组下设办公室，负责全县鹿产业发展的综合协调、调度指导和督促检查工作，对重点工作和工程建设实行绩效考核。各乡（镇）成立鹿业发展领导小组并制定鹿业发展规划。加大督查考核力度，将鹿业发展考核结果作为乡镇绩效考评的重要内容，纳入绩效考评体系，实行差异化考核。

6.2 加强政策引导，拓宽发展渠道

紧盯"一带一路""中日韩自贸协定"等国际国内重大政策走向，加强与俄罗斯、韩国、日本、新西兰的交流合作，找准鹿产业发展有力契合点，研究有利于梅花鹿产业发展的优惠政策。扩大鹿产业招商引资的质量规模，积极争取国家百强企业投资西丰鹿业，全力争取上级扶持补贴资金和贴息政策，促进养殖数量规模发展、提质增效。

6.3 坚持人才引进，强化科技支撑

围绕鹿产业全产业链发展和重大研发项目实施，培养一批养殖、研发、生产、经营、管理人才。可采取政府购买服务的方式，引进鹿产业专业技术人才。充分利用好域内有丰富养殖经验的"本土专家"为养殖户提供技术支持。为本地技术人才提供相应保障，保持人才队伍稳定。增大鹿养殖技术培训广度和深度，每年开展县级大型培训2次，同时在安民、和隆、凉泉、天德等鹿养殖重点乡镇举办有针对性的培训活动2次，现场解决养殖户疑难问题。

6.4 注重宏观调控，形成监测机制

从全县鹿产业发展实际出发，逐步形成能够及时掌握生产、市场等信息的监测调度和预警机制，为宏观调控、决策提供信息支撑。健全监测工作的各项管理制度，强化对产业形势的分析研判，正确引导养鹿与生产企业合理安排生产，防范市场风险。对鹿业发展、政策制定、项目引进、产品研发等实施宏观调控，通过政策干预，积极应对鹿产业市场波动，保障养鹿者收益和产业稳定发展。

参考文献（略）

抚顺市清原马鹿产业发展探析

杨志芳

（辽宁省抚顺市种畜禽管理和草原监理站，辽宁抚顺 113006）

摘 要：清原马鹿于 2003 年 2 月被农业部批准为国家畜禽新品种，是世界上第一个人工系统选育出来的优良马鹿品种。2007 年 11 月，国家质量监督检验检疫总局确定"清原马鹿茸"成为国家地理标志保护产品。近几年，清原马鹿种质资源濒临灭绝。为使清原马鹿产业尽快走出低谷、度过危机，保护清原马鹿品种资源，抚顺市政府及相关部门积极采取措施，研究产业发展对策，大力发展清原马鹿产业。

关键词：清原马鹿；畜禽新品种；国家地理标志；产业发展

清原马鹿是抚顺市清原县于 1972 年从新疆引进了天山马鹿，经过 40 多年的人工选育而形成的抚顺市特色畜禽品种。清原马鹿比梅花鹿更耐寒，在抚顺地区主要分布在清原县和新宾县，有遗传力强、产仔成活率高、抗病力强、产茸量高等特点。清原马鹿茸粗大、肥嫩、型好。多年来，抚顺市政府及相关业务部门采取多种措施，以乡村振兴发展为目标，努力保护好清原马鹿这个国家珍贵物种资源，复兴"清原马鹿之乡"称号，使抚顺市清原马鹿产业快速健康可持续发展下去，并逐渐成为增加农民收入的重要产业。

1 抚顺市清原马鹿的基本情况

1.1 抚顺市地理环境优势

抚顺市位于辽宁省东部偏北，地处东经 123°39′42″～125°28′58″，北纬 41°14′10″～42°28′32″。抚顺境内平均海拔 80m，地处中温带，属典型大陆性季风气候，年平均降水量为 750～850mm，无霜期 150d 左右。地处长白山余脉，呈东南高、西北低之势，市区位于浑河冲积平原上，三面环山。抚顺市属长白植物区系，兼有

【作者简介】杨志芳（1971— ），女，高级畜牧师，大学本科学历，主要从事畜牧技术推广工作。

华北植物群落。植物种类较为丰富，有木本植物 43 科、95 属、266 种，野生植物种类繁多，野生草本植物 90 科、35 属、712 种，其中经济价值较高的野生植物近 300 种，珍稀、濒危、渐危、受威胁的植物共 24 种。抚顺地理位置优越，四季分明，气候宜人，降水量充足，土壤肥沃，野生植物种类繁多，阔叶林占比较大，尤以柞树面积最大。这些得天独厚的自然资源条件优势，非常适合鹿的繁衍和鹿茸的快速生长，因而成为全国重点茸鹿生产基地。

1.2 抚顺市清原马鹿发展历程

抚顺市养鹿历史悠久，曾一度成为农民致富的支柱产业。20 世纪 70 年代初，抚顺从新疆伊犁州特克斯县引入天山马鹿，1972 年 11 月，抚顺开始马鹿品种选育工作，历时 40 多年，经风土驯化、品系繁育、科学的饲养管理，形成了新的优良马鹿新品系，即清原马鹿。

清原马鹿在 2002 年 12 月通过国家畜禽品种委员会审定，2003 年 2 月被农业部批准为国家畜禽新品种，正式命名为清原马鹿，是世界上第一个人工系统选育出来的优良马鹿品种。清原马鹿的诞生，填补了国内外马鹿饲养业的空白，其综合技术经济性状指标已达到国际领先水平。清原马鹿母鹿繁殖成活率 68% 以上，种用年龄（5±2）年；种公鹿平均配种年龄 9.8 年；鹿生产利用年限 15 年。

2007 年 11 月，国家质量监督检验检疫总局发布《关于批准对清原马鹿茸实施地理标志产品保护》的公告，清原马鹿茸成为国家地理标志保护产品。清原马鹿茸生长快、质量好，其产量是梅花鹿茸单产产量的几十倍。茸质分析表明，清原马鹿茸的粗蛋白质和氨基酸含量均高于其他鹿种，矿物质含量（尤其是钙、磷比例）更接近于人类营养学家的普遍要求，被世界公认为是最好的马鹿茸。清原马鹿茸具有茸枝头大、肥嫩、双门桩小、根细、上嘴头粗等优点。平均单产鲜茸 8.6kg，成品茸3.1kg，目前鲜茸最大单产产茸量可达 35kg。生产利用年限为 2~15 年。清原马鹿茸具有壮肾阳、益精血、强筋骨、调冲任、托疮毒等功效，被称为"新东北三宝"之一。

2 养殖现状

2005 年，抚顺市有养鹿场 886 个，存栏茸鹿 14 951 头，抚顺地区成为全国重点茸鹿生产基地之一，养鹿业一度成为抚顺市农业结构调整、农村经济发展、增加农民收入的支柱产业。然而，近几年来，受到国际经济金融危机及国际、国内鹿产品市场萎缩等诸多因素的影响，抚顺地区清原马鹿养殖业步入低谷，并一直处于低迷状态。新西兰赤鹿茸和俄罗斯驯鹿茸的低价进入，也严重扰乱了国内鹿茸市场的正常价格，清原马鹿茸价格从最高 500 元/kg，一度降到 40 元/kg。鹿茸市场萎缩，鹿场普遍亏损严重，抚顺地区养鹿业由兴转衰。2013 年，抚顺市清原马鹿可繁母鹿 81

头，公鹿 109 头，清原马鹿种质资源濒临灭绝。

为使清原马鹿产业尽快走出低谷、度过危机，保护清原马鹿品种资源，抚顺市政府于 2009 年 11 月发布《抚顺市人民政府关于扶持鹿产业发展的意见》（抚政发〔2009〕23 号），出台一系列相关扶持政策，包括减免野生动物资源保护管理费、动物疫病防治费、办证工本费等各种税费。2010 年，抚顺市畜牧兽医局研究制定了《清原马鹿品种保护管理办法》，在全市范围内对优良种公鹿实施采精、冷冻、储存及管理工作。2013 年起，将清原马鹿基础母鹿超过 10 头的鹿场确定为保种场，对基础母鹿及育成母鹿按标准发放保种补贴，每只基础母鹿补贴 3 000 元左右。几年的保种工作取得了一定的成绩，缓解了清原马鹿濒临灭绝的危机，保护了地理标志原产地的珍贵物种资源。

3 抚顺市清原马鹿产业发展的措施与方法

3.1 加强清原马鹿种源保护基地建设工作

以现有的清原马鹿保种场为中心，选择优良种鹿组成核心保种群进行品种登记，建立系谱档案，加强清原马鹿核心群保种工作力度，建立完善的良种繁育体系。应用性别控制、同期发情、人工授精、超数排卵、胚胎移植等技术，提高鹿群品种繁育生产水平。优化种群结构和年龄结构，采取科学合理的饲养管理方式，整体提高鹿群品质和生产性能，以发挥鹿群最大生产能力，获得最大经济效益。对优秀种公鹿开展精液冷冻保存，以充分发挥优秀种公鹿的遗传性能，加速育种进程。

3.2 培育加工企业，促进鹿产品精深加工

远在汉代，即有"鹿身百宝"之说，据《本草纲目》记载，鹿茸、鹿角、鹿角胶、鹿角霜、鹿胎、鹿胎盘、鹿血、鹿脑、鹿尾、鹿肾、鹿筋、鹿脂、鹿肉、鹿头肉、鹿骨、鹿齿、鹿鞭等都可入药。中国鹿产品用于医疗保健的历史之久远、入药部位之多、使用范围之广均属世界之最。通过招商引资，引入具有一定规模的鹿产品加工企业，采取"公司+基地+农户"养殖模式，结合现代科研成果，加速鹿产品由初加工向精深加工方向发展，改变养殖者以单一卖茸为收入的局面，开发制作新型鹿产品，重点开发以鹿产品为主要原料的中药制剂、保健品、食品类、酒类等，增加养殖者的经济收入。努力打造鹿产品知名品牌，从而增强养鹿者信心，激发养鹿热情，迅速引领清原马鹿产品走向市场、走向国际。

3.3 发挥合作社和协会作用，为广大养殖者服务

充分发挥养鹿合作社的作用，尽快成立清原马鹿产业发展养殖协会，定期召开信息技术交流会，加强与国内外行业组织联系，形成四个统一，即统一品牌、统一

检验、统一销售、统一运营，形成合力共同发展，扩大清原马鹿的品牌产业优势，提高清原马鹿在国内外的影响力。

3.4 增强品牌意识，加强宣传和总结

充分利用报刊、网络、电视等新闻媒体，宣传清原马鹿发展相关政策和意义、鹿茸及其他鹿产品的作用等，以振兴保护"清原马鹿"品牌，确保清原马鹿优秀品种资源不流失为原则，及时总结成效以及好经验、好做法，挖掘典型、突出亮点，不断总结和探索新模式，完善新机制，建立特色畜牧产业长效机制。政府相关部门要加强对鹿产品市场的监管机制，严厉打击贩运、出售假冒伪劣鹿产品的不法分子，以稳定鹿产品市场，培养消费者对鹿产品的信心。

3.5 建立鹿产业文化园，推动鹿产业一体化发展

鹿是人们熟知的一种珍贵野生动物，在古代还被视为神物，被人们视为吉祥长寿和美的象征，鹿与艺术有着不解之缘，历代壁画、绘画和雕塑中都有鹿。中国古代鹿文化历史悠久，宝藏丰富，各种古籍对鹿养殖、鹿药食用配方和菜谱、典故逸事等多有记载。这些宝贵鹿业文化遗产的挖掘和弘扬利用，对于推动当代鹿产业开发建设具有不可估量的意义。鹿角不仅可以入药，同时作为工艺品也已走进了国际市场，成为众多工艺制品加工厂的首选材料。经过各种工艺加工的鹿角身价飙升，既是艺术品美的体现，又是吉祥福禄的代名词。建设清原马鹿产业文化园，拓展观光旅游、休闲度假、健康养生等，将鹿产业与休闲旅游业相整合，打造"清原马鹿之乡"的一体化产业发展。重点开发马鹿场观光旅游、鹿文化展示、鹿产品展销、全鹿宴等项目，形成产业链条，拓宽清原马鹿发展理念和思路。

参考文献（略）

本篇文章发表于《当代畜牧》2018年第30期。

三、实用技术

饲料新方案在养鹿业中的应用

李光玉，鲍　坤，王凯英

（中国农业科学院特产研究所，吉林长春　130112）

摘　要：随着梅花鹿、马鹿明确进入《国家畜禽遗传资源目录》，家养梅花鹿、马鹿养殖新技术的需求日显急迫。本文综述了6种饲料及养殖新方案在鹿养殖业中的应用，其中包括全混合日粮（TMR）技术、仔鹿代乳饲料饲养技术、鹿非常规蛋白饲料利用技术、仔鹿早期培育技术、鹿复合饲料添加剂技术与饲料替抗技术，以期通过介绍6种新的饲料与养殖新技术方案，集成提高茸鹿养殖和饲料利用的综合养殖技术，提升茸鹿生产性能及产品的质量和效益，促进鹿养殖行业绿色、健康、快速的发展。

关键词：梅花鹿；马鹿；饲料；饲养技术

我国茸鹿驯养历史悠久，具有鲜明的中国特色，茸鹿的养殖与人们多元化的物质及文化需求紧密相关，也是我国传统中医药大健康产业的延伸，每年茸鹿及其上下游产业总经济价值在330亿元左右，是我国畜牧产业的重要组成部分，在乡村振兴、精准脱贫和人类健康领域具有重要的作用。2020年5月农业农村部公布了《国家畜禽遗传资源目录》，其中梅花鹿、马鹿作为特种畜禽，主要以茸用为主（简称"茸鹿"），均纳入农业农村部管理范畴，终结了争议多年的"野生动物、特种经济动物"界定不清的问题。未来养鹿业与传统养牛、养羊一样，将向集约化、机械化、标准化、智能化发展，传统的高人工成本、饲料较单一、营养性疾病高发的养鹿方式已不适应形势发展的需求。通过对新饲料资源开发的研究及集成养鹿新技术，达到如何既尊重动物生理特性，又科学合理地利用现代营养学科技发展成果，实现鹿的科学、高效、健康养殖，是突破行业"卡脖子"技术的关键。文章通过归纳集成相关试验研究，结合饲养实际与生产应用，对6种新饲料技术方案进行综述。

【作者简介】李光玉，男，研究员，研究方向为经济动物营养学。

1 全混合日粮（TMR）技术

全混合日粮是精粗饲料混合形成的全价日粮，其优点是提高干物质的采食量，特别是粗饲料采食量显著增加，有利于瘤胃的发酵，提高营养物质的消化利用率，减少饲料浪费，保持圈舍的清洁，降低鹿酸中毒风险，提高动物健康和福利水平，提高人的劳动效率，降低成本，有利于集约化、机械化、自动化、智能化生产等；其缺点是混合或制粒增加一次性设备及加工成本的投入，导致直接成本提升；对大中型鹿场来说，TMR技术养殖可以降低综合成本。在TMR不同粗精比对梅花鹿血液生化指标的研究中发现，TMR精粗比对生茸期梅花鹿的血清总蛋白、白蛋白、免疫球蛋白浓度均有显著影响。精粗饲料混合比例对前期梅花鹿营养物质消化率和生产性能影响的研究中发现，降低日粮与精料的比值，使得育成前期梅花鹿干物质采食量、粗纤维采食量、可消化粗纤维显著提高，随着精饲料比例的提高，育成前期梅花鹿粗蛋白质采食量、可消化粗蛋白质提高显著。在控制相近能量浓度与粗蛋白质水平的前提下，不同精粗比的全混合日粮对雄性梅花鹿生产性能和血液生化指标的研究中发现，不同精粗比使饲料适口性、鲜茸产量、干茸产量、折干率、茸头围度等方面各组均存在显著差异。在控制粗蛋白质水平一致的前提下，不同精粗比TMR对2岁雄性梅花鹿消化代谢的影响的研究发现，精粗比值高与精粗比值低的TMR在干物质表观消化率、粗蛋白质表观消化率、中性洗涤纤维采食量、中性洗涤纤维表观消化率、钙吸收率、磷吸收率等方面存在显著差异，适宜的比值能有效促进钙与磷的吸收。在TMR仔鹿早期培育新技术的研究中发现，TMR技术能提高鹿饲料采食量、促进瘤胃微生物生长、提高瘤胃微生物蛋白产量，有明显的提高生产性能的作用。

2 仔鹿代乳饲料饲养技术

仔鹿早期断乳经人工哺乳驯化后，可得到与人亲近的仔鹿，提升被遗弃仔鹿的成活率，但仔鹿的人工哺乳，对代乳料的营养要求高。仔鹿代乳料是一种替代全乳的人工配制饲料，其主要原料是乳业副产品。代乳料应用于仔鹿早期断奶驯化，促进仔鹿早期发育，减少弱仔死亡，弥补母乳不足，提前恢复母鹿体况。在研究代乳料对仔鹿影响的试验中，试验设计3个处理组，分别是母乳组、牛乳组、代乳粉组，通过仔鹿的生长情况（体重、体高、体长）、血液生化指标、发病情况及仔鹿成活率等指标，来综合评价仔鹿代乳饲料的应用效果；结果表明：20日龄前，母乳组生长发育指数显著优于其他两组；20~60日龄代乳粉组显著优于母乳组和牛乳组；代乳粉组优于牛乳组，可以替代母乳饲喂仔鹿；结合仔鹿生长发育不同阶段变化，可以考虑在仔鹿20日龄后断乳，饲喂试验代乳粉；试验结果表现为母乳组比代乳粉组成活率高 10%、代乳粉组比牛乳组成活率高 8%。在幼龄马鹿仔鹿哺乳期饲喂代乳饲料的研究中发现，代乳饲料对其生长发育影响显著，体重高于同龄未饲喂代乳饲料的幼龄仔鹿，且差异极显著（$P<0.01$），出生日龄越小，对代乳饲料的适应性越好，可增加仔鹿生长发育所需的营养贮存，增强防寒抗病能力，有利于无母鹿护爱的孤独幼龄仔鹿安全渡过第一个严寒的冬天，而且为早期培育仔鹿提高其生产性能打下了良好基础。马鹿仔鹿 60 日龄早期断奶是可行的，试验期内断奶仔鹿未发生腹泻、下痢等疾病，60 日龄断奶后，饲喂代乳料的效果与自然哺乳组相近。

3 茸鹿非常规蛋白饲料利用技术

蛋白质饲料是指干料中粗蛋白质含量与粗纤维含量分别不低于 20% 与不高于 18% 的饲料，非常规蛋白饲料是指不常用或还未用作蛋白来源的饲料，其特点是来源广，成本低，容易获得。鹿的人工饲养精料补充料一般采用"玉米＋豆粕（饼）"为主的配合日粮，成本较高，而利用非常规蛋白饲料则可有效降低饲料成本，且具有很好的实用价值。鹿饲料中现有开发的非常规蛋白饲料包括棉籽饼（粕）、花生饼（粕）、菜籽饼（粕）、芝麻饼（粕）、向日葵饼（粕），还有玉米深加工的副产品如玉米蛋白粉、DDGS（酒精蛋白饲料）、玉米胚芽饼（粕）等，此外酵母蛋白等菌体蛋白类饲料的价格也相对较低，原料的稳定性有保障。在研究几种鹿常用饲料原料的蛋白质瘤胃降解规律发现，棉籽粕的降解率始终最高，且与其他几种饲料差异极显著（$P<0.01$），在瘤胃中的动态降解率为 68%，约高于豆粕（57%），菜籽粕的蛋白质降解率较低，为 42.5%（$P<0.01$），其他几种饲料蛋白质降解率居中，玉米蛋白粉瘤胃利用率最高，棉籽粕的蛋白质瘤胃降解率较高，生产实践中要考虑进行过瘤胃保护技术，以减少蛋白质资源的浪费；菜籽粕的蛋白质瘤胃降解率较低，是一种待开发利用的鹿蛋白质补充饲料，玉米胚芽粕、DDGS、玉米蛋白粉、玉米纤维及羊草可作为鹿生产中常用的饲料原料，当然此方案仍需考虑适口性及营养抑制剂等，如棉籽粕中棉酚等含量，DDGS 适口性较差，在鹿饲料中的用量比例应小于 15%，菌体蛋白需考虑抗生素含量等。

4 仔鹿早期培育技术

仔鹿早期培育是指断乳仔鹿配合特定日粮饲料饲养，从而改善仔鹿的发育状况，为后期生产性能的发挥打下基础。反刍动物的早期发育状况直接影响成年后的生产性能，如梅花鹿、马鹿早期毛桃茸角基的早期发育影响其一生中鹿茸的产量，公鹿直接体现在鹿茸产量及品质上，发育好的母鹿通过提前配种，发挥其繁殖性能。在雄性梅花鹿仔鹿越冬期配合日粮适宜蛋白质水平的研究中，观察各个月龄段仔鹿并测定粗蛋白质（CP）含量发现，断乳仔鹿越冬期 4~6 月龄配合日粮中适宜 CP 含量为 14.66%，越冬期 7~9 月龄仔鹿适宜 CP 含量为 15.09%，育成前期 10~12 月龄适宜 CP 含量为 18.60%，12~15 月龄仔鹿处于生茸期，配合日粮中适宜 CP 含量为 19.47%；高蛋白质水平配合日粮对促进梅花鹿初角茸的提前生长具有重要意义。

5　鹿复合饲料添加剂技术

鹿复合饲料添加剂技术是通过在复合饲料中添加微量元素、维生素及酶制剂、氨基酸等，以改善鹿的营养及消化代谢，从而促进鹿的生长发育及生产，其中常用的微量元素有铁、锰、铜、锌、硒等，还包括维生素 A、维生素 D、维生素 E、瘤胃调节剂（碳酸氢钠），中草药添加剂等。孙伟丽（2016）研究了不同钙、磷水平饲粮对 12~15 月龄梅花鹿生长性能、营养物质消化率及钙、磷代谢的影响，鲍坤（2010）开展了雄性梅花鹿生长期铜添加量的研究，毕世丹（2009）开展了雄性梅花鹿生长期及生茸期锌需要量的研究，张婷（2017）开展了日粮维生素 A 添加水平对 7~12 月龄梅花鹿生长性能、血清生化指标及初角茸生长的影响研究，鲍坤（2018）研究了硒和维生素 E 添加对梅花鹿营养物质消化率及血液生化指标的影响；中草药添加剂在鹿茸生产中的应用研究发现，在梅花鹿开始脱盘后应用中药添加剂，直至锯二茬茸结束，梅花鹿头茬茸及二茬茸产量均有极显著（P<0.01）或显著提高；在微米添加剂对鹿茸生产性能及免疫机能影响的研究中发现，适宜剂量的微米中草药添加剂对东北梅花鹿的产茸性能的提高、免疫机能的增强，经济效益提高，均具有良好的促进作用，可在茸鹿养殖业中推广应用；微量元素硒在反刍动物中的营养作用和生产应用的相关研究中发现，硒可通过 GSH-Px 来调节机体抗氧化功能，还可通过合成多种硒蛋白或直接增强机体免疫细胞功能的方式来提高机体的免疫能力，此外，缺硒时补充硒也可提高反刍动物的生产性能，因此茸鹿复合饲料添加剂技术在改善茸鹿体质，提高生产性能方面起到关键作用。

6　饲料替抗技术

饲料替抗技术是指通过向饲料中添加外源添加物，达到功能性替代抗生素产品从而保持动物健康和有效生产的技术。2020 年 7 月 1 日起，我国饲料产业正式迈入"无抗"时代，所有种类的商业饲料与养殖饲料中，促生长用抗生素产品将不允许再使用，在鹿的人工饲养中，最大程度地发挥鹿的生产潜力，饲料替抗技术成为无抗养殖新体系的重要环节。目前常用的替抗产品有益生菌（乳酸菌、枯草芽孢杆菌等）、益生元（多糖）、酸化剂（乳酸、柠檬酸、山梨酸、苹果酸、酒石酸等）、中草药提取剂（收敛、抑菌、抗寄生虫、抗炎、抗氧化等）及抗菌肽等，在无抗技术的研究中发现，适量抗生素只有在非清洁畜禽集约养殖环境中，才能够促进营养吸收，发挥促生长作用，而在清洁环境中抗生素不具有促生长作用，因此无抗技术才是未来的发展趋势。研究发现，在梅花鹿饲料中添加白腐菌、枯草芽孢杆菌、乳酸菌以及复合菌均能提高梅花鹿对秸秆饲料的干物质、有机物质、粗蛋白质、粗纤维和粗脂肪的采食量和消化率，提高粗饲料的利用率（$P<0.05$），添加复合菌的效果优于单菌，复合益生菌制剂有促进离乳梅花鹿生长、优化肠道微生物区系及提高幼鹿免疫功能的作用。微生态制剂在反刍动物生产中的应用研究进展中发现，微生态制剂作为饲料添加剂具有替抗、促进动物生长和健康等有利作用，在鹿上的研究发现，EM 菌（有益微生物群）发酵秸秆饲料可以有效提高其适口性，对梅花鹿的增茸效果显著，可以在梅花鹿实际生产中应用。在饲用植物及其提取物在饲料替抗中的应用研究中发现，饲用植物及其提取物含多种功能活性成分，具有抗微生物、抗炎、抗氧化、促生长、防治腹泻、增强免疫力、改善肠道健康等作用，是饲料替抗产品和替抗技术开发的重要来源，未来中草药及其提取剂在鹿生产上的应用会有着广阔的前景。

参考文献（略）

梅花鹿仔鹿代乳料饲喂技术概述

王凯英[1]，王晓旭[1]，鲍　坤[1]，赵　蒙[1,2]，杨雅涵[1]，李光玉[1]*

(1. 中国农业科学院特产研究所，吉林长春　130112；

2. 山东省乐陵市人民政府，山东乐陵　253600)

摘　要：本文简要介绍了家养梅花鹿仔鹿代乳料技术研究、应用历史和目前存在的问题，就存在问题提出了解决办法，并对该技术的发展前景进行了展望。

关键词：梅花鹿；仔鹿；代乳料；技术展望

家养梅花鹿是我国主要茸用鹿种，鹿茸品质好、产量高，经济效益较高。大力发展梅花鹿人工养殖，提供鹿产品，既能改善农业结构、提高农民收入，还能保护野生梅花鹿资源，前景向好。但梅花鹿驯养历史较其他畜禽短，还存在一些技术问题，这些技术问题严重影响产业发展，亟待解决。例如，母鹿恶癖、多仔、无乳、疾病、死亡等问题均会造成仔鹿哺乳失常，进而导致仔鹿发育缓慢、死亡率较高；此外，断乳过晚也会造成仔鹿进食其他食物较晚，采食量小，营养失衡，发育迟缓，成年后生产力低；断乳过晚也会影响母鹿配种前期的体质恢复，影响母鹿发情、配种等正常繁殖性能。借鉴牛、羊的代乳料技术，配制形式和营养水平适宜的代乳料饲喂仔鹿是解决这些问题的有效方法。

1　仔鹿代乳料发展概况

参照鹿哺乳期不同时期乳的营养成分，结合不同日龄仔鹿的消化生理特征和生长发育状况配制不同生长阶段的人工乳，经人工训练仔鹿采食，能满足其营养需求。依稀（1959）报道，应用代乳粉、藕粉、鲜牛奶哺育失乳仔鹿均未成功，而应用羊奶饲喂后，仔鹿成活及生长发育均效果较好，说明选择适宜的代乳品饲喂仔鹿已被证明是可行的。鄂尔克勒和文胜等（2003）研究表明，用代乳料饲喂仔马鹿能显著

【作者简介】王凯英（1975—　　），男，副研究员，研究方向为经济动物营养学。

＊ 通信作者：李光玉，研究员，研究方向为经济动物营养学。

提高其体质，确保其成功越冬，提高成熟后的生产性能，利于母鹿身体恢复及发情配种，且给早期断乳的仔鹿饲喂代乳料的效果优于断乳晚的仔鹿。方素栎等（2011）研究表明，对60日龄断乳的仔马鹿饲喂人工配制的代乳料，仔鹿健康和生长发育状况与采食母乳的仔马鹿无显著差异（$P>0.05$），而饲喂缺乏动物源饲料则效果较差。张宇等（2017）研究表明，对梅花鹿仔鹿早期断乳而采取代乳料饲喂，对其消化器官锻炼、机体发育、早熟性及成龄后公鹿产茸量均有积极作用。王凯英等（2011）研究表明，人工配制代乳料饲喂早期断乳梅花鹿仔鹿，可以获得与母乳喂养相近的成活率和生长发育性能，且在60日龄后应用代乳料喂养的仔鹿相关指标优势明显，这是因为超过一定日龄后，母鹿乳汁总量及其营养物质含量逐渐降低，而仔鹿发育所需营养却不断增加，代乳料营养全价的优势得以体现；而饲喂牛乳组的仔鹿成活率及生长发育指数等均不如人工配制的代乳料组，这是因为牛乳提供的营养因子及水平均较代乳料低。此外，研究表明，根据梅花鹿仔鹿瘤胃的发育特点，在不同时期需供应不同营养水平及组成的代乳料，对仔鹿健康及整体发育是极其重要的。

2 仔鹿代乳料有待解决的技术问题

仔鹿代乳料饲喂技术虽有一定研究和实践，但是在梅花鹿养殖业中应用并不广泛。因为代乳技术多用于无法吃到母乳的仔鹿，而对于能够顺利采食母乳的仔鹿应用代乳料饲喂，则是对母鹿资源的浪费。此外，仔鹿代乳料在饲喂技术方面还存在一些问题。

（1）早期断乳适宜时机的确定。

（2）大群仔鹿饲喂代乳料不易操作，需简便易操作的代乳料饲喂技术。

（3）代乳料形式及关键营养要素的筛选。

3 解决方法

（1）初乳使幼龄动物获得母源抗体，确保幼龄动物健康成长，但通过科学调配代乳料营养，在代乳料中添加消化酶、抗体、抗生素和维生素等关键因子，幼仔是可以获得与母乳营养水平相近甚至更好的健康及生长发育性能的。研究结果及养殖经验表明，梅花鹿仔鹿适宜的早期断乳时间一般为出生后1周，因为此时仔鹿已经通过初乳获得了母源抗体，并且也能够通过训练接受并采食代乳料。

（2）代乳粉作为代乳料的一种，多在仔鹿出生后短期内饲喂，因为需要水溶、瓶装，特别是需要饲养员手持进行饲喂，难以在仔鹿群大面积推广。饲养员可尝试在一多孔台架上固定的倒置奶瓶中放置已溶解好的微温代乳粉，训练仔鹿采食，可以解决因占用人工过多难以在养殖场推广代乳粉饲喂的问题。

（3）代乳料除了目前使用最多的可溶性代乳粉，还包括粉状混合饲料、颗粒日粮等。实际上根据不同日龄仔鹿消化生理特点及其对营养的需求，可以适时训练仔鹿采食粉状混合饲料或颗粒状日粮，同样能满足仔鹿需求，利于仔鹿生长。

（4）在仔鹿发育前期（出生后 15~30d），代乳料饲喂技术与母乳喂养比较优势虽不明显，但随着仔鹿日龄增加，应用代乳料饲喂断乳的仔鹿，发育优势开始显现（直至毛桃茸期）；入冬后仔鹿体重明显优于传统养殖方式的仔鹿，特别是翌年春季初角茸萌发也较传统养殖的仔鹿早且产量优势明显，并且母鹿早期断乳后，其身体恢复亦优于断乳晚的母鹿，利于下个繁殖季节的发情、配种，这在牛等家畜上也早有研究。

（5）此外，养殖者训练鹿与人相伴、嬉戏，称之为"广场鹿"，广场鹿之所以受到人们的广泛喜爱，正是仔鹿早期断乳饲喂代乳料结合人工训练的成功范例。由此可见，梅花鹿仔鹿代乳料饲喂技术不仅利于仔鹿成活和早期发育，对于母鹿生产性能的提高和其他工作的开展也是十分有利的。相信经过不断发展和完善，仔鹿代乳料所含的关键营养因子种类和水平必能全面满足仔鹿需求，被广大梅花鹿养殖者接受，为梅花鹿养殖技术升级和产业发展提供有力的技术支撑。

参考文献（略）

本篇文章发表于《特种经济动植物》2019 年第 8 期。

目前我国鹿育种改良中需要
正确认识的若干技术问题

李和平

（东北林业大学，黑龙江哈尔滨　150040）

在动物生产中，影响动物生产效益的因素可以归纳为遗传育种、营养饲料、疾病防治、饲养管理及其他等五大类，而且各因素对动物生产的相对贡献率并不相同，科学证明，五大因素的相对贡献率分别为40%、20%、15%、20%和5%，由此可见，遗传育种对于动物生产来讲是极其重要的一项工作。

养鹿业是我国的特色经济产业。多年来，在新品种培育上，培育出了诸如双阳梅花鹿、西丰梅花鹿、敖东梅花鹿、兴凯湖梅花鹿及清原马鹿等多个茸鹿良种；在繁育技术上，人工授精、同期发情等技术为良种遗传作用的发挥起到了积极作用；在经济杂交利用上，梅花鹿与马鹿杂交取得了良好的生产和经济效益。可以说，我国养鹿业在育种改良方面取得了巨大成就，养鹿生产效益的取得在很大程度上是由遗传改良因素决定的。然而，目前在养鹿产业的育种改良与生产工作中，有些从业者在技术层面上存在若干模糊甚至错误的认识，有必要针对鹿育种改良中的相关技术问题予以澄清。

1　良种登记

鹿的良种登记应该包括品种登记和良种登记两方面，并且要用长远和战略性的眼光来看待良种登记。目前养鹿业虽然还没有真正实施良种登记，但已势在必行。

1.1　品种登记

鹿的品种登记就是要依据系谱资料，对符合品种标准的鹿进行登记，并在专门的登记簿或特定数据管理系统上进行登记。鹿的品种登记是品种管理的最基础性工作，其目的是保证鹿品种的一致性和稳定性。

1.2　良种登记（个体）

鹿的良种个体登记是建立在鹿品种登记工作基础之上的高级登记，即在鹿品种登记的前提基础上，还要对鹿的产茸性能、繁殖性能等生产性能测定和遗传评估结果进行登记，也就是对良种鹿个体的登记注册，它是选择种用公、母鹿的基础。只有通过鹿个体的良种登记才可以科学地进行综合遗传评定，准确选择种公、母鹿。鹿个体的良种登记是掌握遗传变异来源和建立育种核心群的技术手段之一。

1.3 具体措施

1.3.1 组织形式

鹿的良种登记的组织形式应该由中国畜牧业协会鹿业分会统一组织，在技术上依托于专门从事鹿类动物研究的高等院校或科研院所，并由良种养鹿企业实施。

1.3.2 技术措施

鹿的良种登记从技术措施上讲，主要包括数据收集、数据处理及形成报表 3 个方面。数据收集是在已经建立的系谱档案基础上进行原始资料收集。其中鹿的个体信息包括鹿号、父号、母号、祖父号、祖母号、外祖父号、外祖母号、女儿号、品种或品系、产地及现所在地等基本资料；测定数据包括生产性能测定（如产茸、繁殖性能测定）数据、体型外貌评分（依据种鹿评定标准）、繁殖记录、遗传评估和后裔测定结果等方面的数据；另外，在进行体型外貌评定时，用数码相机拍照，鹿与照片的编号一一对应，这样便于更准确掌握被测鹿的外貌特征，将其导入数据库以备随时调用。这些资料对指导养鹿生产、管理和选种具有重要作用，因此，要求数据信息准确。

1.3.3 数据处理

鹿良种登记的数据处理就是对收集的原始资料进行处理。主要包括鹿良种的生产性能（如产茸性能、繁殖性能）、遗传评估的数据计算与分析，将得到的各项指标的最终结果输入良种登记系统，并依据计算与分析的结果，对进行登记的鹿按指标进行排序。

1.3.4 形成报表

将生产性能优良、体型外貌好、符合良种标准的鹿登记造册，形成报表。报表可以是纸制版，也可以是网上公布的电子形式。

1.4 保证条件

1.4.1 组织形式

在组织形式上，应统一制定育种目标，构建全国信息管理平台，并设专职资料管理员和监测员。

1.4.2 技术人才培训

鹿的良种登记工作任务是很繁重的，而且对专业技术人员的要求也相当高。目前，鹿良种登记技术的应用虽然还没有正式启动，但迫切需要对技术人员、养鹿者进行不同层次的鹿良种登记的技术培训，建立一支高水平的鹿良种登记工作的技术队伍，来保证鹿良种登记的顺利实施。

1.4.3 信息技术支持

电子信息+养鹿业的发展，即"数字养鹿业"是未来发展趋势。计算机信息系统将被逐渐应用到养鹿业并发挥巨大的作用。有关鹿档案和相应数据正在逐渐增多，数据也将更加精准细化，工作量在不断增加，因此，专门的计算机管理系统十分必要，目前鹿良种登记还没有研制出功能十分完善的软件，因此设计一套功能完善的鹿专用良种登记的计算机系统势在必行，并以此建立一个全面而详尽的为广大用户提供良种信息的平台。

1.4.4 统一标准

目前，我国鹿良种登记在全国范围内没有统一的标准，鹿良种登记标准亟待出台，以便于鹿良种登记工作的开展，实现全国信息的相互交流。欲实行统一标准，就需要鹿业协会的宏观调控和各地方协会的大力配合来逐步实现和完善。

1.4.5 登记范围

养鹿业存在各场养鹿规模不大的普遍现象，为了避免登记的范围过小而造成小群体中选择极限过早发生的情况，实施鹿良种登记的群体应尽可能大一些，并建议各地场区联合起来进行，实行统一的生产性能测定、遗传评估，以便于充分地利用大群体的遗传变异。

1.4.6 建立数据处理中心

尽快建立我国鹿数据处理中心，并进行有效运行，以此来适应鹿品种、良种登记及种鹿后裔测定、种鹿遗传评定工作的需要，满足良种选育和遗传改良工作对有关数据的需要，保证及时向政府和基层部门及会员单位提供统计结果，做到数据信息全面、及时、准确，使数据信息处理网络化。

2 生产性能测定

生产性能又叫生产力，指动物最经济有效地生产动物产品的能力。生产性能测定是指对动物个体具有特定经济价值的某一性状的表型值进行评定的一种育种措施。

2.1 选择测定性状

测定的性状是具有一定经济价值的性状，考虑其长远性价值，如茸用性状；同时要求所测定性状的表现型要具有一定的遗传基础，只有由遗传作用产生的性状才有从遗传上改良的可能性；同时选取的性状应符合鹿的生物学规律和养鹿生产实际。

2.2 选择测定方法

选择的测定方法要具有精确性，以保证数据的可靠性，这是育种工作取得成效的基本保证；鹿育种中选择的测定方法要尽可能具有可以在各鹿场进行的广泛适用性，以便于在各种条件下展开测定工作；选择的测定方法还要考虑测定的成本，要尽可能经济实用、节约成本。

2.3　记录与管理测定结果

测定结果的记录要做到准确、完整和简洁，避免由于人为因素造成测定数据的错记、漏记；尽量避免由于年度、季节、地点等因素对测定结果所造成的系统效应的影响；对记录的管理要便于经常调用和长期保存，最好使用计算机管理或互联网共享。

2.4　实施性能测定

鹿的性能测定实施最好由专门机构组织实施，以此保证测定结果的客观性、可靠性；还应以获得最大经济效益为目的，考虑投入和产出（经济性）；鹿的同一个育种方案中，性能测定（如产茸性能）的实施必须统一。鹿的性能测定的实施要保持连续性和长期性，因为动物群体在遗传上具有趋于平衡的自然机制，只有长期坚持性能测定，才能巩固选择的效果，否则就会退化；对性能测定指标的选取应随市场需求的变化和技术的发展适时调整测定性状，改进测定方法，尽可能使用最现代化的记录管理系统。

2.5　性能测定的基本形式

对动物进行性能测定的形式根据测定场地可分为测定站测定与场内测定；根据测定个体和评估对象间的关系可分为个体测定、同胞测定和后裔测定；根据测定对象的规模可分为大群测定和抽样测定。就我国养鹿业的发展历程来看，在目前和未来短时间内，鹿的性能测定采用测定站测定几乎不现实，鹿场内测定是比较现实也是目前广大鹿场都在进行的基本测定形式，但值得注意的是，在进行生产性能比较时，要注意测定的条件。

3　纯种繁育

迄今为止，我国已经培育的梅花鹿或马鹿品种，在选育技术上无一例外地都采用的是群体继代选育方法，且在品种的育种目标上均以茸用性能为核心。这种方法虽然具有简便易行、对育种群要求不多、对育种场技术要求不高等优点，却也具有选择强度不高、遗传进展慢等明显缺点；特别是对于养鹿实际中优秀种公鹿利用年限普遍较长的做法，以及面对杂交利用给纯繁带来的冲击，要想对现有鹿的优良品种进一步在遗传性能上予以提高，加快遗传进展，显然沿用群体继代选育法很难达到理想的要求，因此，在借助人工授精、同期发情等繁殖技术的同时，鹿的纯种繁育应重视品种内部结构优化、开展品种内的品系繁育，以实现良种品质的稳步提高。

在品种结构上，除鹿的年龄、鹿的性别、群体结构外，作为一个鹿的优良品种群，要有一定数量的品系，每个品系应有适当的家系，每个家系要有足够的个体数，在数量规模上可以根据鹿场实际相应调整。

在品系建立上，建议采用系祖建系法，将卓越公鹿作为系，进行品系选育，建立品系，并在品种内维持适度数量的优秀品系，形成产茸性能突出的若干品系。通过系祖建系可以加快种群的遗传进展，且品系形成快、种类多、周转快，既可通过种群内选育而改进，又可通过种群的快速周转而跃进，加速现有品种改良；通过品种内建立优良特性的品系，可解决品种内优秀公鹿个体质量高而数量少的矛盾，解决品种一致性与异质性的矛盾；采用品系繁育在巩固优良特性遗传的同时，既可以通过品系综合防止近交衰退，又可以充分利用品系间遗传差异，开展"系间杂交"，利用"系间杂交"产生的明显的"杂种优势"，为目前养鹿生产中盛行的经济杂交提供优良亲本。

当然，在鹿纯种繁育过程中，进行选种的同时，还应重视公、母鹿的选配，特别是与配母鹿选择、配合力测定；同质选配的同时还应注意适度，并控制近交。

4 杂交生产

不可否认，杂交是提高鹿产茸率与生产效率的有效措施，但如何进行科学杂交与生产利用应该是最核心的问题。10 余年来，我国鹿杂交生产利用盛行，但在茸用性状杂交生产利用上存在诸多错误做法和模糊认识，须予以纠正、澄清。

鹿杂交组合、杂交方式在我国目前有 40 余种，且很多杂交组合、方式属我国首创，杂交结果甚至对一些科学理论提出了严峻的挑战。目前在养鹿生产中，最主要的还是梅花鹿与马鹿的杂交生产利用。

在这里使用"杂交生产"，而没有使用"杂种优势"一词，是因为前期大量研究已经证明茸用性状属于高遗传力性状，在多年鹿的育种实践中采用个体表型选择也证明了这一点，因此，对于高遗传力的茸用性状，"杂交后代产生杂种优势"的说法应该是与理论相悖的。目前养鹿生产中开展的梅花鹿与马鹿的杂交，由于马鹿、梅花鹿产茸性能的较大差异，使得杂种后代产茸性能与梅花鹿相比有明显提高，只能说是在鹿茸市场看好而又有良好生产效益情况下的杂交生产利用。

在技术环节上，杂交亲本种群（梅花鹿、马鹿）的选优与提纯是最关键的第一步，也就是说作为杂交亲本的梅花鹿、马鹿的种群要有好的遗传品质和整齐度，才能在杂交生产中获得良好的效益。

从生产角度讲，杂交 F_1 优势最明显，通常能有较好的生产效益。

从改良角度讲，级进杂交至 3 代以上，后代就可认为是改良者的"纯种"，如梅花鹿与马鹿杂交后代，再用梅花鹿公鹿级进杂交，杂交后代梅花鹿血统达 87.5% 以上，可视为梅花鹿"纯种"。

从生产性能角度讲，近年来梅花鹿生产性能的大幅提高，马鹿血统的融入起到重要作用，这是必须承认的事实。

从杂交组合角度讲，多亲本组合的杂交，杂交后代肯定是参差不齐的。

从经济利用角度讲，杂种公鹿绝对不能种用。从生物学角度讲，鹿杂种（种间、属间）后代公母鹿的繁殖性能存在一定缺陷。

从表观现象讲，杂种公鹿或母鹿与人工授精结合，掩盖了杂种公鹿或母鹿的繁殖力问题；杂种公鹿或母鹿用于繁育，繁育风险较大。

从杂交育种角度讲，小规模鹿场不适合进行杂交育种。

5 杂交育种

10余年来，我国养鹿业杂交生产利用的盛行，积累了丰富的杂交后代资源，但目前大规模鹿场的杂种后代少，小规模鹿场杂种后代又比较分散，生产性能测定数据缺乏，更谈不上遗传评估，联合育种又不现实，因此开展杂交育种来培育新品种的育种途径行不通。但是，针对业内目前经常谈起的杂交育种方法，以及一些错误做法和模糊认识，必须予以纠正、澄清。

鹿的生产性状都是数量性状，其性状表现是由微效多基因与环境共同作用的结果，杂交过程中出现的杂种在产茸性能上的优良表现并不代表其遗传上具有较高的加性效应。

现在养鹿业内普遍存在对横交、固定的片面理解。杂交育种技术环节中的"横交固定"，实际是两个不同的技术环节，不能片面地认为将表现好的杂种公、母鹿进行选配，其后代就一定会把亲本的优良表现固定并遗传下来。横交阶段会产生多类型的、参差不齐的后代，加之环境、互作、上位效应影响，在横交后代中，发现加性效应高的、相对纯合基因型的个体相当不容易，只有发现新的纯合基因型个体，"固定"才有可能。不够规模的养鹿场，期望用表观上不错的杂种公鹿配种来获得理想中的横交固定，是会付出经济代价的。

在目前杂种素材条件下，需要由相关组织统筹联合，共同努力，通过"杂交育种"技术培育新品种。

参考文献（略）

本篇文章发表于《特种经济动植物》2018年第9期。

梅花鹿输精部位对受胎率的影响

韩欢胜[1,2]

(1. 黑龙江八一农垦大学动物科技学院，黑龙江大庆　163319；

2. 黑龙江普惠特产有限公司，黑龙江哈尔滨　150030)

摘　要：为确定输精部位对受胎的影响程度，进一步提高梅花鹿的受胎率，本试验应用分组比较卡方检验的方法，对不同输精部位输精受胎情况进行了试验研究。结果表明，不同部位输精受胎率高低顺序是子宫体>子宫角>子宫颈，子宫颈三褶>子宫颈二褶>子宫颈口，不同部位间输精受胎率存在明显差异。研究表明，输精部位是影响输精受胎率的一个重要因素。

关键词：梅花鹿；输精部位；受胎率

人工输精是梅花鹿繁育的一项常规技术，受胎率偏低已制约该项技术效能的发挥。受胎率受精液品质、母体状况、应激、发情鉴定、输精方法等多种因素影响，输精部位对人工输精受胎影响程度如何，有待进一步探究，为此本研究对不同输精部位受胎情况进行了试验。本研究对规范梅花鹿人工输精技术，进一步提高输精受胎率有着重要意义。

1　材料与方法

1.1　试验动物与精液

梅花鹿成年母鹿 162 头由黑龙江富裕县哈川鹿场提供。

梅花鹿 0.25mL 常规冻精由黑龙江省农垦科学院哈尔滨特产研究所生产，0.25mL 精子性控冻精由大庆田丰生物公司生产。

精液标准：普通冻精解冻后有效精子数 1.0×10^7 个以上，解冻后活力 ≥ 0.3；性控冻精装管有效精子数 $(2.0 \sim 2.5) \times 10^6$ 个/支，解冻后每支冻精有效精子数为 $(1.0 \sim 1.2) \times 10^6$ 个，活力为 $0.35 \sim 0.45$。

【作者简介】韩欢胜，男，博士，主要从事特种经济动物研究及饲养。

1.2 试验方法

采用分组比较的方式，按输精部位分成子宫颈三褶处、子宫颈二褶处、子宫颈口、子宫体和子宫角，通过比较各部位人工输精的受胎情况来确定输精部位对受胎率的影响。

发情鉴定采用公鹿试情结合阴道细胞检测的方法；输精时间在发情盛期的Ⅱ期，即母鹿处于发情盛期的中期，母鹿性行为一走一爬，阴道黏液涂片有核角化细胞多于副基细胞，副基细胞以大中间细胞为主，血小板开始减少；输精方式采用直肠把握输精；输精剂量为每次1支0.25mL的常规冻精（或Y精子性控冻精）。

1.3 数据处理

组间比较采用 SPSS 16.0 软件进行单因素方差分析。

2 结果与分析

2.1 子宫颈各部位输精效果比较

子宫颈不同部位输精结果见表1。

表1　子宫颈不同部位输精效果比较

输精部位	输精剂量 （常规冻精）	输精数/头	受胎数/头	受胎率/%
子宫颈三褶处	1次1支	6	6	100.0^A
子宫颈二褶处	1次1支	10	8	80.0^B
子宫颈口	1次1支	8	4	50.0^C
合计		24	18	66.67

注：大写字母不同者表示差异极显著（$P<0.01$）；小写字母不同者表示差异显著（$P<0.05$）；字母相同者表示差异不显著（$P>0.05$）。

由表1可知，子宫颈各部位输精平均受胎率为66.67%，其中子宫颈口输精受胎率为50.0%，子宫颈二褶处输精受胎率为80.0%，子宫颈三褶处输精受胎率为100%，子宫颈各部位输精受胎率两两间均存在极显著差异（$P<0.01$）。

2.2 子宫角与子宫体输精效果比较

子宫角与子宫体输精结果见表2，性控冻精输精子宫角输精受胎率为80.85%，子宫体输精受胎率为82.50%，较子宫角输精受胎率高1.65%，两者间差异不显著

（$P>0.05$）。

表 2　子宫体与子宫角输精效果比较

精液类型	输精部位	输精数/头	受胎数/头	受胎率/%
性控冻精	子宫角	47	38	80.85a
	子宫体	40	33	82.50a

注：大写字母不同者表示差异极显著（$P<0.01$）；小写字母不同者表示差异显著（$P<0.05$）；字母相同者表示差异不显著（$P>0.05$）。

2.3　子宫体与子宫颈输精效果比较

子宫体与子宫颈输精结果见表 3，应用常规冻精输精子宫颈输精受胎率为66.67%，子宫体输精受胎率为86.54%，受胎率两者间差异极显著（$P<0.01$）。

表 3　子宫颈与子宫体输精效果比较

输精部位	输精剂量（常规冻精）	输精数/头	受胎数/头	受胎率/%
子宫体	1次1支	52	45	86.54A
子宫颈	1次1支	24	18	66.67B

注：大写字母不同者表示差异极显著（$P<0.01$）；小写字母不同者表示差异显著（$P<0.05$）；字母相同者表示差异不显著（$P>0.05$）。

综上，试验结果表明，输精部位是影响人工输精受胎率的一个重要因素，输精部位优先顺序是子宫体>子宫角>子宫颈，子宫颈三褶>子宫颈二褶>子宫颈口。

3　讨论

据有关奶牛输精资料报道，冻精输精受胎率顺序为子宫角>子宫体>子宫口>阴道内，这与精子运行路程长短和逐级损耗有关。本研究应用性控冻精输精子宫体输精受胎率（82.50%）却高于子宫角输精（80.85%），但二者间差异不显著（$P>0.05$）。理论上，子宫角（图 1）输精较子宫体可缩短精子运行距离，精子在子宫内存活时间长，受胎率也应高。但试验结果却是子宫体输精受胎率高，理论与试验出现相反的结果，出现这一现象的原因，本研究认为鹿为双侧子宫，大多情况为单胎，排卵发生在一侧子宫角，如人为根据卵泡发育情况进行子宫角输精，常会因人为判定不准确，造成受胎率降低现象，相反子宫体输精精子可同时游向两侧子宫角，不论那侧排卵，受胎概率相对较高，不受人为因素影响，所以出现了子宫体输精受胎率高于子宫角输精的现象。

另外，在人工输精中大部分技术员认为输精必须到达子宫体，否则不会受胎，本研究结果表明，只要能准确的把握发情时间，过子宫颈三道褶就可保证受胎，在子宫颈二道褶有较高受胎率，在子宫颈口同样可受胎，但受胎率较低。

在生产实际中，子宫体输精是输精部位最佳的选择，要提高输精受胎率必须将精液准确地送达子宫体。保证精子能顺利地越过子宫颈，到达子宫体，均匀地分布在子宫角两侧（图1）。如操作中输精很难到位，也必须保证过子宫颈第三道皱褶。建议不要在子宫角输精。

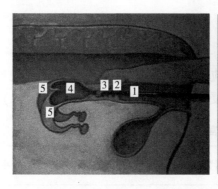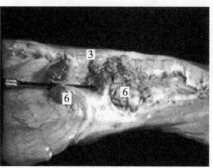

1. 阴道；2. 子宫颈口；3. 子宫颈；4. 子宫体；5. 子宫角；6. 子宫颈皱褶。

图1　梅花鹿母鹿生殖器官结构

参考文献（略）

浅析鹿主要疫病的综合防控

田来明，崔鹤馨

（长春市农业科学院，吉林长春 130000）

摘　要：养鹿业做为特色优势产业，多年来一直是我国特种养殖业的主力军。随着农业农村部 2020 年 5 月 27 日将梅花鹿等人工养殖类鹿科动物正式列入《国家畜禽遗传资源目录》，结束了我国鹿产业只能适用与野生动物驯养相关的法律、法规及政策的桎梏，从此我国的鹿科动物养殖业将遵照畜牧法管理，在管理权限上有了明确的归属，同时也预示着我国的鹿产业将严格遵守《种畜禽生产经营许可证》和《动物防疫条件合格证》制度，在行业监管、卫生防疫、产品输出等方面将更加严格和规范。本文总结了我国人工饲养的鹿科动物的常见疫病，并简要阐述了这些疫病的综合防控知识，希望对广大从业者能够有所帮助。

关键词：鹿疫病；综合防控

目前，鹿养殖业有着良好的经济效益，给养殖户可以带来非常可观的经济收益，但是在养殖的过程中还要对主要的疫病进行关注，做好综合的防控，尽可能地降低死亡率，促进我国鹿养殖业的可持续发展。国内对于鹿的饲养管理和营养等方面都有着一定的标准，但是对于鹿常见疫病的防治标准没有较多研究，大多是参考其他动物，但是鹿与其他动物又有着比较大的区别，因此需要对鹿养殖中的疫病防控进行关注。

1 鹿的常见疫病

1.1 结核病

结核病的病原主要是结核杆菌，可以分为人、牛和禽三种类型，这些类型都可以感染给鹿群。结核病的潜伏期长短不一，通常表现为慢性经过，主要有肺结核、

【作者简介】田来明，男，博士，研究员，主要从事鹿的疫病研究及饲养管理技术，E-mail：1486061680@qq. com。

乳房结核和淋巴结核，有时还可见肠结核以及全身结核。该病的治疗比较困难，并且疗程也比较长，用药量也比较大，效果很一般。

1.2 布鲁氏菌病

布鲁氏菌病是一种人兽共患的传染病，人的临床的特点就是发热、多汗和乏力，容易给人和动物两个方面都造成极大的损失。布鲁氏菌病可以通过体表的皮肤黏膜、消化道和呼吸道侵入到机体当中，一旦患病，母鹿会出现消瘦、食欲不振的现象，怀孕母鹿会出现流产的现象，并且还会伴随着胎衣糜烂的现象。患病的公鹿会出现膝关节炎、单双侧的睾丸肿大，行走也会逐渐变得比较困难。

1.3 口蹄疫

口蹄疫是由口蹄疫病毒引起的一种急性、热性且高度接触性的传染病，在临床上具有传播速度快且流行范围广的特点，成年鹿在感染该病之后就会出现口腔黏膜、蹄部和乳房等部位的水疱和溃烂，幼龄动物则会因为心肌受损而出现死亡的现象，这种传染病主要是依靠空气进行传播。

1.4 病毒性腹泻

病毒性腹泻是比较常见的一种疫病，潜伏期在 7~14d，慢性疫病会出现鼻镜糜烂的现象，蹄叶和趾间会出现皮肤糜烂的现象，然后伴随出现一定的腹泻。急性疫病主要表现在仔鹿身上，容易因为腹泻而出现脱水死亡的现象。成年鹿在感染之后会有流鼻涕和流涎的现象，还会伴有血痢等症状。怀孕母鹿会出现流产和产死胎和弱胎的现象。

1.5 小反刍兽疫

小反刍兽疫主要是由小反刍兽疫病毒引起的一种急性和烈性传染病，有着比较高的发病率和致死率，经常会出现突然的发热，患病的动物会出现体温升高到 40~42℃ 的现象，可以持续高烧 3d 左右。小反刍兽疫主要是感染绵羊、山羊和小反刍兽，其中鹿也可以被感染，主要是通过直接或者间接接触传播的方式进行传播，在多雨和干燥的季节比较容易发生。患病的鹿会出现唾液分泌和鼻腔分泌增多的现象，还有卡他性结膜炎，后期会出现口腔坏死和支气管肺炎以及出血性腹泻，在发病 5~10d 死亡。

2 鹿疫病的综合防控

2.1 建立健全管理制度，做好疫病预防

首先是要对养殖场的饲养管理制度进行关注。避免在饲料运输和加工贮存的过

程中受到污染，禁止从疫区采购饲料，对于可疑和变质发霉的饲料一定要进行检测。此外，在进行饲料加工的过程中还要保证细致，避免因为吞咽困难造成食道梗死和其他胃肠疾病的发生；其次是对饮水和卫生制度进行关注。要对水源卫生进行重视，避免鹿群饮用不洁净的水源，要对水源做好监管。同时还要注意水源的温度，对于饮水槽要进行定期的消毒，保持养殖场水源的清洁度；最后是要对养殖场的卫生制度进行重视。要合理选择鹿场，做好清洁和消毒。同时要保证鹿粪和垃圾远离养殖场和水源，避免造成污染。

2.2 重视运输期间管理，降低应激反应

在进行养殖的过程中，要尽量坚持自繁自产的原则，减少鹿群在不同区域的运输，尤其是在疫病泛滥期间，要坚持不从疫区引进，避免在运输的过程中受到传染病的影响。如果一定需要引进鹿，一定要做好运输期间的疫病管理工作，做好消杀的基础性工作，同时要严格地做好各项动物检疫的工作。此外，动物在运输的过程中容易受到应激因素的影响，比如说拥挤、噪声、恐惧和运动等，这些都会激发鹿的应激反应，容易降低鹿体的抵抗力导致其更加容易患病，因此需要对应激因素进行合理的控制。

2.3 规范治疗原则，提高治愈率

对于鹿群常见疫病要进行及时的诊断，及时给药，避免给鹿的机体造成严重的损害。另外，还要对患病鹿进行连续的治疗，让药物可以充分发挥作用，避免影响到药效的发挥。在对药物进行选择的过程中，一定要对症下药，将全身治疗与局部治疗相结合，中医治疗和西医治疗相结合，进一步的提高治愈率。在对患病鹿进行具体治疗的过程中，一定要根据患病类型和鹿的身体情况来选择合适的给药方式，主要有消化道给药、皮下和皮内注射、静脉注射、肌内注射和腹腔内注射几种方式。

2.4 强化疫苗接种，增强免疫能力

疫苗接种主要有预防接和紧急接种两种类型，对于鹿群常见疫病要进行提前的预防接种，通过这样的方式来对养殖场中的鹿群疫病免疫能力进行提升，避免受到健康鹿受到疫病的威胁。对于一些已经感染疾病的鹿群，可以与健康鹿进行隔离，然后对其进行疫苗的紧急接种，通过这样的方式对其进行治疗，进一步的提升治疗的效果。对于患病死亡的鹿要进行及时的无公害掩埋，避免出现疫病的传染现象。在疫苗接种的时候要严格地按照相关的操作规程来进行，做好消毒和处理，对疫苗接种注射器和鹿的接种部位进行严格的消毒，避免出现交叉感染的现象。

2.5 重视应急处置，避免疫情扩大

在养殖的过程中，一旦出现重大传染病一定要做好及时的应急处置，要对患病

的动物进行及时的诊断和隔离，避免给整个鹿群造成疫病传播，增大疫病控制难度。对于区域性的传染病，要及时做好区域的隔离和处理，避免给其他安全和区域造成威胁。对于患病鹿体要配合进行紧急疫苗接种，死亡的鹿体要及时进行无公害化的掩埋处理，并且要对其使用过的物品和环境进行彻底消杀，避免给健康鹿群造成疫病传染。

3 结语

总之，我国的鹿养殖业正在不断地发展，养殖的效益也有了一定的提升，需要对其主要的疫病进行关注，通过制定好相关的制度来提升养殖的质量，定期做好疫苗接种，提高鹿群免疫力，进一步降低鹿群疫病发生率。

参考文献（略）

梅花鹿常见传染病的诊断与防治

王晓旭

（中国农业科学院特产研究所，吉林长春 130112）

摘　要： 近年来，我国梅花鹿饲养已经初步实现了工业化和集约化发展，但对于梅花鹿常见疾病的防治仍存在一些问题，致使梅花鹿养殖效益难以提升，不利于我国养殖业的发展。本文通过对梅花鹿常见传染病病原学、流行病学、诊断技术和防治等方面进行概述，希望对提高梅花鹿养殖效益有所帮助。

关键词： 梅花鹿；传染病；诊断；防治

我国养鹿业以生产鹿茸为主要目的，主要驯养的茸鹿种类有梅花鹿、马鹿、水鹿、驯鹿、白唇鹿等，我国也是世界上驯养梅花鹿最多的国家。养鹿业历来是一项高效益产业。在野生状态下，鹿很少发生疾病，多因殴斗造成外伤居多，然而随着规模化养殖数量的增加，鹿的疾病也逐渐变得多起来，近年来大概有 20 多种传染病在临床上常发，其给养鹿业造成严重损失，尤其是新增养殖户。本文主要从发病率高、死亡率高、引发重大经济损失的疾病进行阐述，包括布鲁氏菌病、结核分枝杆菌病、肠毒血症、坏死杆菌病、小反刍兽疫、恶性卡他热、黏膜病、口蹄疫等。

1　布鲁氏菌病

布鲁氏菌病（Brucellosis），简称布病，是由布鲁氏菌（Brucella）引起的一种人兽共患传染病，以发热和流产为主要特征，流行于 170 多个国家和地区，对畜牧业发展和人畜健康构成较大威胁，我国将其列为二类动物疫病。

1.1　病原学

布鲁氏菌是革兰氏阴性兼性厌氧菌，属兼性胞内病原体。根据其生化特性、抗原成分、宿主特异性和对宿主致病性将布鲁氏菌分为 10 个种，包括羊种布鲁氏菌、绵羊种布鲁氏菌、牛种布鲁氏菌、猪种布鲁氏菌、犬种布鲁氏菌、沙林鼠种布鲁氏

【作者简介】王晓旭，男，博士，副研究员，特种经济动物疫病学研究，E-mail：wangxiaoxussdd@126.com。

菌、田鼠种布鲁氏菌、鲸种布鲁氏菌、鳍种布鲁氏菌以及从人类乳腺中分离到的人布鲁氏菌。羊种、绵羊种、牛种、猪种、犬种和鼠种布鲁氏菌为经典种，共有20个生物型，即羊种布鲁氏菌（3个生物型），绵羊种布鲁氏菌，牛种布鲁氏菌（9个生物型），猪种布鲁氏菌（5个生物型），犬种布鲁氏菌、沙林鼠种布鲁氏菌各1个生物型。经典种中羊种布鲁氏菌对人类的感染性最强。布鲁氏菌对外界环境抵抗力较强，但对热和一般化学消毒药比较敏感。

1.2　流行病学

布鲁氏菌病首次报道于1940年。国内外对布鲁氏菌病都有流行报道。近年来，随着养鹿业的发展，鹿的频繁调运，布鲁氏菌病的阳性率逐年增高。闫喜军调查结果表明，2004—2005年我国梅花鹿、马鹿群中普遍存在鹿布鲁氏菌病，母鹿阳性率明显高于公鹿，梅花鹿阳性率分别为10.06%（母鹿）、4.77%（公鹿）；马鹿阳性率分别为11.5%（母鹿）、4.9%（公鹿）。杜锐等调查结果表明应用间接酶联免疫吸附试验（ELISA）对采自国内某地区鹿场的300份血清进行检测，结果表明，鹿群的布鲁氏菌血清抗体阳性率为14.0%，证明鹿群中仍然存在着布鲁氏菌病。李玉梅等报道了北方地区梅花鹿布鲁氏菌病的调查结果，黑龙江省鹿群感染阳性率达到26.39%，吉林省的梅花鹿群抗体阳性率为8.87%，其中某鹿场的梅花鹿布鲁氏菌病抗体阳性率高达30.56%，内蒙古的梅花鹿群抗体阳性率为20.00%。吴雨航等利用敏感性高，稳定性较强的ELISA方法对吉林省部分地区采集的254份样品进行检测，阳性检出率为10.2%。

患病动物或带菌动物是本病的主要传染源。消化道是主要传染途径，其次是生殖道。鹿场内患布鲁氏菌病的病鹿是主要传染源，当其他家畜发生本病时，若鹿与之频繁接触，也会引起传染。病鹿或其他病兽流产时的排泄物和分泌物污染饲料，或通过交配，或利用患有本病的病鹿或病兽的乳汁人工哺育仔鹿都能发生感染。鹿感染布鲁氏菌后有一个菌血症阶段，很快定位于其所适应的组织或脏器中，并不定期地随乳汁、精液、脓汁，特别是从母鹿流产胎儿、胎衣、羊水、子宫和阴道分泌物排出体外。因此，由于人们对此病缺乏足够的认识，在未消毒及采取防护措施的条件下进行助产、治疗病鹿，最易被布鲁氏菌感染，而被布鲁氏菌污染的物品则是扩大本病扩散的主要媒介。全身性感染和处于菌血症期的病鹿，其肉、内脏、毛和皮含大量病原体，导致加工人员受到感染。

1.3　临床症状

鹿发生本病时多呈慢性经过，早期无明显症状，日久可见食欲减退，体质瘦弱，皮下淋巴肿大，生长发育很慢，被毛蓬松无光泽、精神迟钝。鹿布鲁氏菌病特征性临床表现是母鹿发生流产，流产前食欲减退、饮欲增强，从阴道流出灰黄色分泌物，产出多为死胎。流产旺期为3—6月，即妊娠后期，流产率达60%。子宫内膜炎是母鹿布鲁氏菌病常见症状，由于胎儿在子宫内腐烂，子宫内膜发炎，表现体温升高到42℃，食欲减退或废绝。从阴道内不断排出恶臭脓汁样分泌物，母鹿逐渐消瘦，大部转归死亡公鹿发生附睾炎和睾丸炎，常发生一侧或两侧睾丸肿，睾丸肿大可达正常睾丸的10倍。病鹿不能跑动，两后肢叉开站立，走路姿势不正常。局部皮肤紧张，睾丸和附睾化脓。睾丸炎约占血清阳性鹿的2%左右。同时，睾丸炎病鹿生畸形茸。鹿感染该病常发生关节炎。关节肿大病例约占鹿群的3%。多数发生在膝关节滑液囊，一侧或两侧。鹿表现跛行，起卧困难并发出呻吟。个别肿大关节破溃，病鹿常用舌舔肿大破溃关节，大部分因关节增生而变形。多数病鹿生畸形茸，并与肿大关节对称。个别病鹿后枕部形成半球形脓肿，临床检查无外伤，春季多发，个别破溃，切开流出1 000~1 500mL黄白色脓汁。生茸期茸基部化脓感染，导致鹿茸减产。

1.4　病理变化

（1）流产胎衣有明显病变，表现为绒毛膜下组织胶样浸润，充血和出血，并有纤维素絮状物和脓样渗出物。外膜常有灰黄色或黄绿色絮状物渗出。间或胎衣增厚，并有出血点。

（2）胎儿真胃中有微黄色或白色黏液和絮状物，胃肠和膀胱黏膜和浆膜上，则可能有出血斑点。浆膜上常有絮状纤维蛋白凝块，有淡红色腹腔积液或胸腔积液。皮下和肌间可能呈出血性液浸润。此外，淋巴结、脾、肝等呈不同程度的肿胀，其中有时散布炎性坏死灶。

（3）子宫绒毛膜充血肿大，上面覆盖黄绿色渗出物，黏膜增厚如皮革样。

（4）乳腺发生实质变性或坏死，间质增生和上皮样细胞浸润。

（5）公鹿生殖器官。精囊中可能有出血和坏死灶，睾丸与附睾常见有坏死灶，鞘膜腔充满浆液性脓性渗出液，慢性者睾丸及附睾结缔组织增生，肥厚、肿大、粘连。

1.5　诊断

布病的诊断方法主要有以下几方面。

（1）流行病学调查。疫区或从疫区调入家畜，人有与动物接触史。

（2）临床症状。流产、死胎、关节炎、睾丸炎等。

（3）实验室诊断。①细菌的分离培养鉴定。需要在高等级生物安全实验室进行。②血清学诊断是最常用的方法。目前主要依靠血清学方法和细菌的常规分离培养鉴定，其他方法可用于辅助诊断。

1.6　防治

1.6.1　预防

（1）加强饲养管理。根据不同生理阶段的营养需要，合理供应饲料，搞好环境卫生，增强鹿群抵抗力。

（2）定期检疫。对阳性鹿应隔离饲养。由病鹿群所产仔鹿，生下后应立即与母鹿隔离，进行人哺乳，培育健康鹿群。

（3）自繁自养，严格检疫。未感染鹿群在引进种鹿或补充鹿群时，引进鹿应隔离饲养30d以上，同时进行布鲁氏菌病的检测，全群2次检测阴性者，方可与原有鹿群接触。

（4）做好免疫预防。检疫阴性鹿进行定期免疫接种，可皮下接种冻干布鲁氏菌羊5号疫苗，使用方法按说明书。接种过疫苗的鹿，不再进行检疫。

（5）对发病鹿群的处理。如鹿群头数不多，以全群淘汰为好；如鹿群很大，可通过检疫淘汰病鹿。

（6）消毒、杀虫和灭鼠。除每年按兽医卫生要求进行消毒外，当鹿群检出布鲁氏菌阳性鹿后，对阳性鹿污染的圈舍、饲具应进行一次严格彻底消毒，并坚持常规定期消毒。

（7）做好个人防护。如戴好手套、口罩，工作服经常消毒等。对接触鹿的饲养员、技术员和兽医，要定期进行布鲁氏菌病检疫，早发现，早治疗。

1.6.2　治疗

对一般病鹿原则上应一律淘汰，对价值较昂贵的种鹿可在隔离条件下进行治疗。对流产伴有子宫内膜炎的母鹿，可用0.1%高锰酸钾溶液冲洗阴道和子宫，每天早晚各1次，严重病例可用抗生素（四环素与链霉素）或磺胺类药物治疗。

2　结核分枝杆菌病

鹿结核病主要是由牛结核分枝杆菌引起的鹿的慢性、消耗性的人兽共患传染病。该病的特点是在组织器官形成肉芽肿和干酪样钙化结节。病原主要侵害肺，也可以侵害肠、肝、脾、肾和生殖器官，甚至引起全身性病变。目前鹿结核病的传播主要有以下几种：牛—鹿的间接性口腔传播；欧洲常见牛—鹿—野猪的宿主系统；新西兰的鼠—鹿传播系统；同一种群个体之间的亲缘传播。因此，鹿结核的流行对动物结核病的控制具有重要的生态学意义。

2.1　病原学

具有致病性的分枝杆菌是分枝杆菌科（Mycobacteriaceae）、分枝杆菌属（*Mycobacterium*）成员，主要有人型分枝杆菌（*M. tuberculosis*）、牛型分枝杆菌（*M. bovis*）、禽型分枝杆菌（*M. avium*），其中大部分可以成为野生动物的病原菌。

本菌为革兰氏阳性菌，无鞭毛，不形成芽孢和荚膜，也不具有运动性。菌体长0.2~0.5μm，宽1.5~4.0μm，菌体平直或稍弯曲，两端钝圆，涂片后，成对或成丛排列，菌团由3~20个菌体组成，似绳索状，有少部分单独存在。在纯培养物中，菌体呈多形性，或细长，或球杆状，也有呈颗粒状或半球状，偶尔表现分枝。人型较纤细、弯曲；牛型较粗短，着色不均；禽型最小，具多形性。分枝杆菌胞壁中因含有分枝杆菌酸和蜡质而具有抗酸性，因此一般染色法较难着色，常用如萋-尼氏抗酸染色法，结核杆菌染成红色，其他非抗酸菌和细胞杂质等呈蓝色。

结核杆菌广泛存在于自然环境中，由于富含大量类脂，所以该菌抵抗力强，尤其耐干燥、低温。在土壤中可存活 6~7 个月，水中能存活 5 个月，草地上能存活 1.5 个月。但对热敏感，60℃、30min 死亡，煮沸立即死亡。对紫外线敏感，70%酒精、10%漂白粉数分钟可杀死该菌。无机酸、有机酸、碱性物和季铵盐等对结核杆菌消毒常无效。本菌对磺胺类、青霉素等不敏感。

2.2 流行病学

我国是鹿养殖量较多的国家，鹿结核病发生频率也较高，黑龙江、新疆、吉林、青海等养鹿大省（区）均有相关的报道。鹿结核病在吉林省流行的时间较长，2006年李玉梅等对长春地区进行梅花鹿结核病调查发现，其鹿结核病阳性率为 10.1%；新疆某规模化（600 余头）马鹿场，2007 年成年鹿和仔鹿的发病率分别为 7.33% 和 13.33%，在 2008 年初其病死率分别为 25% 和 30%。2015 年付志金等对此地区的调查结果显示，阳性率为 19.04%；提示长春地区的梅花鹿结核病感染呈上升趋势。

2.3 临床症状

鹿临床最常见的症状是体表淋巴结肿大和化脓。常于下颌、颈部和胸前淋巴结，尤其是早春 3—5 月多见。个别病例淋巴结肿胀化脓、破溃，有黄白色干酪样脓汁流出，伤口经久不愈。当侵害肺和内脏其他器官及淋巴结时，病鹿表现渐进性消瘦，食欲尚好，后来逐渐降低。病鹿表现弓背、咳嗽，初期干咳，后湿咳。病情严重者表现呼吸困难，人工驱赶时，即呛咳，张口喘气。肺部听诊有湿性啰音和胸壁摩擦音。被毛无光泽，换毛迟缓，贫血，发育落后。母鹿空怀或产弱仔，公鹿生茸量减少，甚至不生茸。病程一般较长，可长达数月至数年，终因极度消瘦、衰弱而死亡。在发生乳腺结核时，可见一侧或两侧乳腺肿大，触诊有坚实感，严重化脓、破溃。

2.4 病理变化

鹿结核病剖检主要变化在淋巴结，表现肿胀和化脓。最多见于腹腔肠系膜淋巴结、肺纵隔和体表淋巴结。剖开后在肠系膜上见有鸡蛋大、拳头大、头大的化脓淋巴结，切开后有大量干酪样黄白色脓汁流出，脓汁无臭味，可区别于其他细菌引起的化脓。鹿肺部结核也常见，肺常散布有指头乃至卵大的结核结节，渗出性结节与周围健康组织分界模糊，周围呈红褐色区环，并有很多细小结节存在。增生性钙化结节是本病特征性变化，周围有多量灰白色结缔组织形成的包膜，用手触之有坚实感，用刀切开时有干酪产生，坏死灶中心有磨砂声（钙化现象），这区别于其他任何病变。有时整个肺布满小结核病灶，肺失去正常组织状态，即所谓的粟粒性结核。个别病例，在胸腔和腹腔浆膜上，似葡萄状，如豆粒大和指头，灰黄色，透明和半透明类似"珍珠样"的结核结节，即所谓珍珠结核。

2.5 诊断

细菌学检查法，如涂片镜检、细菌培养等。由于结核菌培养时间长，一般需要8周时间，有10%~20%的病例结核菌培养失败，而且细菌培养检出率低、敏感性差，已经不能满足于现代临床诊断的需要。目前，我国结核病诊断国家标准采用综合诊断办法，包括临床检查、病理变化、细菌分离培养和提纯结核菌素皮内变态反应。

2.6 防治

（1）对鹿群进行反复多次检疫。可采用变态反应和酶联免疫吸附试验法联合对鹿群进行检疫。淘汰开放性结核病鹿和利用价值不大的病鹿。

（2）分群隔离饲养。在普检的基础上进行分群。可分为阴性健康群、阳性反应病鹿群和健康仔鹿群，并一定严格执行隔离制度。

（3）免疫接种。实践证明，卡介苗（BCG）是预防鹿结核病有效制剂。可对健康群和新生仔鹿实行卡介苗接种。这样可用免疫健康群逐步代替结核病鹿群，使鹿场健康化。

（4）抗生素治疗。病鹿因治疗时间长，用药量大，一般不给予治疗。但也有人使用异烟肼和链霉素进行治疗取得一定效果，但不能从鹿群中根除本病。

3 魏氏梭菌病

魏氏梭菌病又称肠毒血症，是由魏氏梭菌的毒素引起的急性毒血症，主要以胃肠出血，尤其以小肠出血为主要特征。常呈散发流行，给养殖户带来严重的经济损失。

3.1 病原学

产气荚膜梭菌（*Clostridium perfringens*）是梭菌科（Clostridiaceae）、梭菌属（*Clostridium*）成员，又称魏氏梭菌（*C. welchii*）。革兰氏阳性，直或稍弯的粗大杆菌，菌体两端钝圆，单在或成双排列，短链较少，无鞭毛，不能运动。在动物机体里或含血液的培养基中可形成荚膜，无芽孢。本菌可产生多种外毒素及酶类。根据魏氏梭菌所合成分泌的主要毒素，可以将其分为A、B、C、D、E型，根据该菌形成荚膜，分A、B、C、D、E、F 6个型，引起梅花鹿发病的主要是D型，产生α、ε毒素。本菌分布较广泛，存在于粪便、土壤和污水中。其菌体抵抗力较弱，但芽孢有坚强的抵抗力，95℃条件下2.5h方可杀死。魏氏梭菌对营养、厌氧要求不高。生长适宜温度较宽，为37~47℃，多数学者认为43~47℃最适宜该菌生长，繁殖速度极快，在适宜条件下新增一代时间仅8min。

3.2 流行病学

本菌芽孢存在于土壤或污水中。鹿采食了被该菌芽孢污染的饲草和饮水而发生该病。正常情况下随饲料进入鹿消化道的魏氏梭菌数量很少，繁殖缓慢、产生少量毒素，不断被机体排除而不表现致病。当饲料突然改变，鹿采食大量青草（含蛋白量高、污染该菌芽孢数量多的青草），瘤胃正常分解纤维菌群不适应，食物在胃内过度发酵分解产酸，使瘤胃pH值下降到4.0以下，这样大量未消化好的饲料进入肠道，导致肠道内魏氏梭菌产生毒素，机体不能及时排除，吸收入血，引起中毒死亡。

因此，该病发生具有明显季节性和条件性。鹿场发生本病多为6—10月，尤其饲料突然变更，即由于饲料转变为青饲料时，最易引发该病。特别是饲喂被魏氏梭菌芽孢污染比较严重的低洼地水草时更为危险。发病呈散发流行，同群膘肥体壮、食量大的鹿先发，而瘦弱鹿则少发或不发。

王圆圆调查报道，河北省承德市某养殖场，因魏氏梭菌引起梅花鹿发病21只，发病率为47.7%（21/44）；死亡10只，死亡率为22.7%（10/44）。鲍嘉铭等对宁夏中卫某鹿场死亡的23头鹿进行现场检查和实验室诊断发现，均是魏氏梭菌导致死亡，死亡率达14.8%。王惠珍等调查发现，中宁县红梧山幸福村某养鹿户饲养鹿120只，死亡23只，死亡率达19.1%，经现场和实验室检测确诊由魏氏梭菌引起。江赵兴报道，海门某一养鹿户，由于更换饲料导致11头鹿死亡，最终确定由魏氏梭菌引起死亡。

3.3 临床症状

本病特点是突然发病死亡。很少见到明显症状，一般于发病10h内死亡。个别病程延迟到2~3天。病程稍长者可见病鹿精神沉郁，离群独卧一隅，鼻镜干燥，反刍停止。腹围增大，口流涎，体温升高到40~41℃，呼吸困难。粪便带血，呈酱红色，含大量黏液，有腥臭味。肛门及后肢常被血液污染。病鹿有明显疝痛症状，常作四肢叉开、腹部向下用力的姿势，个别鹿回头望腹，死前运动失调后肢麻痹，口吐白沫，昏迷倒地死亡。

3.4 病理变化

因该病死亡的病鹿营养状态良好，尸僵完全。鼻孔和口角有少量泡沫。可视黏膜呈蓝紫色，腹围明显增大。个别病例皮下见有胶样浸润。该病的主要病理变化在胃肠道。腹腔剖开后，有多量红黄色腹水流出。大网膜、肠系膜、胃肠浆膜明显充血和出血，呈黑红色。瘤胃充满未消化好的食物，重瓣胃和蜂巢胃轻微出血。真胃变化明显，胃底和幽门部黏膜脱落，呈紫红色，有大面积出血斑，个别严重者呈坏死状态, 整个黏膜和肌层剥脱。小肠变化最为显著, 外观呈"灌血肠"样, 剖开有大量红紫色"酱油样"黏液流出, 黏膜和肌层剥脱。肾稍大, 变软和灰白色坏死处。肝肿大, 个别见有出血和灰白色坏死。

3.5 诊断

（1）临床综合诊断。根据流行病学材料、临床症状、剖检变化可以怀疑本病, 需要经过实验室细菌学检验才能确诊。

（2）病原学诊断。涂片镜检。取病死动物的空肠、回肠、盲肠、肠黏膜以及心血、肝脏病变组织病料涂片, 用革兰氏法染色后镜检, 如见有革兰氏阳性粗大杆菌, 菌端钝圆, 有荚膜, 中心或偏端形成芽孢。也可直接涂片瑞氏染色, 多量两端钝圆的粗大杆菌, 有荚膜, 部分菌体中央或近端有芽孢, 芽孢小于菌体横径, 根据染色特征再结合临床症状即可做出初步诊断。

（3）分子生物学诊断。现已经建立起了多种 PCR 方法, 与细菌学检测对魏氏梭菌的认定结果是完全一致的。

3.6 防治

3.6.1 预防

（1）加强饲养管理, 保持鹿舍干燥, 防止饲草和饮水被污染。严禁将饲草投放在地面上, 尤其多雨的夏季。要将饲草切碎放饲槽内饲喂。

（2）不得从低洼地割水草喂鹿, 因低洼地水草常被魏氏梭菌芽孢污染。饲草不宜含水分太多, 最好喂前稍晾晒后再喂。在夏季多雨季节, 因一次饲喂蛋白质含量高的饲草过量易导致本病发生, 所以要控制好饲喂的量。

（3）预防接种。在该病常发的鹿场, 可于早春接种疫苗。

（4）发病后对病鹿进行隔离治疗, 对圈舍及周围地区撒布生石灰进行消毒, 饲喂工具用消毒液浸泡消毒, 防止该病蔓延。

3.6.2 治疗

通常该病死亡急, 来不及治疗。对病情较长的鹿和受威胁的鹿群可采取消炎抑菌和对症疗法。可大剂量注射青霉素和磺胺。有报道, 投磺胺甲基异噁唑片收到良好效果, 首次量为每千克体重 0.1g, 维持量为每千克体重 0.07g, 每 12h 投 1 次。连用 7d 效果良好, 并采用强心、解毒和补液治疗, 也可用白头翁散搅拌入饲料中全群饲喂。

4 坏死杆菌病

鹿坏死杆菌病是由坏死梭杆菌引起的一种慢性顽固性传染病, 是鹿最容易感染的一种传染病，多由皮肤外伤感染引起，主要侵害鹿蹄部，其次是口腔黏膜；如果感染发生于子宫和阴道时，易造成怀孕母鹿流产或死亡。若治疗不及时，常造成巨大经济损失，严重危害我国养鹿业健康稳定发展，必须做好防治工作。

4.1　病原学

坏死杆菌（*Bacillus necrophorus*）是引起该病的病原体，本菌为多型性革兰氏阴性菌。小者呈球杆菌，大者呈长丝状。该菌主要分成三种类型，即 A 型、B 型和 AB 型，大部分菌体呈长丝状，没有鞭毛，无法运动，不能够形成芽孢。该菌是一种严格厌氧菌，在自然界和动物肠道内广泛存在，尤其是饲养场内非常常见，该菌存在于健康动物的扁桃体和消化道黏膜上，通过唾液和粪便排出体外，污染周围环境。该菌的抵抗力较弱，在 100℃ 高温下处理 1min 左右就会被杀死，使用 6% 来苏尔、2.5% 福尔马林处理 10~15min 也可被杀死。该菌能够分泌产生两种毒素，即外毒素和内毒素。

4.2　流行病学

本菌广泛存在于自然界，在土壤中能生存 30d，粪便中 50d，尿液中 15d。主要通过各种创伤如皮肤、黏膜、消化道和锯茸时创伤，助产产道伤口，特别是脐部的感染。鹿不分年龄，性别均可感染发病，夏秋多发，呈散发，有时也呈地方流行。传染主要由病鹿引起，皮肤损伤是主要感染途径。另外，地面潮湿、泥泞、凸凹不平，有坚硬和凸起的砖石易造成蹄部和四肢外伤给坏死杆菌的侵入创造了机会。金海林等研究报道，长春市双阳区鹿乡镇养殖户养鹿 50 头，发病 4 头，发病率达 8%。金永成等用药浴疗法配合全身疗法治疗此病 32 例，均取得较好的疗效。冯爱国等报道，临沂市某鹿场自 2009 年 1 月至 2009 年 12 月以来坏死杆菌病一直呈慢性流行，到 2010 年 3 月 124 头大小鹿有 36 头发病（发病率为 29.03%，死亡 7 头，死亡率 19.4%），造成较大的经济损失。朱勇等调查报道，新疆建设兵团某鹿场，6 年中共发病 23 头，发病率达 23%（23/100）。张艳秋等报道，吉林省东丰县某梅花鹿养殖场，新生仔鹿 325 头因圈舍地面粗糙不平，造成仔鹿蹄部、膝关节磨损，继而引发坏死杆菌感染 64 头，最终死亡 12 头。

4.3　临床症状

主要发生在四肢，特别是蹄部，严重时可发展到角基部。大部分在皮肤多处出现坏死，严重的皮下组织发生坏死溃烂，流恶臭的灰黄色或灰棕色的脓汁，特别是公鹿在四肢及蹄部发生病变而跛行的较多，如果坏死侵害到关节和韧带及骨组织，则蹄壳脱落，跛行，蹄部发生变形，称之为"大脚鹿"。有的公鹿茸角皮肤被感染出现坏死；有的病鹿出现严重的口炎症状，在唇、齿龈、颚部黏膜发生溃疡；有的呼出的气恶臭，排带泡沫的稀便，尿中带脓，体温升高到 40℃ 以上。如不及时治疗，最后体质衰弱，卧地不起而死亡；部分哺乳仔鹿也发生感染，主要表现为肛门周围半透明疱疹样炎症，破溃向深部溃烂，7~10d 内死亡。

4.4 病理变化

坏死杆菌病的病理变化随鹿的种类和年龄不同而有不同的特点。死于坏死杆菌病的鹿尸体大多数高度消瘦，但也有例外，见到肥度良好的尸体。其特征是在组织器官内有坏死病灶，几乎在所有病例的肝脏内均见坏死病灶。这种坏死病灶大小不同、数量不等，其大小由胡桃大到整个肝脏大，其数量由一个到几十个不等。常在前三个胃的黏膜上经常见到不同大小的坏死病灶。有的病例坏死病灶见于胸腹腔内，引起化脓性胸膜炎和腹膜炎并发生化脓灶周围的浆膜器官的粘连性炎症。在肺内常见到大小不等的坏死灶，有的发生化脓性纤维素性肺炎，一侧肺叶，甚至大部肺烂掉，并有特殊恶臭味。脾很少见到坏死灶，口腔内的病变也比较少见。外部病变为患肢皮下血管充盈，似绳索样，压之硬实，重者后肢由系部至跟腱上方，前肢由系部至腕关节上方蓄脓，切之有污秽恶臭的脓汁流出；轻者仅蹄冠和球节皮肤溃烂，皮下组织呈胶样湿润。

4.5 诊断

根据临床特点及剖检变化，蹄部肿胀发生坏死，破溃后流出恶臭脓汁，并转移到肝脏和肺脏发生坏死，呈肺坏疽而死亡的特点，即可初步确诊。采用鹿的肺脏坏死灶与健康组织交界处用消毒刀片刮取材料做涂片，以石炭酸复红染色和复红亚甲蓝染色，均可见着色不匀、呈串珠状长丝型菌体或细长的杆菌。

4.6 防治

4.6.1 预防

首先对发病鹿严格隔离，切断传染途径，保护健康易感鹿群；鹿舍全部用纱网封闭，舍内用药物彻底杀灭蚊、蝇；粪便及时清理和进行发酵处理，必要时对其表面进行消毒杀虫处理；病死的鹿焚烧或深埋处理，决不可留作他用；保持环境、舍内、用具的清洁卫生，用3%过氧乙酸进行室内带鹿消毒，每天1次；环境用3%热火碱水喷洒消毒，每天1次，2周后改为2~3d 进行1次。清除鹿舍内所有锋利物品，如墙壁棱角、钉子、钢丝头、木屑尖刺等，防止皮肤损伤而感染。平整地面，注意舍内通风换气，保持空气新鲜；保持干燥，避免潮湿。

4.6.2 治疗

病情较重的病鹿通过药敏试验，选用敏感的抗生素进行肌内注射，每天2次，直到痊愈为止。病变部位彻底清除坏死组织，用0.1%高锰酸钾溶液彻底清洗，用液体鱼肝油100mL、抗生素粉5g、药用炭15g混合填塞创腔，每3d换药1次，直到痊愈为止。患口腔炎的鹿用0.1%的高锰酸钾溶液彻底清洗患处，再涂液体鱼肝油、环丙沙星、药用炭混合药液，每天1次，连用3~5d。

5 小反刍兽疫

小反刍兽疫（Peste des petits ruminants，PPR）是由小反刍兽疫病毒所引起小反刍兽的一种急性高度接触性传染病，曾被称为小反刍兽假牛瘟、小反刍兽瘟疫、山羊瘟病、绵羊和山羊瘟疫、胃肠炎–肺炎综合征、肺炎–肠炎综合征等。该病于1942年在非洲西部的象牙海岸首次暴发后，被命名为小反刍兽疫。世界动物卫生组织（OIE）动物卫生法典将其列为必须报告的动物疫病，在我国列为一类动物疫病。该病临床上与牛瘟极其相似，以眼和鼻腔有浆性分泌物、溃疡和坏死性口腔炎、肺炎及腹泻为特征。

5.1 病原学

小反刍兽疫病毒（PPRV）是副黏病毒科（Paramyxoviridae）、麻疹病毒属（Morbolivirus）成员。PPRV病毒粒子呈多形性，多为圆形或椭圆形，直径为130~390nm，该病毒外被8.5~14.5nm厚的囊膜，囊膜上有8~15nm的纤突，纤突只含血凝素而无神经氨酸酶，但同时具有神经氨酸酶和血凝素活性。核衣壳总长约1 000nm，呈螺旋对称，直径约18nm，螺距5~6nm，并且核衣壳缠绕成团。目前，只发现PPRV存在一个血清型，但存在不同的基因群。根据PPRV F和N蛋白基因差异，可将PPRV不同地域流行毒株分成4个基因群，其中3个来自非洲，1个来自亚洲，其中来自非洲的一个基因群在亚洲也被发现。同时还发现，在亚洲流行的基因群中还存在不同的基因亚群。

5.2 流行病学

病畜急性期自分泌物、排泄物及呼气等排出病毒，成为传染源。同地区的动物，以直接接触方式或经由咳嗽而行短距离飞沫传染；不同地区因以引入感染动物而扩散。病毒主要通过直接和间接接触传染或呼吸道飞沫传染，饮水也可以导致感染。病毒发现于精液及胚胎，故可能会经人工授精或胚胎移植传染。

山羊和绵羊是PPRV的自然宿主，山羊比绵羊更易感。3~8月龄的山羊最易感，感染后发病率可达100%，严重暴发期致死率为100%。不同品种的山羊或同品种不同个体的感受性亦有差异，欧洲品系山羊较易被感染发病。绵羊也偶尔有严重病例发生。猪对本病呈亚临床感染，不传播病毒。牛以人工接种或接触感染，皆不发病，但产生抗体。鹿、野山羊、长角大羚羊、东方盘羊、瞪羚羊、骆驼均可感染发病。

在疫区，本病呈零星发生，但当易感动物增加时，可发生流行。PPR暴发时，群体中动物的感染率高达100%，死亡率可达50%以上。有过感染史的动物其新感染率和死亡率通常会比较低。怀孕母畜感染后会出现流产。

5.3 临床症状

小反刍兽疫具有发病率高、死亡率高的特点，其临床特征为发热、口炎、肺炎、肠炎。体温骤升至40~41℃，持续5~8d后体温下降；初期表现为口炎，口腔黏膜先是轻微充血及出现表面糜烂口鼻腔内流出脓性黏液分泌物，口腔坏死，常伴有支气管肺炎、后期多数病鹿表现为出血性腹泻，随之动物脱水、衰弱、消瘦、呼吸困难、体温下降，常在发病后5~10d死亡，发病率为90%，死亡率为50%~80%；严重时可达100%。

5.4 病理变化

尸体剖检病变与牛瘟相似，患病鹿可见结膜炎，坏死性口炎等肉眼病变，在鼻甲、喉、气管等处有出血斑，严重病例可蔓延到硬腭及咽喉部。皱胃常出现病变，病变部常出现有规则，有轮廓的糜烂，创面红色，出血。皱胃出血、坏死，偶尔可见瘤胃乳头坏死，肠可见糜烂或出血。大肠内、盲肠、结肠结合处出现特征性线状出血或斑马样条纹。淋巴结肿大，脾脏出现坏死灶病变。

5.5 诊断

根据梅花鹿发病而接触牛不发病、高发病率和高死亡率；临床症状主要为高热、口腔分泌物增加、腹泻、死亡、呼吸困难；病理变化主要为口腔糜烂、肺炎、肠出血、结膜炎，可以做出初步诊断，确诊要进行实验室检查。

5.6 防治

5.6.1 预防

（1）加强饲养管理，加强种羊的调运检疫，建立长期的卫生消毒制度。

（2）监测报告。必须按照"早、快、严"的原则，坚决扑杀、防止疫情扩散。

（3）做好免疫接种。发生过疫情的地区及受威胁地区，定期对风险鹿群进行免疫接种。

（4）加强产地、屠宰、运输检疫，防止该病的传入。

（5）严格控制与羊的接触，如有接触要注射疫苗。

5.6.2 治疗

该病对小反刍动物危害严重，被OIE列为法定报告的传染病，所以一旦确诊后，不进行治疗，而是立即扑杀，扑灭疫情。

6 恶性卡他热

恶性卡他热（Malignant catarrhal fever，MCF）是一种由恶性卡他热的病毒（MCFV）所致的、急性、发热性传染病。MCFV 主要是影响反刍动物，偶尔影响猪和啮齿动物。牛、水牛、美洲野牛和某些鹿类，如麋鹿、白尾鹿和梅花鹿高度易感。该病发生在许多国家，对动物园动物、养殖野牛和鹿造成很大危害。恶性卡他热病毒常被绵羊、山羊和牛羚等隐性携带，潜伏期可以很长，难以控制，因而唯一可靠的方法是把没有感染病毒的种群分离出来，严格控制与外界的接触。

6.1 病原学

恶性卡他热病毒（Malignant catarrhal fever virus，MCFV）是疱疹病毒科（Herpesvirus）的伽马疱疹病毒（*Gamma herpesvirus*）。该病毒至少可分为 10 个亚型，其中 5 个会引起疾病。绵羊疱疹病毒 2 型（OvHV-2）是全世界最主要流行病毒。狷羚疱疹病毒 1 型（AlHV-1），在羚羊等中流行。山羊疱疹病毒 2 型（CpHV-2）流行于驯养山羊中，并可能感染鹿。MCFV-WTD 是一类起源不明的病毒，常引起白尾鹿发病。此外，在无症状野生山羊体内发现的恶性卡他热病毒最近被划分为羚羊属的病原。从其他几种反刍动物也分离到几株恶性卡他热病毒，包括麝香牛、羚羊/南非羚羊（Oryx-MCFV）；野生山羊和狷羚（AlHV-2）；粟马羚（HiHV-1）等疱疹病毒。HiHV-1 与 Oryx-MCFV 非常类似并不引起疾病；从生病的巴利马赤鹿体内分离到一种与 AlHV-2 类似的病毒。

6.2 流行病学

该病的带毒宿主及传染源为绵羊。绵羊在产仔期间新生羊羔受到感染然而绵羊对该病毒并不表现任何患病症状。麋鹿、梅花鹿和黑鹿对该病最易感，马鹿有一定的抵抗力，麋鹿与梅花鹿或赤鹿杂种的易感性介于中间。该病对黇鹿似乎完全没有影响。病鹿常与绵羊有直接或间接接触史。病毒主要经呼吸道与消化道传播。尽管该病毒在自然宿主体外似乎非常脆弱，但它仍能使距离感染绵羊很远（超过1km）的鹿受到感染。该病毒可能通过唾液、黏液、灰尘或受到污染的运输工具、设备、饲料、衣物或人手进行传播。尚不清楚病毒在鹿体内潜伏期有多长，然而，似乎一些如运输、低水平饲喂、暴露于恶劣的天气环境下、顶斗、受到威胁和进入冬季时体况差等应激反应能加速该该病全年各季节都可发生，但以冬春季发病率较高。通常冬季饲养在没有防寒圈舍病的发生。环境下的鹿容易发病。该病各年龄鹿皆可感染，但以 3 岁鹿为主。Zhu 等调查主要养殖梅花鹿的 10 个地区发现，该病的发病率为 3.8%，死亡率为 93.2%，而且发病率最高的地区为吉林省。

6.3 临床症状

鹿恶性卡他热主要为肠型，少见头眼型。肠型主要表现为急性胃肠炎病，典型症状为粪便初期干燥，后期糊状、液状并混有血液，精神沉郁和食欲丧失。患病鹿通常离开鹿群，呆立一旁，两耳下垂，不愿运动。起初体温可能高于正常体温，并且呼吸和心率很少增加，病鹿病情通常在12~24h快速恶化。此时病鹿躺卧、体温下降到低于正常体温范围，随后很快死亡。病程很短，相当数量的病鹿在没有任何先兆的情况下猝死。患病鹿约有5%~10%初期病症较轻，并发展为类似牛的头眼型恶性卡他热慢性症状。最初为鼻、眼眶分泌浆液性分泌物，接着持续卡他，口黏膜潮红、干燥，不久在牙龈、舌面出现纤维素膜，脱落后出现溃疡坏死，特别是颊部，且有眼炎发生。在发热后2~3d，起始于角结膜交接处的角膜开始混浊，进而发展至中心区，个别病鹿表现失明。表面淋巴结变大，可触诊。有的出现阴唇水肿，会阴及阴部可见溃场。偶见神经症状如兴奋、肌肉震颤等。病鹿通常在患病后的3周到3个月内全部死亡。

6.4 病理变化

病理解剖可见：淋巴结肿大且变得苍白及硬实，或咽背淋巴结红肿、坏死；颊部乳凸黏膜有明显小溃疡，同样的病灶出现在食道及前胃，且常有出血性胃肠炎的变化在肾脏多发直径2~3mm的白色病灶；膀胱黏膜表面常常被覆出血性病灶；肝被膜下可见灰白色病灶；脑脊髓液常含有淋巴细胞；关节液过多。本病的病理变化主要是在各组织器官（常见于心、肝、脾、肾、肺、脑、淋巴结、生殖道和消化道等）广泛性脉管炎，从轻度出血至广泛性红斑。动脉呈现广泛纤维素性坏死性炎症反应，脑部则可见广泛性非化脓性坏死脑炎，淋巴结及肠管也有类似症状。

6.5 诊断

根据流行特点、有无接触传染、呈散发、临床症状可以做出初步诊断。最后确诊还应该通过实验室诊断。

在冬季或春季，若发现成年鹿有典型的临床症状（沉郁、高热、明显目盲、角膜混浊、眶下腺出现纤维素性渗出液及神经症状），或发现死鹿肛门周围沾血或口鼻部有结或溃疡，则怀疑鹿患恶性卡他热。一些死前没有任何症状的鹿，通过尸检，特别是对病鹿的脑、肺、肾、生殖道、消化道、血液和淋巴结组织病理学观察（出现组织器官纤维素性坏死性血管炎病理变化），可以确诊。应用PCR技术可以鉴定感染组织（包括来自活体动物血样）中恶性卡他热病毒DNA。也可以用竞争性酶联免疫分析法检测病鹿血清抗体。本病的诊断应注意与黏膜病、口蹄疫和其他具有神经症状的疾病相鉴别。

6.6 防治

目前本病尚无特效治疗方法、也无免疫预防的措施。

（1）发现病鹿应立即隔离，采取对症治疗。

（2）对患畜用 0.1% 高锰酸钾溶液冲洗口腔，2% 硼酸水溶液洗眼，然后涂抹抗生素膏，以及用药物进行对症治疗。同时加强饲养管理，进行强心和补液，强机体抵抗力，以减少死亡。

（3）由于应激容易导致该病的发生，因此，在秋冬季，加强对鹿（特别是公鹿）的饲养管理非常重要。应避免非种用公鹿秋季顶斗和体重过度下降。

7 病毒性腹泻-黏膜病

牛病毒性腹泻病毒（Bovine viral diarrhea virus，BVDV）是引起牛病毒性腹泻-黏膜病（Bovine viral diarrhea-mucosal virus，BVD-MD）的病原体。BVD-MD 除引起牛、羊、猪等感染发病外，还可以引起鹿及多种野生反刍动物感染发病。牛病毒性腹泻病毒是 1946 年在纽约州以消化道溃疡和下痢为特征的病牛中首先发现的，1957年分离得到毒株，该病呈世界性分布，广泛存在于畜牧业发达的国家。

7.1 病原学

该病毒属于单股正链 RNA 病毒，长度约为 12.5kb，其全长可因基因组片段的缺失、插入及重复而发生改变。病毒粒子直径 40~60nm，有囊膜，囊膜表面有 10~12nm 的环形亚单位。病毒粒子在蔗糖密度梯度中的密度是 1.13~1.14g/cm³，沉淀系数为 80~90S。病毒对外界环境适应性不强，对乙醚、氯仿以及低 pH 值（pH 值小于 3.0）敏感，不耐热，56℃ 可使其灭活。低温条件下比较稳定。该病毒可感染多种细胞，如牛肾细胞、牛睾丸细胞等。

7.2 流行病学

患病鹿是 BVD-MD 的主要感染源，传染方式通过直接或间接传染。病鹿其粪便、血液、鼻腔口腔分泌物等均携带病毒。病公鹿的精液中也携带有病毒，并可通过人工授精和自然交配传染母鹿。该病毒可穿过血-胎屏障垂直传播，并能在胎内感染。BVDV 可感染黄牛、奶牛、牦牛、猪、绵羊、山羊、梅花鹿等多种动物。鹿在各生长阶段都可感染，仔鹿比成年鹿的发病率高。多发生在秋末冬初或冬末春初。该病具有高度传染性，但症状和病变较轻，发病率高而死亡率低。王新平等应用双抗体夹心 ELISA 对吉林省某地区育成梅花鹿、育成马鹿及马鹿感染牛病毒性腹泻-黏膜病毒进行了调查，结果育成梅花鹿的带毒率为 34.1%（28/82）；育成马鹿的带毒率为 19.6%（18/92），马鹿带毒率为 44.4%（8/18）。杜锐等应用双抗体夹心 ELISA

检测了吉林省部分地区送检的幼鹿顽固性腹泻粪便 28 份，阳性率为 78.6%。杜锐等应用双抗体夹心酶联免疫吸附试验（ELISA）对 4 个地区幼鹿感染黏膜病病毒进行了检测，感染率为 60.0%~86.7%。李玉梅等对吉林、黑龙江、内蒙古三省区梅花鹿群进行黏膜病的流行病学调查结果显示，内蒙古抗体阳性率达 49.29%，黑龙江省的血清学阳性率达 27.41%。

7.3 临床症状

在临床上有急性和慢性之分。急性病鹿体温升高，红细胞减少，出现厌食、泻、浆液性和黏液性鼻漏及咳嗽等。腹泻是特征性症状，可持续 1~3 周或间歇几个月之久。粪便呈水样，恶臭，含有大量黏液和气泡，病鹿渐进性消瘦，体重减轻，多见于幼鹿。慢性病例不明显，逐渐发病、消瘦，持续性或间歇性腹泻，病程 2~5 个月。

7.4 病理变化

主要损害消化道和淋巴组织。特征性损害表现为食道黏膜糜烂，瘤胃偶见出血和糜烂。小肠卡他性炎症，空肠、回肠较为严重，淋巴细胞和集合淋巴滤泡出血和坏死。肠道各部分有充血和出血。

7.5 诊断

根据临床特征性腹泻和典型病理损害可作初步诊断。确切诊断需进行实验室检查。

近年来，随着我国生物技术的发展，BVD-MD 的检测技术愈发成熟，其中较为常用检测方法有病毒分离鉴定、血清学检测和分子生物学检测。

对于发热、腹泻同时出现出血症状的幼鹿或母鹿，应怀疑为 BVDV 急性感染并引起血小板减少症，此时必须进行血小板的计数以确诊。同样对于发生繁殖障碍的鹿群，如出现流产、胎儿木乃伊化或受胎率急剧下降的情况，也应该怀疑 BVDV 感染。

7.6 防治

（1）预防。目前可应用灭活疫苗进行免疫接种，对于 BVDV 的初始免疫至少需要两次才能建立。及时淘汰持续性感染鹿，可根据临床症状和实验室检查鉴定可疑持续感染鹿，对于大型鹿场的持续感染鹿的筛选方法，首先免疫接种灭活苗两次以建立初始免疫，然后对鹿群进行血清检测，血清抗体滴度很低（<1/64）或无抗体的鹿应怀疑为持续性感染鹿，进行病毒分离，若能分离出病毒则为持续感染的鹿。避免购入未检疫鹿，这样可有效降低外来 BVDV 感染的危险。

（2）治疗。目前该病无有效的治疗药物。有研究表明，鹿角盘、苦马豆、人参、沙冬青等单味中药对 BVD-MD 具有较好的体外抑制效果，也有临床用乌梅、柿蒂、山楂炭、诃子肉、黄连、姜黄、茵陈等煎制的复方治疗。

急性 BVD-MD 引起的轻微临床发病不需要特殊的治疗，给病鹿供应新鲜的饲料和饮水，并尽量减少外界应激即可。对于出现腹泻严重并厌食或食欲废绝而引起脱水的病鹿，可经口或静脉进行补液治疗。对于发热、腹泻鹿应避免应激，对抗生素进行预防性治疗，以减少条件性细菌感染（如肺炎）。但是禁止使用皮质类、固醇类药物，因为这类药物可进一步加重消化道糜烂和溃疡。

8 口蹄疫

口蹄疫（Foot and mouth disease，FMD）是由口蹄疫病毒（Foot and mouth disease virus，FMDV）引起的哺乳动物的一种急性、高度接触性传染病，主要侵害偶蹄兽，偶见于人和其他动物感染。临床上以口腔黏膜、蹄部及乳房皮肤发生水疱和溃烂为特征。本病在世界各地均有发生，由于其传播速度快、感染谱广，严重威胁着动物及其产品的国内外贸易乃至于人类的健康。该病一旦暴发，随之所采取的疾病检疫、捕杀牲畜等扑灭措施将给发病国家或地区带来重大的经济损失。近年来，FMD，尤其在亚洲和欧洲等国家和地区，其流行更是频繁。资料报道，至少有 70 余种野生动物可患该病，如黄羊、野牛、野猪、鹿、熊、南美犰狳、大鼠等。因此，FMD 一直被 OIE 列为 A 类动物疫病之首。

8.1 病原学

FMDV 属于小 RNA 病毒科口蹄疫病毒属，共包括 A、O、C、SAT1、SAT2、SAT3 和 Asia1 型等 7 个血清型以及 65 个以上的亚型。不同 A 型 FMDV 流行毒株的致病性研究表明，新流行的 A 型 Sea-97G2 毒株可感染牛和猪，并引起发病。FMDV 是由 1A（VP4）、1B（VP2）、1C（PV3）和 1D（VP1）4 种结构蛋白组装成病毒衣壳，只有 1D 能诱导动物产生中和抗体。FMDV 的 4 种结构蛋白构成了病毒的抗原位点，其中 1 个表位改变可影响该区域内相邻表位与相应单克隆抗体的反应。目前，对于 O 型、C 型和 A 型 FMDV 抗原位点的相关研究较多，对其他各型 FMDV 的抗原位点研究报道较少。

8.2 流行病学

病鹿是最危险的传染源。在症状出现前即开始排出大量病毒，发病初期排毒量最多。在恢复期排毒量逐步减少。在急性感染期可从呼吸道排出含病毒的分泌物飞沫，而且此期的所有分泌物和排泄物中均存有病毒，以水疱液、水疱皮、尿、唾液及粪便含毒量最多。饲料、草场、饮水和水源、交通运输工具、饲养管理用具均可成为传染源。空气是口蹄疫的重要传播媒介。FMDV 能随风传播到 10~60km 的地方，常发生远距离气源性传播。FMDV 可侵害多种动物，但主要为偶蹄兽。许多野生偶蹄类动物如黄羊、鹿、麝、羚羊和野猪等可感染发病，长颈鹿、扁角鹿、野牛、瘤牛等也都易感。目前，鹿在我国采取人工养殖的方式，其与牛、羊等其他家畜的接触机会越来越多，鹿感染和传播口蹄疫病毒的机会也会大大增加，导致各地养鹿场经常暴发和流行口蹄疫。本病的发生没有严格的季节性，一般冬春季较易发生大流行，夏季减缓或平息。但在大群饲养的猪舍，本病并无明显的季节性。易感动物卫生条件和营养状况也能影响流行的经过，群体的免疫状态则对流行的情况有着决定性的影响。该病的暴发流行有周期性的特点，每隔 2 年或 3~5 年流行 1 次。

8.3　临床症状

病鹿主要表现为发病突然，病鹿体温升高，仔鹿表现更为明显，体温比平时高出 1.5~2.5℃。病鹿精神萎靡，肌肉震颤，食欲下降，甚至废绝。哺乳母鹿乳汁分泌减少。病鹿在发病后几个小时便在唇内、齿龈、舌、面颊部黏膜等处出现水疱，病初水疱呈白色，大小为直径 0.2~2cm。随病情发展，水疱逐渐增大并常融合成片，此时病鹿多有长丝状黏稠的流涎。随后水疱破裂，液体流出，露出明显的红色糜烂区，有的病例唇内面及齿龈部呈紫黑色。病鹿四肢皮肤、蹄叉与蹄尖同时出现蹄疮及糜烂。这些部位先是出现小水疱，由于受重力影响，水疱逐渐破裂，露出鲜红色的创面，继而由于感染细菌而使病变部变得红肿，蹄壳边缘糜烂，呈苍白色或灰白色。严重者蹄壳脱落，不能行走或呈明显的跛行。怀孕母鹿则表现为大量流产、死胎、胎衣不下及子宫内膜炎等。有的病例由于子宫内膜炎严重，造成胎儿在母体内已经变质，流出恶臭的液体，产出的死胎发出难闻的臭味。有的患病母鹿所产仔鹿即使是活胎，由于体质衰弱和各种免疫机能不健全而在出生后不久，不表现任何症状便倒地死亡。还有的母鹿感染口蹄疫后因机体衰弱难产而死。

8.4　病理变化

病鹿除口腔黏膜和皮肤的病变外，心脏出现虎斑心样变化，肝与肾也呈同样变化；瘤胃有单个的坏死性溃疡，仔鹿发生瘤胃溃疡时常见穿孔。在网胃的蜂窝间发现细小的黄褐色或褐色痂块。类似的变化也见于肠内，肠黏膜有溃疡病灶。真胃黏膜有疤痕化的小溃疡灶。在有并发病时，尸体还可发现化脓性或化脓纤维素性肺炎与支气管肺炎、化脓性胸膜炎、心包炎及肺脓肿等。

8.5　诊断

FMD 诊断分为临床诊断和实验室诊断两个层次。临床诊断是通过比对病鹿与 FMD 典型症状间相似程度做出的初步或疑似诊断。要确诊必须进行实验室诊断。

8.6 防治

8.6.1 预防

预防对 FMD 的防控，国际上采取的措施有 6 种。

（1）对病畜、同群畜及可能感染的动物强制扑杀。

（2）对易感动物实施免疫接种。

（3）限制动物、动物产品及其他染毒物的移动。

（4）严格和强化动物卫生措施。

（5）流行病学调查与监测。

（6）进行疫情的预报预测和风险分析。

8.6.2 治疗

立即隔离病鹿，给予易消化、富于营养的饲料，以保护胃肠黏膜。可利用鲁格尔氏液静脉注射，成年鹿为 50mL，仔鹿量为 20~30mL。杨树叶酒精浸剂，对口蹄疫病毒减毒作用已被证实，因此，在国外已被广泛应用于临床治疗，鹿每天皮下注射 10% 此种混剂 15~20mL/次，可连用 3d。口腔、唇和舌面糜烂与溃疡可用 0.1% 高锰酸钾溶液冲洗消毒，再涂以碘甘油。皮肤和蹄部可用 3%~5% 克辽林或来苏尔冲洗，再涂以松馏油或抗生素软膏，最好予以包扎。

参考文献（略）

几种新生仔鹿营养性疾病的防治

段晓坤

（黑龙江省家畜遗传资源保护中心，黑龙江哈尔滨 150069）

1 仔鹿白肌病

1.1 病因

仔鹿白肌病也叫硒缺乏症。主要是因为缺硒引起的，同时也缺乏维生素 E。缺硒时血液和组织中谷胱甘肽氧化物酶活性低，过氧化物在体内大量积聚，结果引起细胞膜、线粒体膜及溶菌体膜受到损害，致使心、肝、肾、肌肉等许多组织器官代谢紊乱和器质性变性。

1.2 症状

由于硒缺乏时组织损伤程度和代谢障碍环节不同，其代谢紊乱、病理变化和临床表现是多样的。仔鹿主要表现生后 5~7d 活动减少，继而站立困难，垂头弓背，步态蹒跚，呼吸急促，心跳加快，常排有异臭的软便，体温不升高，有的因眼前房及虹膜浑浊而视力减弱，甚至失明。急性经过死亡率高，慢性经过表现运动障碍，影响生长发育。

剖检时见肌肉色淡，四肢及背部肌肉呈鱼肉样，有的肌肉结缔组织有黄色胶样浸润，肌间有灰白色坏死纤维。

1.3 治疗

肌内注射 0.1%亚硒酸钠注射液，仔鹿 2mL，3 个月后重复注射 1 次。在母鹿妊娠后期应喂给加硒饲料，使硒维持在每千克体重 0.1~0.2mg，也可饲喂青草等含维生素 E 多的饲料。

【作者简介】段晓坤（1974— ），女，高级兽医师。

2　仔鹿被咬尾和舔肛

初生仔鹿排便时，母鹿舔其肛门帮助排便，其原因尚不清楚，但这是正常行为。可是有的母鹿将仔鹿肛门舔破出血，甚至将仔鹿尾咬下吃掉，这种行为就是病态，其原因不详。一般认为与母鹿饲料内维生素和矿物质不足有关，如缺铁、钴、硫、钙、磷等。也有人认为，仔鹿粪便中含有的某种特殊味道，诱使母鹿拼命舔其肛门造成的。

2.1　症状

仔鹿肛门红肿，外翻出血，有的肛门括约肌失禁，排便困难。仔鹿尾部被咬断出血，有的母鹿还咬仔鹿耳朵。一般仔鹿精神食欲正常。

2.2　治疗

轻者涂消炎软膏，给仔鹿服磺胺、链霉素等肠道消炎药也能奏效。也可母子分开，定时哺乳，但生产中有一定困难。给仔鹿穿上"裤衩"，能有效防止继续舔咬。

但"裤衩"制作起来费事，给仔鹿穿起来也不那么容易，用三角巾代替就省事得多。三角巾就是三角形的白布或纱布，呈等腰三角形或等边三角形都行，两角间距 50~60cm。先将两长角披在臀部，在腹下打结，另外的角盖住尾部和肛门，经两后腿间结在腹下。为了不兜粪，在结节前可捻转几圈使其变细。结扎后用碘酒涂抹，因白布、纱布中含有淀粉，淀粉遇碘变成蓝色，不会引起母鹿惊炸。

最简捷的办法是用刀将舔肛母鹿的舌尖表面划 2~3 道口（划破皮即可），这样，这个母鹿就再也不舔了。

2.3　预防

加强对妊娠母鹿的饲养，尤其是妊娠后期母鹿，应喂给富含蛋白质、矿物质、维生素等全价饲料。特别是秋雨多的年份，植物含矿物质相对减少，秋、冬季节鹿发生咬毛、舔肛、咬尾的较多，所以应加以注意。

3　仔鹿佝偻病

3.1　病因

佝偻病是幼畜因软骨骨化障碍，导致骨钙化不全，骨基质钙盐沉积不足的一种慢性病。主要原因是维生素缺乏。维生素 D 也叫骨化醇，一是通过饲料和母乳获得，二是通过皮肤中的维生素 D_3 原经阳光照射转化为维生素 D。故在母鹿营养不良、饲料品质低下、鹿舍阳光照射不足时均可导致维生素不足或缺乏，影响钙的吸收和骨盐的沉积而发病。本病多发生在冬春季节，且晚生仔鹿多发。

3.2 症状

病仔鹿精神沉郁，喜卧，异嗜，不爱运动和站立，站立时四肢频频交换负重，有疼痛感。运步时步样强拘，发育缓慢，消瘦，齿面易磨损、不整，间或发生咳嗽、腹泻和呼吸困难。

佝偻病的典型症状是骨骼变形，腕关节、跗关节、系关节的骨骼呈坚硬无痛性肿胀，严重时肋骨和肋软骨结合部呈念珠样肿胀，四肢骨骼弯曲、呈"O"形腿或"X"形腿。先天性佝偻病仔鹿一出生就呈现上述症状，体质衰弱，站不起来。病鹿一般体温、脉搏、呼吸无明显变化。

佝偻病多为慢性经过，初期不易被注意，若及早除去病因，加强饲养管理，适当治疗，多可治愈。重症则生长停滞，严重影响发育，多预后不良。

3.3 治疗

内服鱼肝油 10~15mL，浓缩鱼肝油 0.1~0.2mL，每天 1 次，连服 10d，发现腹泻时停药。维丁胶性钙注射液，皮下或肌内注射 1 万~2 万单位。维生素 A、维生素 D 注射液（含维生素 A 5 万 IU、维生素 D 0.5 万 IU）2~4mL，肌内注射维生素 D_3 注射液 2 万~3 万 IU，2~3d 注射 1 次，重复注射 3~4 次。同时补给磷酸氢钙，每天 2~3g，或用优质骨粉 2~3g。严重者可静脉注射葡萄糖酸钙注射液 50~100mL，如发现消化不良，可酌情使用健胃剂。

3.4 预防

主要是用全价饲料饲喂妊娠后期的母鹿和哺乳母鹿，并经常保证钙磷饲料，仔鹿分群后要经常运动，增加晒太阳机会，多喂给青绿饲料。

4 仔鹿营养不良

仔鹿营养不良，是指与同期仔鹿比，发育缓慢、体躯矮小而瘦弱、精神迟钝、被毛粗乱的仔鹿。晚期生的仔鹿容易发生。

4.1 病因

因为母鹿在妊娠后期和哺乳期营养不良，致使仔鹿弱生；母鹿本身患病，发育不良，以及近亲交配所产仔鹿先天性弱小；在产仔期不注意对哺乳仔鹿的补饲，胃肠机能得不到锻炼，离乳后饲料粗劣、不全价、不易消化等，都会使仔鹿发生营养不良。

在仔鹿患营养不良过程中，首先是消化机能紊乱，引起肌体营养物质缺乏，机体为了维持生长，不得不动用自身贮备的糖原、脂肪、蛋白质，因而体重减轻，活动能力降低，对外界不良刺激抵抗力弱，易感染传染病和中毒。

4.2　症状

仔鹿矮小，换毛不良，瘦弱，不活泼，四肢无力，反应迟钝，奔跑时落在群后并容易跌倒，黏膜苍白，皮肤弹性减弱，皮下脂肪少。有的下痢，肛门、尾毛被污染。如果单独护理，优厚饲养，可能得到恢复，否则预后不良，即使不死，以后也不会高产。

尸体解剖可见，极度消瘦，皮下无脂肪，肺萎缩并伴有膨胀不全的凹陷，肝比正常小，心肌弛缓，脾、肾重量轻，有的胃肠黏膜充血、发炎。

4.3　治疗

对营养不良仔鹿要进行综合治疗。首先要让仔鹿吃上初乳和营养丰富易于消化的饲料，在饲料中加入鱼粉、胡萝卜、豆浆、煮熟的大豆等。饲料中可加入助消化的药物，如酵母、神曲和麦芽等。

对患鹿要单圈饲养，圈舍要宽敞，阳光充足。药物治疗可肌内注射辅酶 A 2mL，三磷酸腺苷 2mL，细胞色素 C 2mL；静脉注射 10% 葡萄糖溶液 200~300mL，右旋糖苷 200~300mL。可用母血或其他鹿血 200mL 与葡萄糖 300mL，或复方氯化钠注射液 300~500mL 制成复方全血进行输血，每周 2~3 次，连输 1~2 周。输血可增强机体的免疫力，提高反应性。输血后可见食欲增强，精神活泼，体重增加，皮下注射自体血液，也能收到良好效果。只是由于输血治疗较麻烦，实践中应用的不多。

4.4　预防

注意选种选配，防止近亲交配，及时（梅花鹿应于 11 月 15 日）结束配种。加强对妊娠母鹿的饲养管理，注意对哺乳仔鹿的补饲，对断乳仔鹿给予全价饲料，防止饲料单一。

参考文献（略）

本篇文章发表于《黑龙江动物繁殖》2017 年第 25 卷第 5 期。

梅花鹿剖宫产手术介绍

吕云霞[1]，吕云秋[2]，习永南[3]

（1. 山东省龙口市龙港街道兽医站，山东龙口　265700；2. 山东省龙口市兽医站，山东龙口　265700；3. 山东省龙口市芦头兽医站，山东龙口　265700）

我国多数省份均有梅花鹿的人工饲养，养鹿业在畜牧业生产中占有一定的比例。梅花鹿是经济价值较高的驯养动物，可以提供鹿茸、鹿鞭、鹿筋、鹿胎膏等药用或滋补产品。目前，梅花鹿的养殖逐渐向规模化方向发展，随着养鹿量的增加，鹿的难产病例也不断出现，但鹿的剖宫产手术却少见报道。每年春夏季的产仔季节都有一定数量的母鹿难产，因从业人员的经验不足或技术水平有限，对梅花鹿难产后的处理不及时、方式方法不当，容易导致成年母鹿及胎儿的死亡，造成经济损失。笔者近期收治了一头难产的梅花鹿，其时体内胎儿已经死亡，通过及时施行剖宫产手术成功保全了母鹿。

现将所做的剖宫产手术介绍如下。

1　麻醉

麻醉药是鹿眠灵（有效成分为盐酸赛拉嗪），剂量每头每次 1mL。

1.1　麻醉方法

采用吹管注射法。吹管为内壁光滑的不锈钢管，内径 2cm，长 135cm。注射器为 2mm 的一次性塑料注射器，去掉注射器外套后边的突出部分，把注射器的圆形推柄削成长方形。注射针头开口用强力胶封住，在针头侧面距离针尖 8~10mm 处钻一直径 0.8~1mm 的小孔，使用前用白色有弹性的直径 5mm 的小橡皮球封住。选用弹性好、宽 1cm 的橡皮条做一个直径 2~3cm 的橡皮套，接头处拴上一匝毛线，在接头处的对面，打一个直径为 1mm 的小孔。麻醉鹿时，将麻醉药吸入注射器内，排除空气后，将注射器前端插入橡皮套的小孔，安上特制的针头，并将针头刺穿白色小橡皮球，使针头侧面的小孔被小橡皮条封住，再将带毛线的橡皮套套在注射器的长方形推柄上。当针头刺入鹿体皮下的肌肉后，橡皮球后移，针头上的小孔开放，借助橡皮筋的弹力，麻醉药就注入了鹿体内。麻醉鹿时，将装好麻醉药的注射器插入吹管内，针头在前、毛线在后，用铁丝将注射器向前推送30cm。麻醉人员在距离鹿8m以内平举起不锈钢管，对准鹿的颈部、臀部等肌肉丰满处，用力吹气，射中鹿体，约10min后鹿倒地。

1.2 保定

使鹿右侧卧，以软布垫在四肢的系部，用结实的细绳分别捆住鹿的两前肢、两后肢。在垫有柔软干草的木床上，铺上事先经过洗净、消毒的帆布，再将麻醉的鹿放在上面，并有专人负责按住鹿的头和四肢，以防意外。

2 手术前准备

2.1 器具消毒

事先做好各类器械、用品的消毒，并保证有足够的数量，如止血钳、镊子、手术刀柄、手术刀片、缝合针、缝合线（包括丝线和肠线）、剪毛剪、剪刀、特制2mL注射器、手术用乳胶手套、纱布、塑料薄膜、脱脂棉、毛巾、帆布等。

2.2 药品

准备好一定数量的生理盐水、青霉素、链霉素、碘酊、鹿眠灵、陆醒宁等。

2.3 其他用品

不锈钢吹管、软布、细绳等。

3 手术前检查

经临床检查，鹿健康状况良好，心跳、呼吸正常。据畜主讲述，羊水已破10h以上，注射过催产素，没有明显效果。按规定程序检查发现，鹿子宫颈开口小、骨盆狭窄，胎儿头大，触摸时已无任何反应，初步判断胎儿可能已死亡。检查后判定母鹿很难正常产出胎儿，遂决定剖宫产将其取出，尽早使母鹿恢复健康。

4 手术

4.1 切开腹壁

在腹中线左侧3cm，乳房前缘向前2cm，平行于腹中线向前切开28cm，依次切开皮肤、腹部浅筋膜、腹斜肌、腹横肌、腹横筋膜、腹膜，随时用止血钳、纱布、脱脂棉及时止血，同时避免肠管等从切开部位脱出。

4.2 切开子宫

手术者轻提子宫，避开大血管，适当矫正胎位。确定切开后，将一块消毒好的中心做有切口（此切口比子宫切口略长）的塑料薄膜，缝在子宫壁预定切线的周围，借以隔离子宫与腹腔，防止切开子宫后胎水流入腹腔。切开子宫后，在止血钳和手指的引导下，扩大切口直至胎儿头部能够拉出，术者将手深入子宫内摸到胎儿的头部或两后腿，即可顺势拉出，拉出动作一定要慢。

4.3 缝合子宫。

拉出胎儿后（确定胎儿已死亡），及时用含青霉素的生理盐水清洗子宫切口，子宫壁内层用肠线作连续缝合，子宫壁外层用肠线作内翻缝合。缝合好子宫后，将子宫送入腹腔，向腹腔注入用生理盐水稀释的青霉素 480 万 U、链霉素 3g。

4.4 缝合腹壁

清理腹壁切口后，用肠线连续缝合腹膜。缝合后，涂撒青霉素 320 万 U、链霉素 2g，用 13 号线连续缝合皮肤，缝好后，涂洒碘酊。

5 收尾工作

将鹿体适当清理，抬到已备好水、草、料的清洁空圈内，去掉绑绳，注射陆醒宁 2mL。鹿苏醒后，由专人看护，经过 1 周时间，恢复健康。手术结束后，及时将死亡的胎儿、污染的垫草、手术过程中产生的污水和污物，运到指定地点进行无害化处理。手术后第 10 天，拆去皮肤的缝合线。

6 总结

6.1 鹿剖宫产术保定是关键

保定稳妥，易于手术，成功率高，人和鹿也安全。首先需选用安全的麻醉药和苏醒药，并且用药量恰当。其次绳索的保定及人工辅助保定也必不可少。

6.2 相关技术知识是保障

术者要有一定的专业知识，既具有产科的助产技术，又具有外科的手术技术，同时有一名配合默契的助手。这是剖宫产手术成功的技术保障。

6.3 手术还有进步空间

本次手术由于条件所限，手术的方式方法、所用的手术用品等级和档次还有提升的空间。即便如此，手术依然成功，说明手术方案正确、方法得当，也体现了梅花鹿的抗病力、愈合能力、应急能力、生命力很强。

6.4 如何减少梅花鹿难产

由于饲养管理等原因，多数鹿场每年或多或少都会出现母鹿难产。为降低难产比例，建议加强以下几方面的工作。

（1）母鹿饲养密度不宜过大，运动场要宽敞、平坦，饲养员每天适当驱赶母鹿，提高母鹿的运动量。这对预防母鹿难产有一定的作用。

（2）母鹿膘情要适中，既不能过瘦，也不能过肥。过瘦会影响胎儿发育，过肥则胎儿可能体重过大，易造成难产。

（3）母鹿妊娠期正处于冬春季节，正是北方地区缺乏青绿饲料的时节，而青绿饲料对妊娠母鹿非常重要。有充足的青绿饲料，母鹿体质就会健康，抗病力、应急能力、生命力都会增强，胎儿也能正常生长发育，可提高顺产比例，减少难产母鹿数量。因此，入冬前，要多为母鹿储备青绿饲料，如青菜类、块根块茎类等。

参考文献（略）

本篇文章发表于《中国畜牧业》2017年第2期。

梅花鹿胎儿性因素所致的难产与助产

周　蕾[1]，胡淑春[2]

（1. 吉林省长春市九台区九台街道办事处畜牧站，吉林长春　130500；

2. 吉林省双辽市畜牧工作总站，吉林双辽　136400）

摘　要：本文介绍了几种由于胎儿性因素所引起的梅花鹿难产及相应的助产方法，希望能帮助养殖者解决生产中遇到的相关问题。

关键词：梅花鹿；胎儿性因素难产；助产

难产在兽医临床上依其发生因素可分为胎儿性难产、母体产道性难产和母体产力性难产。在此，笔者分析实践中比较多见的由于胎儿性因素所致的母鹿难产的助产方法。

1　胎头姿势不正型难产

通常，梅花鹿胎儿的头大而圆，颈部细长，活动性较大，容易屈曲而导致胎头姿势不正，造成母鹿分娩时难产。

1.1　胎鹿头颈侧转型难产

胎鹿头颈侧转时，常见从母鹿阴门娩出一长一短的两个前肢而不见胎头。其头颈通常转向娩出较短的前肢一侧。助产时，术者在母鹿骨盆前缘或更深处，可触摸及胎儿转向一侧的头颈。当胎儿头颈侧转程度较轻时，术者用手握住头或眼眶，轻推胎头后进行牵拉，即可调正胎头。术者用手抵住胎鹿的颈部向后推动，当腾出一点空隙时，马上握住头部或眼眶进行牵拉，同样可以调正胎头方向。当胎儿头颈侧转程度较重时，可用产科绳拉正胎势。助产者使用食指、中指和无名指，将产科绳中间回折形成的圈套套在胎鹿的下颌部，或者顺着下颌角、鼻梁和耳后部，套牢胎头，然后向产道内推动胎鹿裸出的长肢。助手同时配合牵拉产科绳的双股游离端，从而矫正胎头及颈部的姿势，将胎鹿拉出产道。

1.2 胎鹿头颈下弯型难产

助产者通常在母鹿骨盆前缘产道先触摸到胎鹿两前肢蹄，胎鹿的头颈下屈于两前肢之间，术者手可摸及其额部、头顶部和颈部。对头颈下弯程度较轻的胎鹿进行助产，可首先绳缚其两前肢，而后术者手握其下颌部上提并稍加后推，即可摆正胎头。胎鹿头颈下弯程度较重时，可用产绳套牢其下颌部，术者手握其两眼眶部或耳朵，用力后推并下压胎头，同时助手配合拉绳，一般即可矫正胎头姿势。

1.3 胎鹿头颈后仰型难产

在检查时，可在产道内首先摸到胎鹿两前肢，继而摸到其颈部气管，以及在两前肢之间或两前肢下方呈向后仰姿势的胎头。对此类母鹿助产时，为便于矫正胎势，可利用吊圈或接产箱站立保定母鹿，并在施术过程中配合使用产科梃等器械。现场条件简陋时，可用消毒好的细绳或者市售的"白寸带"套牢胎鹿的下颌，助产者手抵住胎鹿颈基的前凸部位，用力向后推动，使头颈部退回子宫腔，然后再拉正头颈，拽出胎鹿。

2 前肢姿势不正型难产

2.1 胎鹿腕关节屈曲型难产

若胎鹿仅一腕关节屈曲，另一前肢可能会伸出母鹿阴门；若其两腕节俱屈时，则哪一前肢都无法伸出产道。助产时，术者可在母鹿的产道内或骨盆前缘摸及胎头和屈曲的腕节。为使胎鹿前移而便于矫正姿势，宜对母鹿取前低后高的姿势进行保定。术者握住屈曲腕节下部的掌骨，在向里推动的同时向上抬举，而后术手下滑而握住蹄部，在上抬蹄部的过程中趁势外拉，使屈肢直伸于产道内。助产者徒手矫正胎势不成功时，可用消毒过的"白寸带"套在屈肢系部，助产者手握掌骨近端上提并后推，助手同时配合徐徐牵拉带子，即可拉直屈肢。在助手徐拉带子的过程中，助产者应注意趁势下滑术手而转握蹄部，以避免损伤母鹿产道。

2.2 胎鹿肩关节与肘关节并屈型难产

助产时，可发现屈曲前肢置于胎头颌下，肘关节处在肩关节的下方或后方。助产时，先用产绳缚住屈肢系部，然后术者手推肩关节，助手同时配合拉绳，即可将肩关节和肘关节伸直。

2.3 胎鹿肩关节屈曲型难产

胎鹿呈现一肢肩关节或两肢肩关节屈曲之胎势，屈肢在胎鹿腹下或腹侧。内检可摸及胎头和屈曲的肩关节。助产时，用产科绳缚住一屈肢前臂下端，术者用手向后推胎鹿，助手趁势拉绳，先将屈肢拉成腕关节屈曲的姿势，然后再按腕关节屈曲胎势助产。通常，胎鹿仅一肢肩关节屈曲时不矫正胎势，使用产科绳牵拉正常裸出的前肢和胎头即可拉出胎鹿。

3 后肢姿势不正型难产

3.1 倒生胎鹿——跗关节前屈曲型难产

常见胎鹿一条后腿伸出母鹿阴门，蹄底朝上。助产时，可摸及胎鹿的尾巴、肛门及另一后腿屈曲的跗关节。术者用手依次握住屈腿系部和蹄，尽力上举并向后拉入产道。也可用产绳缚住屈腿系部，助产者手握跗关节下方并向前上方推动胎鹿，助手配合趁势拉直后腿，拽出胎鹿。

3.2 倒生胎鹿——髋关节屈曲型难产

胎鹿一条后腿蹄底朝上裸出母鹿阴门，内检可摸及胎鹿尾巴、肛门、臀部及向前伸出的另一条后腿。其助产方法类似胎鹿肩关节屈曲矫正法。进行助产时，术者用力推动胎鹿，术手握住胫骨下端（或绳缚此处），先使之呈跗关节屈曲胎势，再进一步矫正，最终拉出胎鹿。如果胎鹿躯体不大，无论胎鹿发生单髋关节屈曲倒生型难产还是双髋关节屈曲坐生型难产，常可不经矫正胎势，强行拉出胎鹿即可。

4 胎向不正型难产

4.1 胎鹿侧胎向型难产

胎鹿入产道时，两蹄底面朝向左侧或右侧，内检可查知胎鹿背部朝向母体腹侧方。助产时，用两根产绳分别绑缚胎鹿两前肢下部，在术者手握胎鹿下颌牵拉的同时，两名助手分别牵绳拉动两前肢。拉上侧肢系绳者向胎腹一侧的侧下方用力牵绳，拉下侧肢系绳者用力小一些。如此，在胎鹿通过产道时，即可转呈面上姿势而被拉出。在牵拉胎鹿时，助产者手握胎鹿下侧肢前臂部向上抬，更有利于胎鹿通过产道时扭转肢体。

4.2 胎鹿呈下胎向型难产

胎鹿仰卧于母鹿子宫和产道内，正生者两前肢蹄底向上，倒生者两后腿蹄底向下。内检可摸及胎鹿胸骨及下腹部。助产时，需翻转胎鹿而使其转成上胎向。对正生者助产，绳缚头及前肢，向后推回宫腔，用手掌抵压右臂骨部（胎鹿倒生时，手掌抵压左股部），使先其转呈侧胎向，再变成上胎向。

5 胎位不正型难产

5.1 纵腹位型难产

胎鹿头及两前肢进入产道，颇似正常正生姿势，但其两后腿则呈犬坐姿势。助产时，可沿胎鹿腹下部触到其直入产道的两后腿。如果胎鹿两前肢大部分进入产道时，应先用产绳分别系好前肢，然后术者用手向宫腔推动两后腿，同时助手配合拉绳，即可拉出胎鹿。如果胎鹿头及两前肢仅在母鹿骨盆腔入口处，可用产绳套住两后腿，然后边推胎头与两前肢，边拉两后腿，即可使胎鹿转呈倒生的下胎向，然后再按下胎向矫正法进行助产。

5.2 横位型难产

胎鹿横卧于宫腔内，腹部朝向骨盆口，四肢都已伸入产道。助产时，通常先牵拉胎鹿两后腿，将其头与前肢推回宫腔，再用产绳缚住两后腿系部，在助产者手推胎鹿前躯的同时，助手拉绳牵引两后腿，使胎鹿呈倒生侧胎向。但当胎头和两前肢靠近产道时，可照法绑缚胎鹿两前肢，牵引头及前肢，回推后躯，使之呈正生侧胎向。继之，按侧胎向矫正法助产，拉出胎鹿。

5.3 纵背位型难产

胎鹿背部朝向产道，头和前肢在上，后腿在下。助产时，一般牵拉胎鹿前躯而推后躯入宫。先绳缚胎鹿两前肢，助手拉绳，助产者手推胎鹿后躯，使之呈下胎向，然后再进一步矫正胎势。但当胎鹿后躯靠近盆腔口时，应缚两后腿向外牵拉，并同时向内推动前肢，使之呈倒生姿势后拽出。

5.4 横背位型难产

胎鹿在子宫内横卧于母鹿盆腔前缘，其背部朝向产道。这种类型难产助产时所采用的方法基本与纵背位型难产相同。若胎鹿后躯靠近骨盆口，则边推前躯，边将臀部拉向产道，继之拉正后腿而拽出。若胎鹿前躯靠近骨盆口，则拉头与前肢，推动后躯，拉正前肢后拽出。

6 结语

除上述几种常见类型难产外，还有因胎鹿过大、胎鹿畸形、双胎或多胎所致的难产。助产时，务必观察胎儿露出部位，仔细进行内检，判明母鹿难产类型后采用适宜的方法助产，绝不可盲目地生拉硬拽胎鹿。对难产母鹿助产无效或胎鹿已经死亡时，可酌情施行剖宫产或截胎术。

参考文献（略）

本篇文章发表于《当代畜牧》2019年第10期。

马鹿肝片吸虫病的诊断与防治

薛力刚[1]，王　丹[2]

（1. 长春科技学院，吉林长春　130600；

2. 吉林农业大学　动物科技学院，吉林长春　130118）

长春市双阳区某鹿场饲养马鹿98头，于2015年2月初死亡3头，病因不明，由于当时马鹿数量少且单舍饲养，损失较小，并未引起重视。时隔一年再次发生马鹿死亡，且病情较上次严重，为查明病因来吉林农业大学动物医院就诊，通过临床症状、病理剖检和实验室检查，诊断为肝片吸虫病，及时采取措施，经药物治疗后病鹿痊愈。

1　病例介绍

主诉：主要饲喂干草和精料，体重30kg左右，2016年1月中旬部分马鹿精神状态不好，食欲下降，消瘦，步行缓慢，被毛粗乱易脱落，反刍缓慢，个别出现腹泻症状，使用"沙星类"抗生素未见明显效果，在2月初发现死亡3头，遂将死亡马鹿送检。

2　临床症状

病马鹿精神差，人接近时无反应或反应迟钝，采食量下降，离群，虚弱，有腹泻症状，易掉毛；送检的死亡病马鹿，未测过体温，病程约半个月。对送检马鹿进行临床检查，可见其被毛大部分脱落，可轻易用手将被毛拽掉，病马鹿消瘦、贫血，眼结膜、齿龈苍白，眼睑和下颌水肿，后躯被粪便污染。

3　剖检变化

剖检送检马鹿发现严重贫血；肺、肠道等脏器颜色发白；主要病变在肝，可见肝褪色硬化，表面有纤维素沉着，切面可见虫体移行的孔道，孔道内出血；肝明显

【作者简介】薛力刚（1981—　），男，讲师，博士，研究方向为动物疾病，E-mail：ganglixue@163.com。

肿大，尤其是肝右叶；大小胆管管壁因纤维组织增生显著增厚、扩张、硬化，凸出于肝表面，且胆管内可见虫体；胆囊显著增大，极度扩张，胆汁淤滞，其内寄生大量肝片吸虫成虫，数量在 30 条以上；胸腔积液；心肌无弹性。

4 实验室检查

粪便虫卵检查：采用粪便沉淀法检查虫卵，镜检可见肝片吸虫虫卵，大小约为 140μm×90μm，呈黄棕色长卵圆形，与前后盘吸虫虫卵相似，但前后盘吸虫的虫卵无色。

成虫观察：外观呈扁平叶状，棕红色，体长约 20mm，宽 8mm，虫体前端呈三角锥形，口吸盘位于其前端，腹吸盘较口吸盘大，位于其稍后方；两个多分枝的睾丸位于虫体中后部，较发达；卵巢呈鹿角状，位于腹吸盘后右侧；虫体两侧有卵黄腺，呈褐色，与肠管重叠，符合肝片吸虫特征。

5 诊断

综合发病情况、临床症状、剖检变化及实验室检查，诊断为马鹿肝片吸虫病。

6 防治措施

（1）药物治疗。建议对马鹿群使用三氯苯唑（肝蛭净）进行驱虫，按每千克体重 10mg，一次性空腹灌服，对各发育阶段的肝片吸虫均有效，在临床上反映其疗效较好；对症状严重、体质较弱的病马鹿，可静脉输液。输液剂量为 10% 葡萄糖注射液 250mL+维生素 C 注射液 0.5g+ATP 20mg；生理盐水 250mL+头孢曲松钠 1.0g；复方氯化钠注射液 500mL。此剂量为体重 30~40kg 马鹿的用药量，根据体重可酌情增减。每天 1 次，连用 3d。如有需要可使用鹿眠灵麻醉后进行，同时备用陆醒宁以防意外；有贫血症状的病马鹿建议肌内注射补铁制剂 1 次，在饲料中添加微量元素和多种维生素，连用 1 周。马鹿主人回馈用药后治疗效果较好。

（2）加强饲养管理，散养马鹿应避免接触塘沟水，且应使用 2‰硫酸铜溶液洒在水内灭螺。圈养马鹿饮用水必须清洁，杜绝从洼地、沼泽地、河沟边割草饲喂圈养马鹿，尽可能减少感染机会。

在每年的 2—3 月和 10—11 月定期驱虫，可选择肝蛭净、硝氯酚等。

（3）日常要定期对圈舍消毒，粪便要及时清理，堆积发酵以杀死虫卵，尤其是要处理好病马鹿的粪便，防止其污染鹿舍，对死亡病马鹿的肝脏等要做无害化处理。

参考文献（略）

本文章发表于《黑龙江畜牧兽医》2017年第10期（下）。

一例马鹿腐蹄病的诊疗报告

李志刚

（河北省唐山动物园，河北唐山　063000）

摘　要：以河北唐山动物园马鹿为例，介绍了腐蹄病的发病情况及临床表现，通过询问找出发病原因并对症治疗，给出了饲养管理意见，供参考。

关键词：马鹿；腐蹄病；诊断；治疗

腐蹄病是动物园中舍饲反刍动物的常发疾病。环境潮湿、地面过硬、饲料中钙磷比例失调、微量元素缺乏以及外伤等都是引发该病的重要原因，目前普遍认为坏死杆菌、链球菌是该病的致病菌。患病动物以悬蹄、跛行、蹄流脓液甚至体温升高为典型的临床症状，早发现早治疗是防治该病的有效措施，严重病例会被淘汰，给动物园造成不同程度的经济损失。

1　发病情况

2017 年 8 月中旬，唐山动物园饲养人员反映 1 头成年雄性马鹿喜卧，采食量下降，运动时躁动不安，抗拒饲养人员接近，采食时频频换蹄。

2　临床诊断

将疑似患病马鹿圈起，由兽医进行观察、诊断。发现其右后蹄不敢负重，蹄冠轻微肿胀，趾间有污物流出，用 0.1% 高锰酸钾冲洗后可见趾间缝隙皮肤有 2cm 左右破溃面，伴有淡黄色脓液流出，体温 39℃，低烧，兽医初步诊断为腐蹄病。

3　病因分析

饲养人员回忆，马鹿发病前 2 周，圈舍排水系统故障导致地面积水数天，兽医

【作者简介】李志刚（1972—　），男，河北唐山人，工程师，主要从事野生动物保护工作。

分析可能是积水浸泡导致马鹿蹄部角质软化，趾间潮湿，从而利于微生物的侵入与繁殖，同时圈舍硬化地面也是促成该病发生的原因之一。

4　治疗原则

该病初期症状不明显，轻者可用1%高锰酸钾或1%新洁尔灭彻底冲洗患部，并喷洒5%碘酊溶液。蹄冠肿胀严重，破溃面大者需对患部甚至整个患肢进行彻底清洗后，用20%硫酸铜溶液浸泡5～10min，扩创，充分暴露创面，避免厌氧菌滋生，创口敷以5%硫酸铜粉或5%碘酊纱布等，伴有发烧等全身症状者，需配合使用链霉素等抗生素进行全身治疗。

5　治疗方法

将患病马鹿麻醉保定，用1%高锰酸钾或10%的硫酸铜溶液彻底清洗患部，剔除腐肉，涂抹青霉素鱼肝油合剂（青霉素40万U、鱼肝油40mL、生理盐水10mL）；肿胀的蹄冠处用8号针头点刺放血同样涂抹青霉素鱼肝油合剂；保险起见，同时给予肌内注射青霉素80万U；由于野生动物保定不便，同时易产生应激反应，以后改为每天喷洒5%碘酊溶液，同时在料槽前摆放浸有10%硫酸铜溶液的草袋，以便马鹿采食时对蹄部进行消毒。

6　饲养管理

预防重于治疗，加强饲养管理是预防该病行之有效的措施之一。

6.1　确保环境适宜

要保证圈舍及运动场的清洁，以减少细菌的滋生，做到无尖锐物，以免造成外伤，给细菌的侵入打开门户。无积水，以免形成潮湿环境，给细菌的滋生创造条件。

6.2　饲料配比平衡

要注意马鹿的饲料配比平衡，保证微量元素的摄入及钙、磷比例，从根本上增强蹄壳与皮肤的抵抗力，尤其是患病动物，更要增加此类物质摄入，以利于蹄壳恢复。

6.3　消毒

可在圈舍门口设药浴池（10%硫酸铜溶液，液面高过蹄壳）或在料槽前铺设浸泡过10%硫酸铜溶液的草袋，对全群动物定期进行蹄部消毒。

6.4　垫草

圈舍及运动场地面若为硬化地面应铺一层 3～5cm 的垫草，若为土面应为硬土面，避免泥泞。对患病动物踩踏过的垫草等及时进行更换清理，以免造成交叉感染。

7　小结及体会

如果腐蹄病发生在夏季，应在创口涂抹碘酊或用薄层纱布包裹伤口，避免蝇蛆附殖，污染伤口；如果发生在冬季，治疗期间可圈养患病动物，或包裹厚层纱布防止冻伤，造成二次伤害。

对于较严重的病例，在扩创后如果发现伤口较深，应同时注射破伤风抗体。如果动物腐蹄严重，疼痛难忍，可在常规处理后对患肢进行封闭治疗（青霉素 350 万 U、2% 的盐酸普鲁卡因注射液 6mL），注意避开血管。

若患肢蹄冠肿胀严重，且无破溃口，可用中医宽针进行针刺放血，以利于污血排出，需要注意的是针刺伤口要涂抹抗生素粉，保持清洁干燥，避免二次感染。

参考文献（略）

本篇文章发表于《湖北畜牧兽医》2018 年第 39 卷第 7 期。

塔河马鹿大肠杆菌病的诊治

孙　力

（新疆生产建设兵团第二师三十一团农业发展服务中心，新疆尉犁　841504）

摘　要：2016 年 12 月，塔河马鹿鹿场饲养的 44 头马鹿中，有 2 头高产公鹿发病，治疗 4d 后死亡。根据临床症状、解剖变化、实验室检查结果，确诊为大肠杆菌病。本文总结了塔河马鹿大肠杆菌病临床症状、解剖变化，并分析病因，提出相应防治措施。

关键词：塔河马鹿；大肠杆菌病；防治

新疆生产建设兵团第二师三十一团是国家养殖塔河马鹿的重要基地之一，塔河马鹿鹿场从 1995 年开始饲养塔河马鹿，距今已饲养马鹿 24 年。2016 年 12 月 2 日，鹿场饲养的 44 头公鹿中，有 2 头高产公鹿突然发病，治疗 4d 后死亡。根据临床症状、解剖变化、实验室检查，确诊为大肠杆菌病。

1　发病情况

公鹿从 9 月中旬开始发情，发情期食量少，膘情差。到 11 月底，发情基本结束，公鹿采食量增加，此期正值冬季，天气冷、温度低，水倒入食槽未喝完就结冰了。公鹿吃的是干料，要喝水，没水就舔冰，肠胃受冷刺激，导致发病。病鹿精神沉郁，食欲减退，饮水增加，发病 2d 后，排粪次数增加，粪便呈稀粥状，开始出现灰色黏液，之后粪便带血，治疗 4d 后死亡。

2　临床症状

发病公鹿体质强壮，吃的多，喝水也多，容易得病。病后精神沉郁，鼻镜干燥，渴欲增加，呼吸加快，结膜潮红流泪，离群独卧，目光呆滞，运动迟缓，采食量明显降低。发病初期，粪便如牛粪样并见带血，用硫酸庆大霉素和硫酸黏菌素大剂量

【作者简介】孙力（1968—　），女，大学本科，兽医师，主要从事塔河马鹿疫病防治工作。

注射，未见效果，2d 后，排粪次数增加，粪便呈稀粥状，开始带有灰色黏液，以后粪便带血，最后排血便，迅速消瘦，脱水，眼球下陷，全身衰竭，体温下降，四肢厥冷，视力消失，乱冲乱撞，昏迷而死。发病到死亡仅有 4d。

3 解剖变化

尸体背毛粗乱，营养不良，肛门周围被血便污染，皮下有数量不等出血点，有的皮下组织呈现胶样浸润；腹水增多，呈橘红色，具有恶臭味；胃肠黏膜充血、出血，有的脱落，真胃内容物呈褐色，肠内容物为暗红色，直肠内容物呈鲜红色；全身淋巴结特别是肠系膜淋巴结肿大，外观呈暗紫色，切面多汁；脾脏肿大，表面粗糙，有坏死灶，肝也肿大。心外膜、心尖处有针尖大小出血点，空肠、回肠有弥漫性出血点，真胃幽门糜烂，尸僵良好，肺部无变化。

4 实验室检查

取病鹿心血、肝等病料，用革兰氏染色后涂片镜检，发现两端钝圆的红色短杆菌，用瑞氏染色法，同样发现两端钝圆的短杆菌。

5 诊断

根据临床症状、解剖变化、实验室检查结果，确诊为大肠杆菌感染。

6 病因分析

通过观察，公鹿发情期过后，胃肠弱，对摄入的大量精饲料消化能力弱，加之舔冰，改变了胃肠环境，肠道菌群失调，大肠杆菌大量繁殖，是导致公鹿发病的主要原因。

7 防治措施

目前，大肠杆菌病还没有很好的治疗方法，只能采取预防措施。

（1）饲养过程中，注意将精料减少，慢慢增加精料饲喂量。

（2）加强管理，定期消毒，给鹿每天饮用温开水，精料调配合理，提高饲料质量，做到定期消毒、清扫，使圈舍保持清洁卫生，同时严防饲料被鹿分泌物、排泄物污染。

（3）如食槽里有冰，应每天让饲养员砸冰，从槽内取出。

（4）每年春秋两季给鹿注射鹿巴氏杆菌-魏氏梭菌二联苗。

经采取以上措施后，鹿场至今再未发现大肠杆菌病病例。

参考文献（略）

本篇文章发表于《农村科技》2019年第3期。

贵州秋冬季节仔鹿的饲养培育技术

吴光松[1,2]，林鹏飞[1,2]，张　芸[3]，杨　蓉[1,2]，黄维江[1,2]，李　平[4]，

任丽群[4]，顾丽菊[5]，魏小红[6]，田松军[6]，燕志宏[1,2]*

（1. 贵州大学　动物科学学院，贵州贵阳　550025；2. 贵州大学　高原山地动物
遗传育种与繁殖省部共建教育部重点实验室，贵州贵阳　550025；3. 贵州省
农业区域经济发展中心，贵州贵阳　550003；4. 贵州省种畜禽种质测定中心，
贵州贵阳　550018；5. 贵州优农谷生态产业有限公司，贵州贵阳　550001；
6. 贵州省紫云自治县畜牧服务中心，贵州紫云　550800）

梅花鹿养殖是贵州省新兴的养殖行业，近年来得以快速发展。仔鹿的培育是养鹿场能否壮大发展的关键环节，也是评定其经济效率高低的方式，其饲养管理尤为重要。梅花鹿的正常产仔是每年的 5—7 月。有的母鹿发情时间在 2—3 月、10—11 月产仔，冬季母鹿没有奶水，导致仔鹿出生就吃不上初乳，加上仔鹿的饲养培育技术欠缺，严重影响其生长发育。现结合贵州气候特点，将秋冬季节饲养仔鹿的技术措施介绍如下，供参考。

1　初生仔鹿的护理

1.1　断脐

仔鹿刚出生时饲养人员要及时将仔鹿从圈舍拿出，及时用干净且不带刺激性气味的毛巾擦干仔鹿身上、口腔、鼻孔内的黏液。仔鹿的脐带如未断裂，可人工辅助断脐，并要严格消毒，防止脐带处发炎。

1.2　人工喂奶

秋冬季节母鹿没有奶水，只能人工喂奶，可以用牛奶或羊奶代替母乳，饲喂前将奶加热至 39~40℃。喂乳器械可选用奶瓶或注射器，将奶倒入奶瓶或注射器中，

【作者简介】吴光松（1992—　），男，硕士研究生，研究方向为特种动物种质饲养，E-mail：630627172@
qq. com。

　* 通信作者：燕志宏（1961—　），男，教授，研究方向为动物遗传种育种与种质资源创新，E-mail：
yzh611127@ sina. com。

轻轻掰开仔鹿嘴，将奶水慢慢注入仔鹿的嘴中。每次喂乳结束后要用温水将器械洗干净，然后置于开水中煮 10~20min 杀菌消毒，自然晾干，存放在阴凉、干净、干燥地方备用。注意：灌喂力度不可太猛，奶水流出的速度不可太快，以仔鹿嘴里不流出奶为宜。饲养人员要定时、定量给仔鹿喂奶，1 日龄每天喂 10~12 次，1 次喂5mL。随着日龄的增加，每天饲喂的次数适当减少，喂奶量要逐渐增加，人工喂奶时间以仔鹿的生长发育情况来定。鹿天性胆小，在喂奶过程中切勿对仔鹿大吼大叫以免惊吓仔鹿。在喂奶过程中，饲养人员要耐心细致，与仔鹿建立良好感情，消除仔鹿恐惧感。当仔鹿与饲养人员建立信任感情后，会给后期的饲养管理工作带来很大的方便，同时也有利于人工驯养梅花鹿。对于体质较差的仔鹿，喂完奶后，还要补充一些营养物质（如葡萄糖），可采用耳静脉注射。

1.3　保温

初生仔鹿体温调节能力较差，饲养人员要及时给仔鹿保暖，晚上可让仔鹿和饲养人员同住一个房间，房间内放取暖器。仔鹿可放在提前垫好棉花的大桶里或者临时圈舍，要保证房间内的温度不能过高也不能过低，饲养人员晚上时常观察仔鹿活动情况，需要时及时给仔鹿喂奶。同时搞好消毒卫生，勤换垫料。

1.4　排便

仔鹿喂完奶后，用柔软干净的纸或棉球轻揉仔鹿的肛门，刺激仔鹿排便，每天刺激 7~8 次。排便后要及时用卫生纸擦干净，并带仔鹿到户外活动 3~10min。随着仔鹿年龄的增长，活动时间可适当延长。

2　仔鹿的饲养

2.1　训练仔鹿采食

仔鹿饲养至 30d 左右开始人工诱饲，可用嫩草、嫩叶诱导仔鹿采食，每天喂 4~5 次，直到仔鹿完全能自由采食时结束，饲喂青料的同时，还可以给仔鹿饲喂少量的精料。根据仔鹿生长快、消化快、采食量小的特点，饲养人员每天要饲喂仔鹿多次，晚上也要进行 1~2 次补料，随着仔鹿的生长，料量也要相应增加，不可猛增猛减。仔鹿能完全采食后，就开始饲喂精料和青料并停止喂奶。喂料的前期，饲养人员要随时观察仔鹿的身体状况和排便情况，做好相应的防治措施。

2.2　训练仔鹿饮水

由于前期仔鹿是人工喂奶，仔鹿还不会自由饮水，需要饲养员耐心调教。开始阶段可将奶倒入饮水槽中，让仔鹿先学会在饮水槽中喝奶，然后慢慢在饮水槽中加清水或者温开水，每天诱导 6~7 次，待仔鹿学会自由饮水为止。

2.3 仔鹿饲养管理要点

要给仔鹿一个良好的生长环境，圈舍的温度适宜、清洁干燥、采光好，及时清除圈舍的粪便及料槽未吃完的料；运动场要有足够的垫物，防止磨伤仔鹿的蹄子；体弱的仔鹿要单独护理，及时采取应对治疗措施；仔鹿初次混群时，要安排有责任心、经验丰富的饲养员饲养，耐心接触仔鹿群体，防治仔鹿受惊吓而狂奔受伤。只有精心护理，仔鹿才能健康生长。

3 常见疾病防治

3.1 腹泻

腹泻是仔鹿的常见疾病，特别是养殖条件落后、仔鹿身体状况差的情况下最容易发病，如不及时治疗，仔鹿很容易死亡。

临床症状：初期由于母鹿舔舐仔鹿肛门，不容易发觉，经过 2~3d 仔鹿开始出现精神沉郁，不吃奶，低头弓背，粪便为糊状、味臭。

治疗方法为土霉素 0.8~1g，乳酶生 1.5~2g，盐酸硫胺 45~50mg，小苏打 1~2g，均匀混合后喂服，治疗效果较好。腹泻严重的仔鹿按使用说明静脉注射 5% 葡萄糖。

3.2 便秘

临床症状：排便次数减少或排干硬的粪便，多数是由于胎粪排出困难所致，特别是人工喂奶的仔鹿最常见。

治疗：灌喂适量的肥皂水或油类泻剂。

3.3 肺炎

多由于日常管理不当，仔鹿呼吸道感染，导致气管炎或支气管炎，进而发展为肺炎。

临床症状：仔鹿不吃奶，精神萎靡，呼吸频率增加，时常咳嗽，体温升至 41~42℃，鼻孔流出黏液。

防治：首先防止场内温度变化过快，做好防寒保暖措施。肌内注射青霉素 80 万~100 万 U 或拜有利 0.6mL/只。

3.4 综合防制措施

在日常的养殖过程中，加强饲养管理，保持圈舍干燥，定期对养殖场进行消毒，及时清理圈舍内的粪便。外来人员进场参观一定要严格按照规定进行消毒，做好养殖过程中的每项预防消毒措施。

4 小结

贵州的梅花鹿养殖业起步比较晚，很多饲养模式还处于摸索阶段，养殖技术还不成熟。在北方，秋冬季节出生的仔鹿很难成活。贵州由于独特的地理条件和气候，秋冬季节出生的仔鹿通过人工精心饲养容易成活。只有合理科学地饲养仔鹿，才能使养殖场健康、稳定发展，找到一套在贵州饲养梅花鹿的饲养模式，有助于贵州养殖业的多元化发展，促进养殖户增加经济效益。

参考文献（略）

本篇文章发表于《贵州畜牧兽医》2018年第42卷第2期。

东北地区养鹿场春季饲养管理要点

付晓霞，李　男，权心娇

（长春市农业科学院，吉林长春　130111）

摘　要：东北地区气候变化差异明显，给养殖业造成了较大的影响。为确保东北地区养鹿场各项工作的顺利开展，必须要在春季科学调整鹿群结构，注意饲料营养搭配，做好饲料配制、舍内管理、疫苗接种等工作，从而确保鹿的健康生长。

关键词：东北地区；养鹿场；春季；饲养管理

1　科学调整鹿群结构

东北地区冬季寒冷而漫长，在入春之后，各养殖场内鹿的膘情和健康状况也会出现较大差异。尤其是一些年老多病的弱鹿或是幼鹿，体质较差，需要进行特别照顾和分类饲养。因此，应当综合考虑鹿的体质差异、年龄大小等多方面因素，科学地调整鹿群结构，并在分栏后采取有针对性的饲养和管理措施，尽可能保证所有鹿群都能够健康生长。

2　注意饲料营养搭配

养鹿场的饲料大致分为粗饲料、精饲料和营养料3种。在冬季，养鹿场的饲料种类相对单一，一般以农作物秸秆、蒿草、农副产品为主。这些饲料的特点是干燥、缺少水分和营养成分。在春季气温上升后，鹿的生长速度加快，对饲料营养成分的需求也会相应提升，因此应当注意营养搭配饲料。可以选择一些富含维生素的青贮饲料，并且适当添加蔬菜作为辅料，如胡萝卜、大白菜等，但是辅料的喂食量应当进行科学控制。在转换饲料种类时，应当坚持"循序渐进、少量多次"的喂食原则，随着气温的逐渐升高相应地增加青贮饲料的喂养量。对于特殊的鹿群（产茸公鹿、

【作者简介】付晓霞（1976—　），女，畜牧师。

体弱老鹿、妊娠母鹿等）要给予特殊的喂养，以精饲料为主，并且在饲料中适当添加蛋白质。

3 科学加工调制饲料

幼鹿、体弱老鹿的消化能力较低，在配制饲料时，应当通过一定的加工和调制手段，提高饲料的适口性，一方面能够提高饲料的营养价值，另一方面也能够加速饲料的消化。例如，玉米等农作物秸秆是养鹿场冬季常用的饲料之一，但是玉米秸秆的硬度较大，适口性差。可以利用机械设备对玉米秸秆进行粉碎，并进行盐化处理，这样更能适应鹿的进食需求。对于谷类、豆类籽实，可以采用热水调拌，或是直接进行磨碎制成豆饼，既方便存储，又提高了饲料利用率。需要注意的是，豆类、谷类饲料喂食前都必须进行高温蒸煮和熟化处理，以保证营养成分被鹿充分吸收。

4 避免饲料淋雨发霉

对于农作物秸秆、农副产品等粗饲料，应当整齐地摆放在仓库内，并在地上铺上一层塑料布，防止地下返潮导致饲料发霉。同时，仓库内应当保持整洁和干燥，尤其是在夏季多雨季节，应当做好防水处理；在晴朗天气，应当对长期库存的饲料进行及时翻晒，或是定期做好仓库的通风工作。对于袋装的精饲料，应当挑选晴朗天气进行平铺翻晒。如果发现饲料出现霉变或酸败，必须进行销毁处理，禁止用不合格饲料喂养鹿。

5 保持饮水清洁卫生

养鹿场冬季供应温水，在入春之后，应当继续保持一段时间的温水供应，避免因温水中断过早导致鹿群消化不良。东北地区春季风力较大，因此鹿的饮水槽内很容易混进沙土、草料、鹿毛等杂物，养鹿场管理人员应当定期对饮水槽进行清洁，并及时加入干净的新水，保证水源安全。

6 做好舍内清洁工作

春季气温回升后，养鹿场内的粪便、尿液会逐渐融化，管理人员应当尽快开展舍内清洁工作，及时将粪便清理出去。在适当条件下，还应当将养鹿场表层土壤进行更换，然后重新铺垫干净的新土。当气温上升到10℃以上后，还应当定期进行通风，保证养鹿场内空气清新。

7 预防注射和药物驱虫

鹿的疾病预防注射通常在 3 月进行，一般根据当地动物疫病流行情况，选择合适的疫苗进行免疫接种。东北地区的养鹿场，主要选用鹿株肠毒血疫苗、牛羊用口蹄疫疫苗、鹿株狂犬病疫苗等，对危害鹿群大的几种疫病进行预防，为了防止鹿发生某些线虫病和吸虫病，应定期选用丙硫咪唑、左旋咪唑和伊维菌素等制剂，进行口服或皮下注射驱虫。

8 做好鹿产仔前的准备工作

鹿一般在 5 月上旬开始产仔，所以在晚春阶段就应该抓紧做好产前的各项准备工作。例如，将怀胎母鹿合理组群、修建好产圈、建好仔鹿保护栏、备齐仔鹿补饲用的小槽、修建好供仔鹿采食饲料和饮水的低矮设施等。

参考文献（略）

本篇文章发表于《养殖与饲料》2017 年第 3 期。

观赏梅花鹿驯养技术要点

李铁军，李鸿昌

（吉林省东丰县梅花鹿产业发展服务中心，吉林东丰　136300）

梅花鹿是吉祥动物，被古人视为神兽，尊称为"仙鹿""神鹿"，是财富、吉祥、幸福、长寿的象征，具有较高的观赏价值，人们会以追逐皇家特色和感召力，投身其境，亲身体验。受母鹿弃子，通过人工喂养的鹿能够与人亲近，抚摸等行为启示，2017年开始组织开展了观赏梅花鹿驯养工作，驯养鹿达到200多头，达到与人零距离接触、拍照、抚摸、喂食点头致谢效果。现结合驯养实际，总结驯养技术要点，供参考。

1　精心采购仔鹿

1.1　采购数量

要根据驯养规模，驯养能力，确定适宜的采购数量，达到数量要求，一般每人驯养5~10头，采购仔鹿场一般多选几家，选择优质鹿。5月初开始，6月10日前采购结束，公母比例1∶1，便于集中进鹿和管理。

1.2　签订采购协议

要与仔鹿采购户签订采购合同。明确采购仔鹿标准、双方责任，确保及时有效采购到所需仔鹿。

1.3　母鹿标准

鹿群流行学调查健康，母鹿梅花鹿特征突出，体态、营养状况良好，提供仔鹿遗传优势保障。

【作者简介】李铁军，男，研究生，高级兽医师，主要从事畜牧兽医工作，E-mail：2183888430@qq.com。

1.4 仔鹿标准

吃上首次初乳，初生重 6kg 以上，外观体态、生长发育正常，具备梅花鹿外观特征。由采购人员具体把关。

1.5 采血检验

拟采购仔鹿采血进行布鲁氏菌病凝集反应、结核病变态反应检验，呈阴性者方可接收，保证仔鹿无主要人兽共患病。

1.6 仔鹿保护

仔鹿运回途中，专人抱鹿，保定确实，防止途中仔鹿碰撞、跳车，保证仔鹿安全。

1.7 做好交接

将运到驯养场地的仔鹿交给驯养人员，进行登记建立档案，加挂耳标，开始人工哺乳。

1.8 填写仔鹿采购单

一式两份，采购方和被采购方各一份，并作为算账依据。

2 建立配餐方案

2.1 建立入场仔鹿档案

对入场仔鹿进行详细登记（提前制作仔鹿登记表），填全项目，信息完备。

2.2 基础奶量

参考值初次喂奶量 35~50mL。每天饲喂 5 次，建立配餐表。

2.3 增量幅度

按日龄逐日增加奶量，每次调整量 10~50mL。

2.4 奶液灭菌

巴氏杀菌法，65℃，30min（或煮沸消毒），快速冷却到 2~8℃。

2.5 奶液温控

饲喂时温度控制在 38~40℃。

2.6 用具消毒

直接接触奶液用具主要采取煮沸消毒，必要时用化学药消毒时，应彻底冲洗干净，防止药液残留。配餐间采取紫外线消毒，消毒时间每天 1 次，每次 30min。

2.7 奶瓶清洗

常水清洗 2 次，开水清洗 1 次，奶瓶内水量为瓶内容量的 1/3，洗后将奶瓶空干。

2.8 奶瓶标记鹿号，固定确实

饲喂原则：一是奶量控制。要根据仔鹿体重、健康状况、饱腹状态等进行调整确定最佳给奶量，保证仔鹿吃饱。二是奶液干物质含量。采取浓缩或添加奶粉等方法增加奶的干物质含量，保证仔鹿营养。三是根据仔鹿营养需要增加添加剂，如益生菌、微量元素、抗生素、补液盐等。四是补料时、补料量要与仔鹿发育阶段和营养需求进行灵活掌握，为驯养鹿提供合理、全面的营养保障。五是做好体重变化情况分析。通过称重、营养状态观察，对体重下降仔鹿进行综合评估，及时查找原因，制订增加体重方案。

3 建立饲养管理方案

3.1 每天饲喂次数、时间、奶量的判定标准

1 周龄每天饲喂 5 次，每天喂奶量 300~600mL。2 周龄根据仔鹿体重和健康情况逐渐过渡到每天 4 次，每天喂奶量 500~1 000mL。3~4 周龄每天 4 次，每天喂奶量 800~2 000mL，补精料 30~80g，喂少量青绿饲料（柞树叶、青草），自由采食。5~6 周龄根据仔鹿情况逐渐减为每天 3 次，1 600~2 000mL，补精料 80~150g，青绿饲料，自由采食。7~8 周龄每天喂 3 次，每天喂奶量 1 500~1 800mL，补精料 150~250g，青绿饲料，自由采食。9~10 周龄过渡到每天喂 2 次，每天喂奶量 800~1 200mL，补精料 250~300g，青绿饲料上下午各 1 次，晚上自由采食。11~12 周龄每天喂 1 次，每天喂奶量 300~500mL，补精料 300~400g，每天喂 3 次，晚上加 1 次青绿饲料。13 周停止喂奶，每天加喂 1 次豆浆，每天喂 3 次，精料 400~500g，3 次青粗饲料，晚上加 1 次青粗饲料。至 15 周龄转到正常饲养（驯养工作基本结束）。每次喂奶后仔鹿不鸣叫、不互相顶撞，安静睡眠，下次饲喂前 0.5~1h 开始起来活

动，找奶表明奶量适中，否则进行奶量和饲喂次数的调整。

3.2 饮水及添加剂补给

驯养期间每天自由饮水，上下午各补喂1次补液盐和多种维生素。

3.3 揉肛

仔鹿1~15日龄每次喂奶同时揉肛，刺激排便，直到自主排便为止。

3.4 观察鹿的表现

每天在饲养、驯养过程中要注意观察采食、反刍、精神状态、姿势、呼吸、粪便等是否正常，出现问题及时和技术人员汇报、沟通，以便采取相应措施。

3.5 定期监测生长发育指标

定期称量体重，按照仔鹿生长发育规律，每周龄称量体重1次，与标准体重相比较，随时进行饲养管理方面的调整。

3.6 做好环境及疫病控制

经常打扫卫生、定期消毒、保持良好的卫生环境。对普通病进行及时诊断、治疗。根据疫病流行特点，做好疫病免疫工作（详见免疫程序）。

3.7 开展人兽共患病检验

做好采购检验、定期采血检验，及时检出、处理病畜，防止人感染人兽共患病，保障驯养人员和游人安全。

3.8 探索更加科学、合理的驯养模式

通过驯养实践、参观、考察、学习等方法，形成观赏型梅花鹿驯养模式。

4 制定驯养程序

4.1 人工哺乳

这是仔鹿与人接触第一关，通过耐心、细致、友善、抚慰等喂奶过程，使仔鹿对人形成依赖、找人、亲近人，建立鹿与人的和谐关系。

4.2 环境音响、灯光、颜色训练

1周龄内听舒缓、柔和音乐，让鹿以休息为主。2周龄开始听歌曲、杂音、动物

叫声等。3周龄以后根据环境能接触到的鞭炮、汽车喇叭、雷声、雨声等较大声响进行训练。灯光由暗变明、增加光线强度、突然开灯和关灯等适应性训练。颜色上由淡色到鲜艳颜色逐渐过渡、适应等训练，到45日龄达到驯养要求标准。

4.3 适应圈舍周围环境

15日龄后每天组成小群上下午各放出圈舍，进行运动、适应周围环境。30日龄后，组群走出周围环境，进入公共场所，逐渐和游人接触，争取45日龄达到与游人零距离接触、抚摸、喂食（奶）、拍照等，逐步达到驯养目标。

4.4 哨声训练

喂食使用间断短声。集合出发使用连续长声。持续训练，使鹿群统一步调，统一行动。

4.5 动作训练

每名饲养员训练一个动作，如接收刷拭、喂食点头谢谢、游人观赏昂首配合拍照、趴下起立等。

5 坚持工作原则

（1）认真履行驯化程序，有序、扎实开展驯养工作。
（2）规范建立驯养档案，积累驯养经验，科学总结驯养成果。
（3）探索驯养的新途径、新方法，提高驯养技能，建立驯养技术规范。

驯养观赏梅花鹿是一个新兴产业，前景广阔，市场需求量较大，发展空间较大，应积极探索，着力开发，以提高驯养效果和经济效益。

参考文献（略）

本篇文章发表于《吉林畜牧兽医》2020年第5期。

养殖者在梅花鹿饲养管理中的误区

王　悦[1]，丁润峰[2]

（1. 吉林省双辽市东明镇畜牧兽医工作站，吉林双辽　136400；

2. 吉林省双辽市动物卫生监督所，吉林双辽　136400）

摘　要：笔者总结了农村一些梅花鹿养殖者在鹿饲养管理方面存在的不当之处，同时针对其中一些主要问题，提出了切实可行的解决办法，希望有助于养殖户发展养鹿业，增加经济效益。

关键词：梅花鹿；饲养管理；经济效益

多年以来，笔者经常到农村接触梅花鹿养殖者，助其解决一些鹿饲养管理和疫病防治问题，看到许多养鹿者一直利用住宅院内的鹿舍养鹿。鹿舍占地面积很小，高筑的围墙和间隔墙使鹿活动场地非常有限，棚圈狭窄、阴暗。有些养殖者虽已养鹿多年，但面貌依旧，养鹿仍然十几头，达到20头以上者很少，养鹿的经济效益很低。为了帮助养鹿户走出饲养管理的误区，快速发展养鹿业，提高经济效益，笔者针对当前养鹿生产中较为普遍存在的主要问题，提出相应的解决办法。

1　养鹿生产中的误区

1.1　建筑鹿舍不当

有些人看别人养鹿赚钱也想养鹿，在不知道鹿的生活习性、也不懂得养鹿技术的情况下，只顾饲喂和看管方便，就盲目建筑鹿舍，购进鹿饲养。所建鹿舍大多狭小，没有运动场，缺乏光照，地势低洼，排水困难。梅花鹿是胆小易惊、集群性很强且至今仍处于半驯化状态的动物，平日里好运动，喜欢在视野开阔、地势高燥、避风向阳的温暖而安静的环境中生活。如果梅花鹿长期栖息在嘈杂、狭小、阴暗的圈舍内，缺少光照，运动不足，将会影响其健康，降低生产能力。

1.2　组群不合理

有的养殖场鹿较少，圈舍又不多，所以往往不顾幼鹿个体的生长发育、公鹿的锯别、养鹿业的生产阶段以及防治疫病的需要等因素，随意将成年鹿和幼龄鹿、不同锯别的产茸公鹿、公鹿和母鹿，甚至病鹿和健康鹿等不合理地放在同一圈舍内饲养。正因如此，对混杂的鹿群无法实行科学饲养管理，往往使幼鹿营养不良，生长发育迟滞；使性欲较强的成年公鹿在配种期结束后，体质长期不能恢复；仔鹿的繁殖成活率下降，发病率和死亡率上升。

1.3 忽视选种选配和品种改良工作

一些养鹿者以为所养的鹿少，公鹿和母鹿都不多，选种选配和改良品种工作不重要，只要公鹿能生茸，母鹿能产仔就行了。养鹿者在这种不正确思想的支配下，选种选配，攒换种公鹿，实行人工输精或引进良种公鹿等提高鹿群质量、改良鹿品种的工作根本不能纳入生产日程。因此，鹿的群体质量、个体生产性能和养鹿的经济效益，都长期在低水平上徘徊。更有极个别的养鹿者，鹿群饲养管理不善，长期混杂，临近鹿配种季节也不及时分群，鹿自由乱配，是否发生近亲交配的情况亦未可知。

1.4 不注重科学调配饲料

有些养鹿者受经济条件、技术条件、设备条件和鹿舍条件等限制，往往忽视科学调配鹿的日粮，对鹿群不制定饲养规划，经常是有啥喂啥，即使成年公鹿到了生茸期，也只是盲目地对其增加一些精料而已。鹿群在不同的饲养阶段，根本吃不到营养全面、搭配合理且数量足够的日粮，不但幼鹿生长发育大受影响，而且成年鹿的生产能力也难以充分发挥。

1.5 不重视制作青贮饲料喂鹿

大多数养鹿者嫌麻烦，不愿意制作青贮饲料。我国北方枯草期很长，鹿久食干粗饲料，即使4—5月也吃不到营养丰富的青贮饲料、青绿饲草或青绿枝叶，必然缺乏营养，母鹿则影响产仔泌乳，降低仔鹿繁殖成活率；公鹿则影响生茸，降低产茸量。

1.6 不定时、定量、定顺序、定次数饲喂

在日常养鹿过程中，一些养鹿户往往忙于其他事务而忽略对鹿群遵守"四定"（定时间、定料量、定饲喂次数、定投喂精粗饲料顺序）饲喂。长此以往，不但影响鹿反刍和休息，而且容易降低鹿的采食量和饲料的消化率，从而降低其生产能力。

1.7 不经常清扫圈舍和定期进行环境消毒

有些养鹿户，不坚持每天清扫圈舍，长期不进行环境消毒，鹿舍环境卫生状况较差，鹿消化系统等疾病时有发生。

2 实行科学饲养管理，提高养鹿经济效益

2.1 合理建筑鹿舍

根据鹿的生活习性，要选择与人居住的地方有一定距离、地势高燥、避风、向阳、温暖而便于排水之处建筑鹿舍。要建足圈舍，最起码应具备育成鹿圈、可繁殖母鹿圈、1~2锯公鹿圈、3锯以上公鹿圈、1~2个备用圈和1~3个隔离小圈。

养鹿规模较小的养殖户，应使每个圈舍至少能容纳鹿15~20头；养鹿规模稍大的养殖场，可使每个圈舍能容纳鹿20~25头。每个圈舍占地面积的大小，一般可依鹿酌定：成年花公鹿占用棚舍面积约2.1m²/头，占用运动场面积约9m²/头；成年花母鹿占用棚舍面积约2.5m²/头，占用运动场面积约11m²/头；育成花鹿占用棚舍面积约1.6m²/头，占用运动场面积约7m²/头。

2.2 合理组建鹿群

至少应将所养鹿分成育成鹿圈群、成年母鹿圈群、1~2锯公鹿圈群和3锯以上公鹿圈群，以便于合理调配日粮，实行科学饲养管理。

2.3 注意提高鹿群质量

为了快速提高养鹿的经济效益，养殖者要注意不断提高鹿群的质量，日常要认真做好各项生产记录，经常注意根据鹿的年龄、体质、产仔、生茸等情况，科学地进行选种选配工作，尽可能利用优良种公鹿进行品种改良。鹿群规模长期较小的养殖者进行鹿品种改良，可以和其他养鹿户攒换使用种公鹿，也可以买进高产种公鹿。还可以应用人工冷配技术，用优良种公鹿的冻精，对所养的可繁殖母鹿进行人工输精。近些年，许多养鹿户采用人工冷配的办法改良鹿的品种，已经取得了满意的效果。

2.4 科学调配饲料

鹿在不同的生产阶段需要的营养不同。养殖者应根据生产时期和精、粗等饲料储备情况，科学调配不同圈群鹿的日粮，切忌长期单纯饲喂。青粗饲料和干粗饲料要合理搭配，各种精饲料应根据鹿对营养的需要按比例搭配。在此尤其应该提出，养殖者日常要注意根据自有饲料资源状况，积极饲喂青绿饲料和青贮饲料，并且在变更饲料种类时，必须谨慎地缓慢进行，切忌骤然大量改喂饲料，以免引起鹿消化机能障碍。

2.5 实行规律性饮喂

对鹿群要遵守"四定"投饲原则，按规律进行饲喂和饮水，不要随意改变饲养

制度。日常必须经常供足饮水，并且冬季要供给温水。

2.6 保持圈舍卫生，定期进行环境消毒

要经常清扫圈舍，定期对鹿舍环境进行消毒，并且要注意适时更换消毒用药。

参考文献（略）

本篇文章发表于《当代畜牧》2017年5月下旬刊。

四、产品营销

鹿产业实现大数据分析云平台的思路与设想

李和平

（东北林业大学　野生动物与自然保护地学院，黑龙江哈尔滨　150040）

摘　要：新一代信息技术正在使农业迈向集约化、精准化、智能化、数据化的时代。文中以特种养殖业中的鹿产业为例，从鹿产业大数据应用的机遇与挑战、鹿产业大数据分析云平台的总体思路与基本设想及其应用等几方面阐述了鹿产业实现大数据分析云平台的必然，从产业发展的前瞻性上进行了探讨，以期为鹿产业尽快步入大数据时代提供有益的借鉴。

关键词：鹿产业；大数据；云平台

大数据（Big data）是指无法在一定时间内运用传统工具进行统计测量的数据集，具有广泛性和复杂性的特点。大数据分析（Big data analysis）是指对规模巨大的数据进行分析，它具有数据量大（Volume）、速度快（Velocity）、类型多（Variety）、真实性（Veracity）四大特点，其创造利润的核心集中在数据仓库、数据安全、数据分析、数据挖掘等商业价值的利用上。云平台（Cloud platform）则是存在于互联网中，具备扩展和向其他用户提供基础服务、数据服务，以及一些中间件、操作系统、软件及其提供商。

实现大数据分析云平台的关键是云计算技术，它由网络系统后台服务（有大量的计算、存储资源，如视频、图片类和更多的门户网站），互联网和行业数据作为重要支撑。目前人们可以感受到最简单的在网络服务中已随处可见云计算，如搜寻引擎、网络信箱等，只要输入简单指令即能得到大量信息，未来移动端、GPS等都可以通过云计算，发展出更多的应用服务。

近年来，在互联网、物联网、移动互联网、云计算等技术的推动下，我国已经迈入"大数据"时代。随着云计算、物联网、移动互联、智能传感器等技术的发展，传统农业正在发生深刻变革，新一代信息技术正在使农业迈向集约化、精准化、智能化、数据化的时代。作为农业领域中的特种经济动物养殖业也将毫无例外。本文以鹿产业为例，阐述了鹿产业大数据及其分析云平台建设的总体思路、基本设想及

【作者简介】李和平，男，博士，教授，从事动物遗传育种与繁殖研究，E-mail：461905800@ qq. com。

其未来在鹿产业中的应用，以期为鹿产业尽快步入大数据时代提供有益的借鉴。

1 鹿产业大数据应用的机遇与挑战

随着养鹿产业从养殖、产品初精深加工到生态建设的产业链条日益延伸、拉长，鹿业产品贸易国际化、市场经济体的发展，鹿产业产品与人类大健康产业的融合，物联网、云计算、移动互联、智能传感器等技术的应用，养鹿业同其他产业一样，必将步入大数据时代。因此，大数据信息技术将颠覆鹿产业传统生产、经营与管理方式，使产业发生深刻变化；将使鹿产业真正进入精准化、智能化、数据化时代。大数据的应用可以说给鹿产业带来了空前的发展机遇与挑战。

1.1 机遇

我国鹿的人工养殖已经有 300 余年，特别是新中国成立后我国养鹿业得到了空前的发展，养鹿规模逐步扩大，鹿的群体生产力大幅提高，产品加工利用水平日益增强，鹿产业的各个生产与技术环节日臻完善，已经有了较充足的数据量积累；随着信息时代的迅猛发展，互联网等信息技术在农业领域的应用，鹿产业的信息化建设条件也已经具备；随着信息服务（平台）的迅猛发展，大数据解决鹿产业问题的技术手段（软硬件）也将具备，这些都为鹿产业大数据应用带来新的机遇。

1.2 挑战

大数据时代给鹿产业带来机遇的同时，也将使鹿产业面临无可规避的挑战。大数据将对传统鹿产业生产方式带来深刻影响，将使鹿产业各个生产与技术环节中的数据获取、处理能力以及养鹿环境等面临严峻的问题，同时也将使鹿产业面临在生产管理、观念、思维方式等方面发生根本性变革的问题。另外，欲实现鹿产业大数据应用还将涉及初始投入成本、鹿产业大数据专门人才等问题。

因此，鹿产业大数据应用应该首先从实现数据开放共享，完善鹿产业标准化、评价体系，加强鹿产业大数据专门人才建设等做起。

2 鹿产业大数据分析云平台的总体思路与基本设想

2.1 总体思路

结合鹿产业特点，融合物联网、通信、数据库、计算机等技术，对涉及鹿产业的各个生产环节，产品初、精深加工与经营，贸易与市场管理，经济及人力要素，国内外产业形势等进行梳理，以大数据计算分析结果为依据，将各系统模块紧密集成，深入产业链的各个流程，着眼于优化产业运行、支撑决策，提出鹿产业信息化建设，形成总体设计方案。

2.2 整体构架

鹿产业大数据分析由鹿产业链各环节数据信息、数据信息采集系统、大数据分析云平台、应用分析层、应用层、终端六部分组成，整体构架见图1。

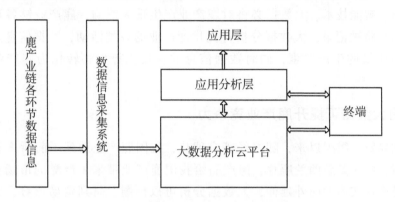

图1 鹿产业大数据分析整体构架

2.2.1 大数据分析云平台大数据分析

云平台是鹿产业大数据分析的中央控制器，是整个信息化系统核心，由云数据、云计算组成，指挥系统有条不紊运行。其工作原理是对信息采集系统输入的信息进行清洗、提取、存储，接收终端发送的请求，调用内部模型或算法得出结果，并对调用的各模型的计算结果对比分析，综合计算得出最终结果，输出应用。

2.2.2 应用分析层

针对具体应用，利用云平台分析计算结果，处理应用层及终端请求，提供生产、管理、决策等各类支持，包括生产、经营、市场、产品、贸易、决策等管理平台。

2.2.3 应用层

根据系统设置、平台的计算分析，输出相应结果或执行相应命令，应用于鹿产业链各个环节，实现产业智慧、信息化管理，包括对生产、经营、市场、贸易、产品、咨询等活动，资源、资本、风险等控制，以及决策支持。

2.2.4 终端

向云平台发送请求，执行云平台发送的指令。

2.2.5 数据信息及其采集系统

涵盖鹿产业链各阶段的数据信息，包括历史与现时、生产与加工、市场与贸易、专家与咨询、培训与会议、国内与国际、仓储与物流等各方面的以及不同技术手段采集的数据信息。

3 鹿产业大数据分析云平台应用

3.1 大数据将改变鹿产业传统生产方式

互联网、智能技术、大数据必将对鹿产业产生重大影响，鹿产业链各环节的全过程数据信息将被记录，大数据分析将优化鹿产业的各类活动，数据信息资源将成为鹿产业高质量的生产要素，同时数据信息的科技优势也将转化为鹿产业的经济优势。

3.2 运用大数据可提升鹿产业竞争力

加入世界贸易组织以来，随着经济全球化，我国鹿产业遇到了前所未有的发展机遇与挑战，特别是新西兰鹿茸、肉产品给我国鹿产业带来了严酷的市场竞争。国际竞争力是产业实力的向外延伸，大数据分析可以预测、研判贸易形势、鹿产品贸易结构、市场走势等，将对提升鹿产业国际市场竞争力具有重大作用。

3.3 运用大数据可对鹿产品金融化提供更为稳妥的空间

产品金融化是指产品成为资本市场上各种金融产品的挂钩商品，从单一的消费品转为兼具金融属性和消费属性的商品，其价格形成机制发生变化不仅受自身供给和需求因素的影响，而且更多地受经济增长、货币政策等宏观经济因素的影响。

鹿产品总量较少，消费需求弹性较低，客观上容易被资本运作。大数据通过电子商务网络平台可以实现各地鹿产品市场的相互连通，形成全国乃至国际性的网上大市场。大数据能够对经济增长、产品价格、金融衍生品的稳定性进行全面的分析，完善产品市场信息收集和发布系统，使价格的波动范围处在合理的区间之内。数据量大和广泛的特点保证了数据的准确性，使其能最大限度地反映价格波动状况。通过大数据比较，各国家、地区在每个年度的产品价格信息能够被真实地反映出来，结合经济政策和汇率利率等因素，大数据可为鹿产品的金融化提供更为稳妥的发展空间。

3.4 运用大数据实现鹿产业信息化服务

大数据时代基于云计算技术构建信息服务平台，充分利用云计算技术开展鹿产业大数据的采集、存储、处理、分析、发布和查询等各项工作，可提高产业信息服务效率，节省产业信息服务成本，推动产业生产精准化、标准化、智慧化，提升信息及时性、准确性，提高区域信息服务均等化水平。例如，实现鹿品种+种业信息化（利用人工智能形成种鹿形态、外貌特征、动作等识别系统，可实现自动评估种鹿的种用价值），营养+生产过程+饲养管理信息化，疫病监测+防疫信息化，产品+市场+

流通+贸易信息化，远程+移动端信息化，专家咨询+生产效率信息化等。另外，实现鹿产业信息化服务也是政府科学管理的重要依据。

总之，随着大数据时代的到来，鹿产业必将实现大数据分析，本文从产业发展的前瞻性方向上进行了探讨，以期对鹿产业发展起到积极推动作用。当然，目前鹿产业数据与信息采集方面的技术、方法与实现大数据分析尚有很大的差距，实现大数据分析的前提是重点解决为大数据提供服务或支撑的数据采集。鹿产业发展未来必将进入大数据时代，未来的养鹿业也将是智慧鹿业。

参考文献（略）

本篇文章发表于《经济动物学报》2019 年第 23 卷第 3 期。

以下游产品开发带动梅花鹿产业发展的机制研究

张楠茜，王亚苹，张　辉*，孙佳明*

（长春中医药大学　吉林省人参科学研究院，吉林长春　130117）

摘　要：通过查阅文献等方式对鹿产业及鹿产品进行研究，针对国内市场对鹿茸的需求增加，国外廉价马鹿茸趁机涌入，严重冲击梅花鹿养殖业发展的重大问题，深入探讨了梅花鹿产业发展的机制：在明确市场经济效益机制的基础上，瞄准鹿茸产品进行深加工的研发；应用高科技技术针对中医古籍对鹿产品精方、验方进行筛选、分析定位，开发出具有引领效应的产品；依据肽键热振荡理论示范性开发保健品、食品、化妆品。通过梅花鹿下游产品开发破解梅花鹿产业下滑的障碍，最终带动梅花鹿产业的发展。

关键词：梅花鹿；鹿产业；精深加工；传统古方；肽键热振荡理论

中国的鹿资源十分丰富，养鹿历史悠久，是世界上最早养鹿的国家。新中国成立后，我国养鹿业发展迅速，在一段历史时期养鹿收益相当可观，生产的鹿茸绝大部分用于出口换取外汇。进入 21 世纪以来，随着我国国力的增强，人民生活改善，中医保健事业兴旺发达，国内市场对鹿茸的需求数量迅速增加。吉林省素有"梅花鹿之乡"的美誉，人工驯养梅花鹿已有长达 300 多年的历史。但随着国际鹿茸产业竞争的愈演愈烈，许多国外廉价马鹿茸涌入，严重冲击了梅花鹿养殖业的发展。如今，鹿茸产业国际竞争形势严峻，如何更好地引导产业健康可持续发展，促进产业转型升级，创造更大的经济效益，是目前亟待解决的问题。因此，欲破解梅花鹿产业下滑的障碍，就必须深入探讨梅花鹿产业发展的机制，重振梅花鹿产业有序发展的雄风。

1　鹿产业发展现状与问题

俗话说，鹿的全身都是宝。随着人民生活水平的提高，人们越来越重视身体的

【作者简介】张楠茜（1996—　），女，硕士研究生，主要从事中药化学研究。

* 通信作者：张辉，电话：（0431）86172080，E-mail：zhanghui-8080@163.com。

孙佳明，电话：（0431）86172280，E-mail：sun_jiaming2000@163.com。

自我保健，也促使鹿产品的使用数量增加。由宋胜利归纳可知，目前有鹿茸、鹿角、鹿血、鹿筋、鹿鞭等 40 余种鹿产品已被作为我国的传统鹿产品供人们使用。我国的梅花鹿主要分布在东北、华南以及四川 3 个区域，其中分布在东北地区的梅花鹿占大多数。

1.1 我国梅花鹿的分布及饲养状况

在历史上，我国梅花鹿广泛分布在东北、华北、华东、华中、华南地区青藏高原东部及蒙新区，且鹿资源十分丰富。近年来随着野生物种数量的逐渐降低，我国梅花鹿曾经的 6 个亚种现已缩减到只有 3 个主要亚种，在现存的 3 个亚种中，野生梅花鹿数量大约仅有 1 500 头。受自然因素及人为猎杀的影响，野生梅花鹿各种群正处于濒危状态。为了保护鹿产业，我国在养殖鹿方面发展迅速，在一段历史时期养鹿收益相当可观。世界梅花鹿约 80% 分布在中国，中国梅花鹿约 80% 分布在吉林，"吉林梅花鹿"享誉世界。

1.2 鹿产品的加工情况

梅花鹿作为我国的名贵中药，入药具有悠久的历史。随着养鹿产业及现代技术的发展，鹿产品的开发与加工日益成为人们关注的热点。相比于国外以开发食用肉鹿为目的的加工方式，我国的鹿产品加工主要以中药保健目的为主。回顾我国的鹿产品市场，鹿产品加工仍处于简单的初加工阶段，技术和科研水平均落后于国外一些国家。我国的传统鹿业一直走小规模、粗放型的养殖之路，没有充分发挥出整体的产业优势；养鹿数量少而散，个体化生产，组织化程度低，难以适应市场经济条件下的大生产需要。国内现有的鹿产品主要是直接应用或初级原材料的简单加工，大部分产品采用传统的鹿产品加工工艺，没有同现代制药工艺进行有机结合，导致生产出的鹿产品实际利用度不高。产品的层次较低，精深加工产品少。为了吉林省的鹿产业健康持续发展，就必须对鹿产品进行深度的开发。

1.3 鹿产品市场现状及政策法规

某些商家业户的错误行为和躁动心态向利益方向驱动，制假、贩假猖獗，鞭、筋、茸、胎、尾、血等鹿产品都有以次充优、以假充真现象，并且制假水平日益提高，达到几乎可以乱真的程度。现在市场上的盒装鹿茸片，地道品本应是梅花鹿和马鹿的茸片，但实际上多为进口的驯鹿茸片，或为有效成分提取后的鹿茸切片。市场上的鹿鞭多为按肉价进口的新西兰产欧洲赤鹿鞭，鹿筋多用伪品拼接等。由此而造成市场混乱，假冒伪劣泛滥，产品信誉缺失，消费者无所适从，整个鹿产品市场销售低迷。纵观当前的保健品市场，产品质量参差不齐，监管力度达不到平衡水平。从政策环境看，目前国家尚不允许梅花鹿鹿茸、鹿胎、鹿鞭（肾）和鹿骨作为保健品成分，只能入药，消费者有需求的只能以原料方式选购。因而导致鹿产业重养殖轻开发，产品开发严重滞后。

2 鹿产业发展的相应机制及对策

2.1 加大鹿产品深加工力度

明确市场经济效益机制，应当瞄准功能性食品、化妆品等领域行全方位开发，全面提高鹿产品的科技含量。目前，我国在鹿茸及鹿产品深加工方面还处于初级阶段，只是以鹿茸片等初加工产品的形式上市，市场上缺少以鹿产品为主要原料的保健品、食品和化妆品等深加工产品。重振梅花鹿产业有序发展，必须走出生产单一鹿茸的误区，在鹿产品的深加工上下功夫，加大技术开发力度和生产规模，增大科技含量，提高附加值，满足市场对鹿产品多元化的需求。

2.2 结合中医古方开发新产品

应用高科技技术针对中医古籍对鹿产品经方、验方的进行筛选、分析定位，开发出具有引领效应的产品。鹿茸等鹿产品在我国用于营养保健、防病强身已达数千年，其功效显著，盛誉国内外。迄今，已有 30 多种组织部位以原料形式配伍于中药方剂中。因此，利用文本挖掘技术对鹿产品经方、验方进行筛选，并对现有鹿类产品、系列著作收集整理，从而得到对鹿产品经方、验方可作为食品、保健品、药品的精准产品定位，为吉林省梅花鹿研制出服用简单、携带方便、科技含量高的鹿系列新产品提供理论支持。

2.3 依据下游产品带动产业发展

依据肽键热振荡理论示范性开发保健食品、食品、化妆品，通过梅花鹿下游产品开发带动梅花鹿产业的发展。目前，真正从事精深加工的大型企业为数不多，鹿类动物产品加工业的技术水平和总体状况仍处于较低下的状态，初级产品多、精深加工产品少、技术落后等，这是鹿产品科学研究领域中最薄弱的环节，是制约养鹿业经济效益的关键，也是制约养鹿业发展的最大问题。

梅花鹿作为我国的宝贵资源，如何合理的利用开发是值得思考的问题。通过讨论目前鹿产品的市场效益机制和鹿产业的发展前景，笔者认为应用现代生物技术结合当地的市场结构，继续鹿茸、鹿胎、鹿血、鹿角胶等鹿产品的深加工，开发新的下游产品及产业，将我国中医的经典名方与现代技术相结合，拓展鹿产品市场，能够使鹿产业附加值得到显著的提升，从而改善目前鹿产业"重养殖，轻研究"的主要问题。随着鹿产业研究开发的优化深入，新的鹿产品问世，鹿产业造福地方经济，必将改善梅花鹿产业下滑的现象，引导我国鹿产业朝科学化、规范化、高产业化的方向发展。

参考文献（略）

本篇文章发表于《吉林中医药》2019 年第 39 卷第 1 期。

特色农产品的市场营销和品牌建设

刘强德

（中国畜牧业协会副秘书长）

产业要发展就要创新思考，创新思维模式和行为模式。原来很多企业家，尤其是东北养鹿业的企业家大多都是产业思维、生产思维、产品思维，都在围绕饲养的鹿开发产品，基本都是雷同化的鹿酒系列、鹿胎膏系列、鹿茸的粉剂或者片剂，都是基于自己的小作坊进行的产品思维。而产品和商品是不同的概念，没有进入流通环节的称为产品，而进入流通、开始品质化，并让消费者产生更多认知的时候，才是商品。有多少鹿酒是被行业外的人消费的？大多数还是被行业内的人消费了。实际上，目前生产的产品，很多还是在产品的领域流通，而不是商品领域。下一步，希望更多的企业家能从市场营销的角度出发，转向市场思维、消费思维和品牌思维，真正研究用户，更好地满足和引领消费。

1 聚焦拳头产品

目前，很多特产企业都有一个普遍的现象：企业越小，想法越多；销售越少，产品越多；大企业产品少，小企业产品多。没有聚焦的产品，没有拳头产品，多而全的营销模式对企业发展非常不利。笔者建议，鹿业企业应该确立战略大单品或明星产品，而不要做多而杂的产品，否则消费者对品牌没有一个清晰的认知度。大家都知道知名企业——东阿阿胶股份有限公司（以下简称"东阿阿胶"），东阿阿胶原来从事医药产业，最初生产多种产品，包括注射器等医疗器械。现任总裁秦玉峰上任后，果断地把很多产品都砍掉了，尽管有些产品也盈利。目前，企业只聚焦驴皮生产阿胶。如今，消费者一提起阿胶，首先想到的就是东阿阿胶，东阿已经形成了品牌。

俗话说得好，"儿多不养家"。企业的产品战略也是如此，对企业来说，需要聚焦，最终形成代表品牌、收获利润的战略型产品；战略决策就是取舍的决策，相对于"取"，企业在战略上"不舍"的问题更加突出，因为"舍"需要更大的决心和勇气。

2 做品牌，而不是仅做产品

做品牌一定要合法化。先取得各种批号，否则只能是内部交流的小产品，不能形成品牌。品牌是鹿产品的升华（内有差异化的价值，外有适合的形象），强势的品牌决定着市场定价权和引领权。现在的鹿产品大多是经销商在左右市场行情，而生产者没有话语权。所以应该与大健康行业中愿意和鹿产品结合的大品牌合作，或者与金融资本合作，做大做强一两个鹿产品品牌。

品牌的形成期：品牌形成的产品差异化对销售的促进作用从无到有，由小到大，逐渐强大。当前，鹿产业的品牌还普遍处于形成期。

品牌的反哺期：品牌的反哺力量形成需要时间和过程，也需要借势，在品牌上聚集的东西越多、越聚焦，品牌价值就越丰厚，未来对销售的反哺促进力量就越强。例如，东阿在涨价的时候是不会和同仁堂商量的，也不会和消费者商量，而东阿涨价之后却能够被市场所接受，这就是品牌的反哺和强势。而鹿产业没有这样强势的品牌，没有强有力的影响，消费者对这类产品就不能形成很好的认知，所以对鹿产品的消费始终处于时断时续的状态。在品牌出现之前，鹿产品的根与魂是公共资源，是产地共有的。企业在做鹿品牌的时候，一定要发现、挖掘和抢占公共资源，包括产地资源、品类资源以及蕴藏在产地和品类中的文化（如巴林左旗的契丹文化、承德的皇家文化、西丰的狩猎文化等）。比如山西的小米品牌"沁州黄"，因为受到康熙皇帝青睐，被奉为皇家贡米。"沁州黄"小米就以"黄金产区、皇家贡米"为品牌诉求，塑造了大气、厚重、有历史文化的品牌形象。

3 营销模式

3.1 仪式营销

仪式营销是对人们特殊消费行为的仪式化设计，赋予消费行为神圣意义或传承性价值，从而达到创造、引导消费活动的营销目的。

还是以东阿阿胶为例，东阿阿胶每年冬至都会举办九朝贡胶开炼仪式。九朝贡胶对原料和节气时辰的要求非常讲究，体现了中国"阴阳五行、天人合一"的思想，冬至子时是阴极阳生之时，而东阿之水是天下至阴之水，择至阴之时，取至阴之水，选属阴之乌驴皮炼胶，其滋阴效果最佳。东阿阿胶赋予了产品很强的仪式感，每次活动都要邀请各大媒体来报道，就是通过这样的仪式营销来诠释其产品的独特性、唯一性。

3.1.1 生产过程的仪式感

有一种茶强调"谷雨节气的第一天清晨采集的嫩茶，温之以少女的体香"；有一种酒声称"在女孩子出生之日，父母将新酿黄酒埋于树根下，女儿出嫁之日取出"；有一种榨菜作为涪陵榨菜的代表，将涪陵人诚信的传统加工技艺提炼传播为"三清三洗""三腌三榨"……这些仪式感赋予了产品不同凡响的神圣气质，鹿产业的生产方式也可以借鉴这样的仪式感。

3.1.2 销售过程的仪式感

一些高端红酒销售通常以私人沙龙的方式出现，人们不再是消费者，而是艺术鉴赏者和仪式的参与者，加强了情怀的韵味。白酒品类新宠江小白一反行业传统复古的常态，精准定位城市白领，谈小资，讲情怀，力图抢占新的消费群体，通过几年的耕耘，现已成为新酒客们热捧的白酒品牌。

3.1.3 消费过程的仪式感

讲究的人享受雪茄，需要剪去雪茄帽，用专业打火机点燃，而且抽的过程不能太快，一支中等长度的雪茄往往需要时间来享受，强烈的仪式感给消费者带来了什么？"农夫果园"告诉人们"喝前摇一摇"，"奥利奥"饼干要求消费者"扭一扭，舔一舔，泡一泡"，是否增加了消费过程的快感，一旦形成一种习惯，就会产生一种独特的仪式感，极大增强了品牌魅力。人们的消费行为不仅是单纯的经济关系，也是一种文化行为，仪式在商品营销过程中发挥着越来越大的功效。

鹿的主产区（双阳、西丰、巴林左旗、包头等）政府也可以学习查干湖的冰雪渔猎文化旅游节。丰富的辽代祭祖仪式、祭湖醒网仪式、拍卖头鱼仪式等都吸引了众多游客，加之央视等媒体的参与，激活了查干湖的旅游市场和大米等特产品牌，被国务院发展研究中心作为带动传统农区突围的品牌+战略案例研究。

3.2 CSA 模式（社区支持农业）

CSA 模式是有农场确定可接受会员数量，会员自助加入农场，农场按需定制生产，也称 C2F。

3.3 众筹模式：平台众筹和独立众筹

2014 年 3 月，淘宝聚划算推出了"定制你的私家农场"的"聚土地"活动，这是一个非常典型的农业独立众筹项目。2015 年，新疆果业集团大唐丝路电子商务有限公司与阿里巴巴聚划算平台合作，联手宣传推介西域果园等新疆知名品牌，2d 销售干杏近 5 000 件。

3.4 社群营销模式

一个米聊社群让其貌不扬的雷军占据了国内 15% 的手机市场；一个"罗辑思维"微信公众号让剑走偏锋的罗振宇收获了 600 万人的粉丝和 1 亿元的品牌估值；一个茶友会让"乡土乡亲"这个茶叶品牌销售额超过 1 000 万元。

鹿产品作为一种特色农产品，很容易形成社群品性，以共同爱好和价值观为纽带建立品牌社区，以产品和技术来链接和重构经济模式。

4 鹿产品做大的"四化"

4.1 口味普适化

大家都知道阿胶很贵，而且口感不好，所以东阿阿胶对产品进行了口味普适化的改良，在阿胶中加大枣、核桃、芝麻等，推出了"桃花姬"产品。这种方法鹿产品也同样适用，可以把鹿茸加工成口味较好的食品，做成小包装放在口袋里，就像口香糖一样方便。所以，口味普适化决定产品是否能够常态化地被消费者接受。

4.2 形态快消化

"好想你"枣片年销售额几十亿元，河南不产枣，全国的枣却属河南卖得最火；英国不产茶，而英国的"立顿"茶品牌等于半个中国的茶叶价值；"雀巢咖啡"使不讲究喝咖啡的人也可以很方便地打开一包，享受喝咖啡的感觉。

4.3 传播时尚化

产品包装上除了必要的品牌 LOGO 和说明，剩下的部分完全可以留给消费者，提升消费者的参与度。比如印上祝福的话语、贴上可爱的小鹿图案，为心爱的人定制一份专属的健康礼品等。同时，利用好网红也是很好的营销手段。

4.4 价值健康化

现代人谈保健已经成为家常便饭，保健品已经渗透到日常生活的每个环节。喝饮料要护嗓子，吃饼干要养胃，饭前要加一勺蛋白粉，饭后要喝点乳酸菌助消化……保健的需求指向、日常化的场景地位是消费者生活的基本面，是常态化的现象。鹿产品该如何定位？什么时候吃？怎样吃？有什么作用？从业者要抓住健康消费的热潮。

5 鹿产品业态的思考

（1）单一产品还是配方功效产品的思考。

（2）产品形态的思考。

（3）引入新的传媒手段，如微信小程序、网红营销等。

（4）一二三产业融合，集休闲、观光、旅游、生态、养生于一体的鹿产业项目。

（5）积极融入中国畜牧业协会的"名优畜品牌建设 1712 行动计划"。

参考文献（略）

本篇文章发表于《饲料与畜牧》2018年第5期。

五、产品开发

中国鹿产品开发进展

薄盼盼[1]，陆雨顺[2]，曲　迪[2]，孙印石[1,2]*

（1. 吉林农业大学　中药材学院，吉林长春　130118；

2. 中国农业科学院特产研究所，吉林长春　130112）

摘　要：我国拥有悠久的鹿产品食用历史，其鹿产品主要有鹿茸、鹿胎、鹿鞭、鹿角等。鹿产品富含氨基酸、蛋白质、多肽、脂质类等多种功能性成分，具有增强免疫力、缓解体力疲劳、延缓衰老、抗氧化等多种功效。本文从中成药、保健食品、化妆品等方面探讨鹿产品的剂型和保健功效，分析我国鹿产品开发与应用现状，为后续相关产品开发提供理论依据。

关键词：鹿产品；中成药；保健食品；化妆品

1　前言

梅花鹿和马鹿是脊索动物门哺乳纲偶蹄目鹿科动物。鹿全身都是宝，鹿茸、鹿角、鹿角胶和鹿角霜作为中药材被多版中国药典收录。在《国家重点保护野生动物名录》中明确规定了梅花鹿为一类保护动物，马鹿为二类保护动物。由于家养茸鹿种群规模的不断扩大，2012年原卫生部公布了除鹿茸、鹿角、鹿胎、鹿骨外，养殖梅花鹿其他副产品可作为普通食品，2014年原国家食药总局规定了鹿茸、鹿胎、鹿骨为保健食品原料。但在2019年底，突如其来的新冠肺炎疫情给国家和人民造成了巨大的生命和财产损失。疫情之下，食用野生动物可能造成的公共卫生安全风险已经引起了世界范围内的高度重视。2020年5月，农业农村部发布《国家畜禽遗传资源目录》，首次明确了梅花鹿和马鹿属于特种畜禽，适用于《中华人民共和国畜牧法》的管理规定，为我国鹿业发展迎来新的发展机遇。为了充分利用中国梅花鹿和马鹿资源，本文全面梳理了鹿产品在中成药、保健食品和化妆品方面的开发进展，

【作者简介】薄盼盼（1995—　），女，山东济南人，硕士研究生，研究方向为中药学，E-mail：bopanpan89@163.com。

* 通信作者：孙印石（1980—　），男，内蒙古兴安人，博士，研究员，主要从事人参/西洋参、梅花鹿产品贮藏加工与功能食品开发，E-mail：sunyinshi2015@163.com。

为中国鹿业的大健康战略提供理论依据。

2 鹿茸的开发进展

鹿茸已有2 000多年的药用历史，最早记载于《神农本草经》，"味甘，性温，主漏下，恶血，寒热，惊痫，益气，强志，生齿"。鹿茸是味甘、咸，温。归肾，肝经。具有壮肾阳，益精血，强筋骨，调冲任，托疮毒作用。现代研究表明，鹿茸中含有氨基酸、蛋白质、糖类、脂质、多肽、无机元素以及核苷等成分，具有增强免疫力、抗氧化、抑制前列腺癌活性等药理作用。

2.1 鹿茸药物开发进展

2020年版《中国药典》中收录的含有鹿茸的中成药有22种，见表1。鹿茸中成药开发多以丸剂、胶囊剂和片剂为主。丸剂作为中药的传统剂型，主要为滋补药方所使用，药力持久，为治疗慢性病药物的首选剂型。这些中成药主要为补益药，治疗肾阳不足和肾阴不足，具有补肾填精，温补肾阳，益气养血的功效。以龟龄集为例，龟龄集是国家一级保密处方，以治疗肾阳虚为主，此外还用于治疗轻中度的认知障碍。方中鹿茸、人参作为君药，鹿茸与人参配伍，增强了药方中强肾补阳的功效。海马、肉苁蓉为臣药，辅佐君药起到协调阴阳的作用。淫羊藿、补骨脂和菟丝子为佐药，可降低君药中的温燥之性。有泻有补，有升有降，形成了可长期使用的特效补益方剂。在国家市场监督管理总局注册含有鹿茸的中成药有48种，剂型数量见图1。由图1可知，含有鹿茸的中成药市场中，以丸剂、液体药剂和胶囊剂为主，约占总数的29.1%、29.1%和25%。液体药剂中代表药品为鹿茸口服液，应用范围广泛，具有抗衰老、降低肝脏脂肪、抗炎镇痛和增强免疫力的作用。丸剂中以参桂鹿茸丸为代表，具有补气益肾，养血调经之功效，用来治疗肝肾虚亏所致的月经不调、腰膝酸软、自汗盗汗等症。

表1 中国药典中含有鹿茸的中成药

剂型	药品名称	生产厂家/家	代表厂家	鹿产品种类
液体制剂	安神补脑液	5	江苏聚荣制药集团等	鹿茸
	益气养血口服液	24	浙江前进药业有限公司等	鹿茸
丸剂	安坤赞育丸	6	北京同仁堂股份有限公司等	鹿茸、鹿尾、鹿角胶
	补肾益脑丸	1	牡丹江零泰药业	鹿茸
	健脑补肾丸	2	东阿阿胶（临清）药业有限公司等	鹿茸

剂型	药品名称	生产厂家/家	代表厂家	鹿产品种类
丸剂	定坤丹	12	牡丹江零泰药业股份有限公司等	鹿茸、鹿角霜
	二十七味定坤丸	14	吉林长白山药业集团股份有限公司等	鹿茸
	参茸白凤丸	5	国药集团冯了性（佛山）药业有限公司等	鹿茸
	参茸保胎丸	3	国药集团冯了性（佛山）药业有限公司等	鹿茸
	生血丸	1	天津中新药业集团股份有限公司达仁堂制药厂	鹿茸
	调经促孕丸	4	陕西金象制药有限公司等	鹿茸
片剂	补肾益脑片	1	牡丹江零泰药业	鹿茸
	健脑安神片	2	江西药都樟树制药有限公司等	鹿茸、鹿角胶、鹿角霜
	强肾片	6	辽宁上药好护士药业（集团）有限公司等	鹿茸
	参茸固本片	5	辽源誉隆亚东药业有限责任公司等	鹿茸血、鹿茸
	再造生血片	1	安徽誉隆亚东药业有限公司	鹿茸
胶囊剂	龟龄集	1	山西广誉远国药有限公司	鹿茸
	蛤蚧补肾胶囊	3	福州海王金象中药制药有限公司等	鹿茸
	三宝胶囊	20	成都迪康药业股份有限公司等	鹿茸
	益血生胶囊	1	吉林三九金复康药业有限公司	鹿角胶、鹿血、鹿茸
	培元脑通胶囊	1	河南羚锐制药股份有限公司	鹿茸
	再造生血胶囊	1	安徽誉隆亚东药业有限公司	鹿茸

注：数据来源于 2020 版《中国药典》以及国家市场监督管理总局网站。

2.2 鹿茸保健食品开发进展

随着现代生活中人们生活节奏加快，亚健康的状态逐渐扩大，引起亚健康状态的原因多种多样，肾精虚亏、脾胃虚弱是其中之一。鹿茸有悠久的药用和食用历史，具有补肾阳，益精血的功效，是治疗肾虚精亏的要药。如表 2 所示，国家市场监督管理总局注册的含有鹿茸的保健食品 200 多种。保健功能主要以缓解体力疲劳和增强免疫力为主。此外，鹿茸与其他的中药配伍，形成了新的保健作用，例如，香巴拉珍宝胶囊中鹿茸与藏药牦牛鞭、红景天等配伍有耐缺氧的作用。益和长泰片加入

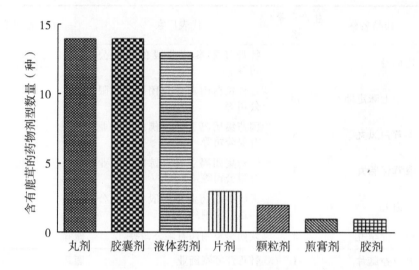

图1　国家市场监督管理总局注册的含有鹿茸的药物剂型数量

了骨碎补、黄精、怀牛膝等，有增强骨密度的功能。

表2　国家市场监督管理总局注册的含有鹿茸的保健食品

保健功能	保健功能 频次/次	保健功能 所占比例/ %	代表性产品	批准文号
缓解体力疲劳	186	52.54	椰岛牌鹿龟酒	卫食健字（1998）第446号
增强免疫力	132	37.28	驰星牌参茸膏	国食健字G20040335
祛黄褐斑，美容，延缓衰老	15	4.23	广济堂养颜鹿胎粉胶囊	卫食健字（2000）第0321号
增强骨密度	7	1.97	银龄牌海力安胶囊	国食健字G20060205
辅助降血脂	3	0.84	樟子松R鹿茸人参泽泻银杏叶山楂口服液	国食健字G20140455
耐缺氧	5	1.41	百治亚牌香巴拉珍宝胶囊	国食健字G20040534
辅助降血糖	2	0.56	樟子松R黄芪麦冬熟地山药鹿茸口服液	国食健字G20140566
抗氧化	2	0.56	至宝R特质三鞭酒	卫食健字（1997）第587号
改善睡眠	1	0.28	先生口服液	卫食健字（2000）第0108号
抗突变	1	0.28	萌动激活牌航艾胶囊	国食健字G20040531

注：数据来源于国家市场监督管理总局数据查询系统。

2.3 鹿茸化妆品开发进展

现代研究表明，鹿茸能够通过提高 SOD 和 GSH-Px 的活性、抑制酪氨酸的活性而起到抗衰老、美白的作用。高畅研究了鹿茸对酪氨酸的抑制作用，结果表明鹿茸水提物能抑制酪氨酸的活性，IC_{50}（半抑制浓度）为 31.932mg/mL，表明鹿茸具有很好的美白作用。刘春红通过对秀丽隐虫的抗疲劳作用研究，表明鹿茸乙醇提取物为 2.5mg/mL 时具有较好的抗衰老和抗氧化作用。表 3 中列出了国家市场监督管理总局注册的含有鹿茸的国产化妆品 12 个，分为精华、霜、保湿水、洁面乳、乳液 5 种剂型，其中精华和霜是主要的化妆品剂型，分别占总数的 1/3。

表 3　国家市场监督管理总局注册的含有鹿茸的化妆品

剂型	产品名称	批准文号
精华	鹿茸莹润精华霜	琼 G 妆网备字 2016000021
	鹿茸莹润保湿精华	琼 G 妆网备字 2016000023
	鹿茸精华素	琼 G 妆网备字 2016000024
	鹿茸保湿水凝露	琼 G 妆网备字 2016000019
霜	鹿茸莹润保湿霜	琼 G 妆网备字 2016000025
	鹿茸养颜保湿霜	琼 G 妆网备字 2016000010
	鹿茸润肤霜	琼 G 妆网备字 2016000027
	绿世界鹿茸祛斑霜	卫妆特字（2004）第 1087 号
保湿水	鹿茸保湿柔肤水	琼 G 妆网备字 2016000026
洁面乳	鹿茸保湿洁面乳	琼 G 妆网备字 2016000028
	绿世界鹿茸洁面奶	卫妆特字（2003）第 0803 号
乳液	鹿茸嫩肤身体乳	琼 G 妆网备字 2016000022

注：数据来源于国家市场监督管理总局数据查询系统。

3　鹿胎的开发进展

鹿胎为梅花鹿和马鹿尚未食母乳的胎仔以及胎盘。本草纲目中记载，鹿胎有调经养颜，解诸毒的功效，主治肾虚阳痿，女性月经不调等。具有活血化瘀，增强免疫，抗氧化，抗衰老的功效。现代临床多用来治疗乳腺增生，月经不调等症，是妇科疾病的良药。

3.1 鹿胎药物开发进展

如表 4 所示，在国家市场监督管理总局注册的含有鹿胎的中成药一共有 4 种剂型，剂型多以胶囊剂，煎膏剂为主，煎膏剂药物浓度高，易保存，是治疗慢性疾病的药方首选剂型。以鹿胎膏为例，由人参、鹿胎、熟地黄组成，中医认为鹿胎膏具有调经散寒，补气，养血的功效。现代研究表明，鹿胎膏对于治疗妇女绝经期失眠，子宫内膜偏薄型不孕等有很好的疗效。

表4 国家市场监督管理总局注册的含有鹿胎的中成药

剂型	药品名称	生产厂家/家	代表性生产厂家	鹿产品种类
煎膏剂	鹿胎膏	18	吉林龙鑫药业有限公司等	鹿胎
	参茸鹿胎膏	4	钓鱼台医药集团吉林天强制药股份有限公司等	鹿茸、鹿胎
丸剂	参茸鹿胎丸	1	吉林金宝药业股份有限公司	鹿茸、鹿胎
胶囊剂	鹿胎胶囊	1	吉林省力胜制药有限公司	鹿胎、鹿茸
	鹿胎软胶囊	1	吉林敖东延边药业股份有限公司	鹿胎、鹿茸
	参鹿补虚胶囊	6	通化金汇药业股份有限公司等	乳鹿、鹿胎
	女宝胶囊	41	长白山制药股份有限公司等	鹿胎粉、鹿茸
颗粒剂	鹿胎颗粒	1	吉林敖东延边药业股份有限公司	鹿胎
	八珍鹿胎颗粒	1	新疆南京同仁堂健康药业有限公司	鹿胎、鹿角胶

注：数据来源于国家市场监督管理总局网站。

3.2 鹿胎保健食品的开发进展

通过对国家市场监督管理总局数据查询系统检索到含有鹿胎的保健食品有31种，见表5。鹿胎的保健功能主要集中在增强免疫力和祛除黄褐斑，美容，延缓衰老方面，分别达到17次和13次。保健作用机制主要是通过调节代谢，增强免疫功能来达到强身健体，延缓衰老的目的。鹿胎也可通过抑制小鼠脑中单胺氧化酶的活性，改善黄褐斑。另有京师维康牌绿原胶囊，配方中添加了山楂、麦芽，具有改善胃肠道，促进消化的功能。

表5 国家市场监督管理总局注册的含有鹿胎的保健食品

保健功能	保健功能频次/次	保健功能所占比例/%	代表性产品	批准文号
增强免疫力	17	48.57	鹿成牌颜清咀嚼片	国食健字 G20140840
祛黄褐斑，延缓衰老	13	37.14	佳尔丽牌佳尔丽片	国食健注 G20110340

（续表）

保健功能	保健功能频次/次	保健功能所占比例/%	代表性产品	批准文号
缓解体力疲劳	2	5.71	永健牌加力胶囊	卫食健字（2003）第0324号
抗氧化	1	2.85	敖东R鹿胎口服液	卫食健字（1998）第046号
改善胃肠道功能，促进消化	1	2.85	京师维康牌绿原胶囊	卫食健字（1999）第0346号
改善睡眠	1	2.85	北奇神牌嫣然胶囊	国食健字G20040156

注：同时还有鹿胎、鹿茸的保健食品统计于含有鹿茸的保健食品中，下同。

3.3 鹿胎化妆品的开发进展

有研究表明，鹿胎水提取物在 5mg/mL 时，DPPH（1,1-二苯基-2-三硝基苯肼）清除率达到 95.48%，显著高于其他鹿产品的清除率，具有较好抗氧化，延缓衰老的功效。与鹿茸醇提物一样，鹿胎醇提物对酪氨酸酶有抑制作用，具有美白效果。国家市场监督管理总局注册的名称中含有鹿胎的化妆品仅有 4 种，见表 6。分别为霜、胶剂、精华、乳液，以美白、保湿、抗初老为主。

表 6 国家市场监督管理总局注册的名称中含有鹿胎的化妆品

剂型	产品名称	批准文号
霜	鹿胎素保湿霜	蒙G妆网备字2017000107
胶剂	鹿胎素明眸眼胶	蒙G妆网备字2017000109
精华	鹿胎素精华原液	蒙G妆网备字2017000098
乳液	鹿胎素补水乳液	蒙G妆网备字2017000097

注：数据来源于国家市场监督管理总局数据查询系统。

4 鹿角及制品的开发进展

鹿角为马鹿或梅花鹿雄鹿已骨化的角，通常在出生翌年开始生长，每年从基部脱落再长出新角或锯茸后翌年春季脱落的角基，分别习称"马鹿角""梅花鹿角""鹿角脱盘"。鹿角胶和鹿角霜均为鹿角的加工制品。鹿角胶为鹿角经水煎煮、浓缩制成的固体胶。具有温补肝肾，益经养血的功效。鹿角霜为鹿角去胶质的角块。春秋季生产，将骨化角熬去胶质，取出角块，干燥，即得。《本草纲目》中记载了鹿角生熟的药性变化,"鹿角,生用则散热行血,消肿辟邪;熟用益肾补虚,强精活血。炼霜熬膏,则专于滋补矣"。鹿角胶,鹿角霜,补益功效增强,活血化瘀,祛瘀逐邪作用减弱。鹿角胶最早记载于《神农本草经》称为"白胶",在《本经逢原》中被称为"鹿胶"。现代医学中鹿角胶在治疗骨质疏松,乳腺增生,性功能障碍方面有很好的疗效,对于以鹿角胶组成的方剂——鹿角方,由鹿角胶、补骨脂、淫羊藿、山茱萸、女贞子、陈皮组成,用来治疗慢性心力衰竭,生理活性机制是通过作用于组蛋白乙酰化来达到抑制心肌肥厚的作用。鹿角霜相比于鹿角胶药性平和,适用于脾胃功能虚弱者,与鹿茸相比补阳力弱兼有收涩作用,现代临床可用来治疗乳腺炎、不孕、前列腺增生,抑制炎性因子的分泌,促进抗炎因子的分泌来治疗类风湿性关节炎。鹿角霜在治疗恶性肿瘤化疗之后白细胞减少,效果优于利可君,治愈率达80%以上。

4.1 鹿角、鹿角霜、鹿角胶中成药的开发进展

2020版《中国药典》收录的含有鹿角的中成药有6种,见表7,大都是围绕参芪十一味和乳癖消所开发的剂型。参芪十一味由人参(去芦)、黄芪、当归、天麻、熟地黄、泽泻、决明子、鹿角、菟丝子、细辛、枸杞子组成,具有补气养血,健脾益肾的作用。还可用来提高结直肠癌晚期的临床疗效,降低由化疗引起的不良反应。乳癖消片作为中成药中治疗乳腺增生的代表药,治疗机制可能与调节内分泌紊乱,抑制炎症反应有关。

表7 中国药典中含有鹿角的中成药

剂型	药品名称	生产厂家/家	代表厂家	鹿产品种类
片剂	乳癖消片	2	沈阳红药集团股份有限公司等	鹿角
	十一味参芪片	1	吉林金恒制药股份有限公司	鹿角
胶囊剂	十一味参芪胶囊	1	大连汉方药业有限公司	鹿角
	乳癖消胶囊	2	辽宁上药好护士药业(集团)有限公司等	鹿角
颗粒剂	参芪十一味颗粒	1	江西山高制药有限公司	鹿角
	乳癖消颗粒	1	哈尔滨泰华药业股份有限公司	鹿角
膏剂	龟鹿二仙膏	4	河南省新四方制药有限公司等	鹿角

注:数据来源于国家市场监督管理总局数据查询系统。

2020版《中国药典》中收录的含有鹿角霜的中成药有6种,见表8。剂型主要以丸剂为主,约占42.8%。目前市场上含有鹿角霜的中成药以乌鸡白凤丸,女金丸为主,可能与临床使用次数,消费者喜爱度高有关。乌鸡白凤丸由《寿世保元》中的乌鸡丸演变而来,由乌鸡、熟地、鹿角胶、鹿角霜、当归、白芍等20多味中药组

成，益气补血，调经止带，现代临床上用来治疗月经不调，崩漏带下等症。方中鹿角胶，鹿角霜联用，在方中为臣药，与桑螵蛸一起补肝肾，益精血，温补肾阳。女金丸是在《景岳全书》中女金丹的基础上加减所得，为妇科常用药，被国家基本用药目录收载。鹿角霜与肉桂一起，补火助阳，具有调经养血，活血止痛的功效。

表 8 中国药典中含有鹿角霜的中成药

剂型	药品名称	生产厂家/家	代表性厂家	鹿产品种类
丸剂	乌鸡白凤丸	120	九芝堂股份有限公司等	鹿角胶、鹿角霜
	女金丸	79	黑龙江省松花江药业有限公司等	鹿角霜
	锁阳固精丸	37	河南润弘本草制药有限公司等	鹿角霜
胶囊剂	女金胶囊	1	江西汇仁药业股份有限公司	鹿角霜
片剂	乌鸡白凤片	1	天津中新药业集团股份有限公司乐仁堂制药厂	鹿角胶、鹿角霜
颗粒剂	乌鸡白凤颗粒	1	国药集团德众（佛山）药业有限公司	鹿角胶、鹿角霜

注：数据来源于 2020 版《中国药典》以及国家市场监督管理总局网站。

2020 版《中国药典》中含有鹿角胶的中成药见表 9。与鹿角霜相同，丸剂所占比例最高，占 40%左右，右归丸是经金匮肾气丸减去"茯苓，丹皮，泽泻"，增加了"鹿角胶，菟丝子，杜仲，枸杞"，增加了补肾阴阳的作用，药方"由泻转补"。研究表明，右归丸对于慢性阻塞性肺疾病肾阳虚大鼠有一定的治疗效果，也为肺病从肾论治提供了依据。

表 9 中国药典中含有鹿角胶的中成药

剂型	药品	生产厂家/家	代表厂家	鹿产品种类
胶剂	鹿角胶	36	湖南东健药业有限公司等	鹿角胶
丸剂	右归丸	11	牡丹江灵泰药业有限公司等	鹿角胶
	龟鹿补肾丸	2	广州花城药业有限公司等	鹿角胶
煎膏剂	添精补肾膏	2	泉州中侨药业有限公司等	鹿角胶
片剂	丹鹿通督片	1	河南羚锐制药股份有限公司	鹿角胶

注：数据来源于 2020 版《中国药典》以及国家市场监督管理总局网站。

4.2 含有鹿角、鹿角霜、鹿角胶的保健食品

经国家市场监督管理总局系统查询，含有鹿角霜的保健食品目前尚未开发，这也与知网检索结果一致，即相关报道很少。含有鹿角胶的保健食品见表 9，保健功能

主要以增强骨密度，抗疲劳为主。

5 其他鹿产品开发进展

鹿的其他副产品，包括鹿血、鹿心、鹿鞭、鹿筋、鹿皮等，也广泛应用于药品、保健食品和普通食品领域。鹿心为吉林省的习用药材，具有养气补血，安神的功效。现代医学临床中常用来治疗冠心病、心绞痛、脑动脉硬化等。鹿筋为鹿四肢的干燥筋，有研究表明鹿筋的胶原蛋白具有抗炎，抑制炎症因子的分泌，对类风湿性关节炎有很好的疗效。鹿鞭为鹿的带有睾丸的阴茎，现被收录于地方用药标准中，有学者用秀丽隐虫为模型，研究表明具有抗衰老的作用。

5.1 其他鹿副产品中成药的开发进展

表 10 为 2020 版《中国药典》收载的含有全鹿干和鹿心的中成药品种，其中以全鹿丸、心脑康胶囊最具代表性。全鹿丸收载于《中华人民共和国药品标准》中药成方制剂第一册，由全鹿干、甘草、五味子、补骨脂等中药所组成，具有补肾填神，益气培元的功效，用于治疗老年肾虚腰膝酸软，妇女血亏，崩漏带下等疾病。以鹿心为主要原料的心脑康胶囊具有活血化瘀，扩张血管，降低血药浓度，抗凝血的药理活性。能够治疗冠心病、动脉硬化、心绞痛不稳定型心绞痛等疾病。

表 10 国家市场监督管理总局注册的含有鹿角、鹿角胶的保健食品

保健功能	代表产品	批准文号	鹿产品种类
增强免疫力、缓解体力疲劳	天马牌龟鹿口服液	卫食健字（2001）第 0150 号	马鹿角
免疫调节	万基牌鹿龟酒	卫食健字（2002）第 0361 号	鹿角
增加骨密度	永德兴牌马鹿角粉胶囊	国食健字 G20120098	马鹿角
增加骨密度	特丰 R 马鹿角维 D 锌钙片	国食健字 G20060282	马鹿角
增加骨密度	恩牌增加骨密度颗粒	国食健字 G20060742	马鹿角、马鹿骨
促进泌乳	科昱牌鹿宝乳通胶囊	卫食健字（2000）第 0519 号	鹿角
增加骨密度	鹿成牌荣拓泡腾片	国食健字 G20140178	鹿角胶
增加骨密度	鹿成牌荣拓咀嚼片	国食健字 G20140416	鹿角胶
缓解体力疲劳	冲和养元胶囊	卫食健字（1999）第 015 号	鹿角胶

注：数据来源于国家市场监督管理总局网站。

5.2 其他鹿副产品保健食品的开发进展

经国家市场监督管理总局数据查询所含鹿骨、鹿血等其他鹿副产品的保健食品注册信息,结果见表11和表12。鹿骨中钙元素较多,可以作为钙补充剂使用。主要有补钙、增加骨密度的作用。有临床报道,服用含有鹿血的鹿产品后,人体内红细胞和血红蛋白明显上升,具有改善营养型贫血的功能。马鹿皮中含有大量的氨基酸和微量元素,鹿皮制品鹿皮胶也受到了消费者的青睐,具有补血止血、补肾壮阳的功效。

表11　中国药典中含有全鹿干和鹿心的中成药

药品剂型	药品名称	生产厂家/家	代表性生产企业	含有的鹿组织
丸剂	全鹿丸	45	山东仙河药业有限公司等	全鹿干
胶囊剂	心脑康胶囊	52	青海柴达木高科技药业有限公司等	鹿心粉
片剂	心脑康片	1	长春海外制药集团有限公司	鹿心粉

注:数据来源于2020版《中国药典》。

表12　国家市场监督管理总局注册的含有其他鹿产品的保健食品

保健功能	频次/次	代表产品	所含鹿组织
增加骨密度,延缓衰老	15	双宏帆牌益衡生粉	马鹿骨、马鹿筋、马鹿蹄、马鹿皮
增强免疫力	8	鸿茅牌鸿茅鹿龟参酒	鹿骨、马鹿筋
抗疲劳	3	日益牌龟鹿口服液	鹿骨
补钙	1	中科牌鹿骨粉胶囊	鹿骨
增强免疫力	8	雄雲鹿牌春露酒	鹿血
抗疲劳	5	祁尔康牌裕丰胶囊	马鹿血
延缓衰老	2	新麓牌冻干鹿血粉胶囊	冻干鹿血粉
改善营养性贫血	3	中生牌鹿血胶囊	鹿血粉
耐缺氧、抗疲劳	1	鹿王酒	鹿血
保肝	1	鸿宇牌鹿肝枳椇胶囊	鹿肝
抗疲劳	1	鹿王蛤蚧酒	鹿鞭
抗氧化	1	至宝R特质三鞭酒	鹿鞭
免疫调节	2	阳春牌滋补酒	梅鹿鞭

注:数据来源于国家市场监督管理总局数据查询系统。

6 药品剂型和保健食品功能分析

6.1 鹿产品药品的剂型分布

在所有鹿产品的中成药剂型方面，主要以丸剂和胶囊剂为主，分别占28.9%和26.56%。其次是液体制剂、片剂、颗粒剂、煎膏剂、胶剂，分别占17.18%、12.5%、7.03%、5.46%、2.34%，见图2。由于丸剂具有释药缓慢、疗效持久等特点，常作为慢性病治疗首选剂型。在鹿产品的剂型选择上，应根据临床需要、药物性质、用药对象与剂量等为依据，通过文献研究和预试验予以确定。应充分发挥各类剂型的特点，尽可能选用新剂型，以达到疗效高、剂量小、毒副作用小，储运、携带、使用方便的目的。

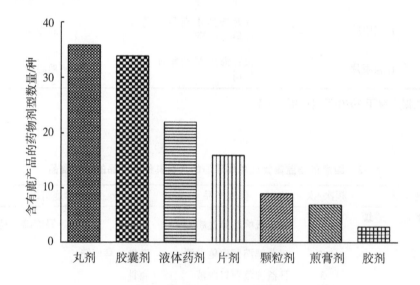

图 2　鹿产品药品的剂型分布

6.2 鹿产品保健食品的功能分析

鹿产品中保健食品的保健功能丰富，注册缓解体力疲劳和增强免疫力功能的保健食品最多，占据前2位，分别为200和169种。保肝、抗突变、改善胃肠道功能的保健食品数量相对减少，均不超过3种。市场上尚没有改善生长发育、改善睡眠、辅助改善记忆、对辐射危害有辅助保护功能、调节肠道菌群、促进排铅、缓解视疲劳、清咽、祛痤疮、促进泌乳、改善皮肤水分、通便、改善皮肤油分功能的鹿产品保健食品。

表13 以鹿产品为原料的保健食品的保健功能频次

保健功能	保健功能频次/次	保健功能	保健功能频次/次
缓解体力疲劳	200	改善营养性贫血	3
增强免疫力	169	改善睡眠	2
祛黄褐斑、美容、延缓衰老	31	辅助降血糖	2
增强骨密度	26	抗突变	1
耐缺氧	6	改善胃肠道功能促进消化	1
抗氧化	4	补钙	1
辅助降血脂	3	促进泌乳	1

7 未来鹿产品开发展望

7.1 深入挖掘药品功能主治

目前以鹿产品为原料研发的药物功能主治主要以温补肾阳，调经散寒，活血化瘀为主，鹿茸、鹿角有悠久的用药历史，用药范围广，在鹿产品的药品研发中可借鉴古代经典名方、史籍，深入挖掘药品的其他功能主治，与其他药物配伍，扩大鹿产品的药品治疗范围。

7.2 加强保健食品研发力度

在国家注册的鹿产品的保健食品中，保健功能多以缓解体力疲劳和增强免疫力为主。鹿产品主要有鹿茸、鹿胎、鹿骨等，对于鹿的其他副产品，如鹿肉、鹿筋、鹿鞭等应用较少，究其主要原因可能是缺少相关的理论和试验数据支撑。在未来的鹿产品保健食品研发中应把活性成分与药理作用相结合，针对特有人群，开发出相应的高技术含量保健食品，全面提高鹿产品的科技附加值。

7.3 提升鹿产品的精深加工能力建设

鹿产品目前主要是以初级加工的形式，用原材料经过简单的加工之后上市，缺少精深加工，与现代制药技术有一定的差异，没有很好地结合，生物利用度低。像鹿胎膏，传统的制备工艺是进行高温熬制，但会导致蛋白质失活、变质，现代制药工艺中冷冻干燥和真空提取技术就可以避免这种问题的发生。对于鹿产品的加工应在中医药理论的指导下，传统工艺与现代制药技术有机结合，保留传统工艺中的精华部分，融入现代制药工艺，提高产品生物利用度，从而满足消费者对于鹿产品的更高需求。

7.4 全面加强鹿产品的质量控制

目前，鹿产品的标准参差不齐，且标准主要集中在养殖方面，对于鹿产业的其他方面涉及较少，尤其是生产方面，导致鹿产品的质量参差不齐。市场鱼龙混杂，假冒伪劣产品居多，用驯鹿代替梅花鹿、马鹿，或者用提取过后的鹿产品以次充好，使产品信誉下降，消费者认可度较低，为了确保鹿产品的质量控制，完善质量标准体系，应形成统一的质量评价标准，加强监管，杜绝假冒伪劣产品。

7.5 做大做强中国梅花鹿和马鹿品牌

鹿产品在我国有悠久的用药和保健历史。但随着现代社会竞争压力的逐渐增大，常见病、多发病、慢性病以及亚健康人群的快速增长，人们对鹿产品的需求越来越旺盛。对于鹿产品的开发利用应以梅花鹿和马鹿的道地药材产区为依托，因地制宜，合理布局，规范化生产，做大做强中国梅花鹿和马鹿品牌，以带动产区经济的发展并与国际中药市场接轨，树立正确的中药现代化的发展观念，弘扬祖国传统医药。

参考文献（略）

鹿胎药理作用研究

张凯月，杨小倩，张　辉，孙佳明

（长春中医药大学　吉林省人参科学研究院，吉林长春　130117）

摘　要：鹿胎是传统的名贵滋补品，用于肾虚经亏、体弱无力、经血不足、妇女虚寒、月经不调、崩漏带下、久不受孕等症。近年来，随着鹿胎的不断应用，国内外学者借助现代的方法和手段，鹿胎的药理作用和生物活性逐渐被发现。通过查阅近20年相关文献，对鹿胎的药理作用研究概况进行整理、归纳、总结。从临床治疗妇科疾病的作用、滋补作用、免疫调节作用、抗炎镇静等药理作用对鹿胎的相关研究进行综述，为鹿胎的进一步研究开发和应用提供参考依据。

关键词：鹿胎；药理作用；研究进展

鹿胎为鹿科动物梅花鹿或马鹿的胎盘和胎兽。鹿胎是传统的名贵滋补品，古时被誉为"妇科三宝"（鹿胎、乌鸡、阿胶）之一。鹿胎作为中药治疗疾病已有很长历史，其药理作用首先载于《本草纲目》。鹿胎，调经养颜，解诸毒。中医学认为，鹿胎主治肾虚阳痿，滋补不足，适用于肾虚，无力，血液不足，女性月经不调、子宫出血等。当前市场上已有鹿胎膏、鹿胎口服液、鹿胎颗粒、鹿胎胶囊等，但对鹿胎的研究和应用还处于较浅显的阶段。

鹿胎富含蛋白质、氨基酸、核酸、催乳素、促性腺激素、多糖、溶菌酶、尿激酶及多种矿物元素和维生素等，具有促生长、提高免疫、调经、催乳、补虚、美容养颜等多种功能。

现代医学研究表明，鹿胎具有提高免疫力、延缓衰老、提高耐缺氧能力等作用，从而也越来越受到广大研究人员的关注。现鹿胎多以鹿胎膏的形式使用，常用于美容养颜、淡斑、补气益血、调经散寒等，并有着较好的效果。本文介绍了鹿胎药理作用的现代研究，为鹿胎的进一步应用和产业化的发展提供理论依据。

【作者简介】张凯月（1996—　　），女，硕士研究生，主要从事中药有效成分与应用开发研究。

1 鹿胎的药理作用

1.1 鹿胎临床治疗妇科疾病的作用

鹿胎强身健体、美容和养颜等功效历史悠久。鹿胎在治疗妇科疾病方面有很好的疗效。

女性不孕症的发病机制复杂多样。朱淼华等研究了鹿胎膏对子宫内膜偏薄型不孕患者雌二醇（E_2）、孕酮（P）值的影响并对 62 例患者进行了分析。并采用常规治疗与鹿胎膏治疗 2 种方案，其结果表明，常规方法治疗的子宫内膜偏薄型不孕症患者有效率为 64.54%，采用鹿胎膏治疗的患者有效率高达 83.87%，明显高于使用常规法治疗（$P<0.05$），且治疗效果更佳。在研究中还发现，经常规治疗后的卵泡直径（24.22±1.43）mm，子宫内膜厚度为（12.66±0.38）mm，用鹿胎膏处理的卵泡直径和子宫内膜厚度分别为（24.93±1.52）mm、（12.82±0.98）mm。2 组较治疗前的（20.49±1.87）mm、（6.55±0.61）mm 都有明显的改善。其中，服用鹿胎膏的效果更佳，可以促进患者卵泡的发育及子宫内膜的生长，对患者血清中 E_2、P 值影响小，且患者不良反应少。

据相关报道，使用具有补肾功能的中药可以增加女性体内雌激素水平，增加雌激素对子宫的生物学效应，增高女性受孕的机会。鹿胎具有良好的补肾作用，并含有大量的雌激素如雌二醇，能显著缩短小鼠发情周期，促进胚胎发育，提高受孕率，增强母鼠生育能力。给药后通过检测小鼠血清中雌激素含量发现，母鼠雌激素含量显著增加。

朱亚红研究鹿胎膏在人工术后流产中发现，服药后，术后出血不超过 10d，且腹痛时间明显少于未服用鹿胎膏的患者。药物治疗期间没有出现腹泻、恶心、呕吐、皮疹等不良反应，血红蛋白和白细胞的均值与手术前后变化大致相等。术后第 15 天，B 超显示子宫内膜平均厚度变化无显著性差异（$P>0.05$）。

吴凤英等应用鹿胎八珍冲剂对 260 例患者治疗产后、术后及化疗后出现的身体虚弱、早衰、性功能减退等，取得良好的治疗效果。研究中发现，患者服用鹿胎八珍冲剂 2 周后，寒冷、四肢冰冷、腰膝酸软等症状缓解或消失。精神及体力较服药前均有明显改善，食欲增加，体力恢复较快；60 例性功能减退及早衰患者服药 2.5 周后，心悸失眠、神经症状均得到明显改善。

大量临床试验结果表明，鹿胎在妇女保健作用方面有很好的疗效，这些研究为应用鹿胎治疗妇科疾病提供了较好的药理学基础。

1.2 鹿胎的滋补作用

进入 21 世纪，随着公众健康意识的不断增强，人们越来越重视养生和保健。中西医院经常将鹿胎放在处方之中，与西药结合使用，疗效确切，鹿胎也被更多人熟知与使用。

衰老是一种机体生理和心理对环境适应性逐渐减少并逐渐趋向死亡的现象，是由体内外许多因素共同作用的结果。谭建华等通过果蝇延寿试验，发现鹿胎盘脂质可延长果蝇的半数存活时间、平均寿命和最长寿命，并可增强性功能。鹿胚胎中含有两大新元素，即鹿胚胎间充质 AE 干细胞和鹿脐带 S. HGH 克隆元素。鹿胚胎间充质 AE 干细胞可以快速纯化人体内的免疫球蛋白、白蛋白的生成和代谢环境，并激活和修复已衰老和退化的细胞，为了使新生细胞保持活力。鹿脐带 S. HGH 克隆元素，使衰退的人体器官恢复活力，并有效促进人体的 S. HGH 细胞的分泌和生长，全面改善人体的各项生理机能。巴达马其其格在研究鹿胎多肽的药理作用时发现，加入鹿胎生物活性肽的试验组皮肤细胞数量明显高于对照组，而实验组神经元细胞的体积明显高于对照组，特别是其轴突的部分明显伸长。鹿胎生物活性肽可促进皮肤细胞和神经元细胞的生长，在美容和抗衰老方面也具有重要的应用前景。科学家调查发现，国际社会对很多鹿胎中成药疗效较为认同，如鹿胎膏、鹿胎胶囊、鹿胎片等，一些国外医生经常自服并推荐患者服用。临床研究发现鹿胎盘含有活性胱氨酸（DG-PP），能显著提高人体超氧化物歧化酶（SOD）的活性，加速新陈代谢，清除体内毒素沉积。长期使用鹿胎可以增强体内组织再生，促进人体造血功能，增强体质，提高人体免疫力，刺激细胞的再生能力，有明显的美容养颜、延缓衰老的作用。

杨洗尘等研究了梅花鹿胎的基本来源，里面详细描述了药材性状，测定了鹿、胎水、子宫及灰分、粗蛋白质、粗脂肪、18 种氨基酸、22 种微量元素、3 种维生素和 2 种激素的含量，其天然成分的比例最接近人体的需要。

1.3　鹿胎对免疫机能影响

胸腺是免疫细胞发生、分化和成熟的地方，它们的大小反应免疫功能的状况；脾脏是哺乳动物中最大的免疫淋巴器官，除含有大量的 T 淋巴细胞和 B 淋巴细胞外，还含有浆细胞，脾脏的功能与淋巴结相似，并且还具有合成分泌抗体，造血和清除自身衰老的血细胞的功能。巨噬细胞是一种多功能细胞，具有吞噬、消化和分泌功能，参与免疫反应过程，具有免疫调节和抗肿瘤的作用。

现代生物学和医学研究证明，胎盘含有多种生物活性物质，如免疫球蛋白、活性肽、激素、氨基酸、矿物质和其他成分，是一种较为理想的免疫调节剂。韩广金等通过试验表明，鹿胎制剂促使老年雄性大鼠免疫器官发育，并可显著提高血清球蛋白含量。观察大鼠腹腔巨噬细胞吞噬鸡红细胞的现象，证明鹿胎制剂可显著提高大鼠巨噬细胞的吞噬率和吞噬指数。结果表明，鹿胎及胎盘制剂对细胞免疫有较强的免疫调节作用，尤其对非特异性免疫功能具有免疫调节作用，为其应用提供了可靠的免疫学检测依据。同时测定了老年雄性大鼠胸腺和脾脏指数，其中以鹿胎制剂 I 为最高，比对照组高出 62.64%，与其他组比较，差异有统计学意义（$P <$

0.05）。上述结果表明，鹿胎制剂可显著提高老年雄性大鼠的体液免疫功能。

1.4　鹿胎的抗炎作用

鹿胎软胶囊是一种新型软胶囊制剂，是在现有鹿胎胶囊组方的基础上开发的。研究表明，通过临床应用途径和方法，分别对雌性小鼠口服高、低剂量的鹿胎和鹿胎胶囊制剂，30d后，观察2种制剂对乙酸诱导的腹痛及催产素诱导的痛经性疼痛、子宫组织病理学变化和差异的影响，探讨鹿胎软胶囊和鹿胎胶囊治疗痛经疼痛的实验动物的药效学作用和差异。结果表明，与疼痛模型组相比，2种鹿胎制剂高剂量组和低剂量组均显著降低了乙酸诱导的炎性疼痛小鼠模型和催产素诱导的痛经小鼠模型的平均扭体次数。同一药物的高剂量组和低剂量组之间的镇痛作用也存在统计学显著性差异（$P<0.05$）。鹿胎胶囊和鹿胎软胶囊能有效缓解不同类型病理性疼痛反应，且不影响给药小鼠子宫组织病理变化。

1.5　鹿胎盘多肽镇静作用

巴达马其其格等对鹿胎中多肽及其药理作用进行研究，采用低温酶解法制备鹿胎多肽，通过正交试验确定了鹿胎盘肽的最佳提取条件，并探讨了它们的理化性质和免疫活性。小鼠灌肠试验表明，灌肠小鼠比对照组小鼠更安静，鹿胎盘多肽具有镇静作用，并且已经通过试验证明起镇静作用的物质不是氨基酸，而是由氨基酸组成的肽类物质。

2　鹿胎深入研究的必要性

目前市场上以鹿胎为原料制成的商品主要有鹿胎膏、鹿胎粉以及各种复方的鹿胎颗粒剂等。鹿胎具有与人胎相似的生物活性成分，鹿胎及其制剂作为一种特殊的中药，具有良好的滋补作用。现代医学研究表明，鹿胎具有提高免疫力、延缓衰老、提高耐缺氧能力等作用，从而也越来越受到广大研究人员的关注。目前人们对鹿胎的研究重点主要在鹿胎活性物质的提取和功能的研究上，对鹿胎胎盘的研究较多，完整鹿胎的深入研究较少。

鹿胎制品的功效取决于成品中活性物质的含量，鹿胎作为传统的中药材，以目前的技术和装备，其加工工艺基本上分为4种，即煎煮法、干燥法、冷冻干燥法和组织提取技术等。目前，鹿胎的主要处理方法还是采用直接烘干法和水煎法。2种处理方法的分析表明，烘干法的出粉率比水煎法高1倍，且营养成分的差异不显著。通过现代生物技术对家养梅花鹿鹿胎中的有效活性成分进行提取和纯化，不仅最大限度地保证了活性成分的提取率，同时活性成分的功效也得到了保障。但是，由于不同的提取方法，从组织提取的活性成分的差异也很大。

3　小结

近几年，随着社会的不断进步，现代药学的不断发展，人们对鹿胎制剂的开发也得到了越来越多的关注，对鹿胎的药理作用也逐步地深化和全面。如上所述，鹿胎对妇科疾病、免疫作用、抗炎作用、滋补作用都有很好的疗效。但值得注意的是，对鹿胎的作用机制尚待研究。随着生活质量的不断提高，人们饮食的不规律以及不良的生活习惯导致免疫力低下等，不孕不育发病率越来越高。因此，对鹿胎进行深入的试验研究及应用开发具有良好的科学和社会价值。此外，鹿胎还可以美容养颜、延缓衰老，更加表明了对鹿胎的深入探索刻不容缓。

参考文献（略）

本篇文章发表于《吉林中医药》2019 年第 39 卷第 5 期。

鹿尾的功能性成分研究进展

汪　涛，张楠茜，张　辉，郭　焱

（长春中医药大学，吉林长春　130117）

摘　要：鹿尾具有特殊的组织结构和生物学功能，其入药具有很强的药理活性，是药中上品。本文从鹿尾的基源、性状、功效、化学成分（无机元素、氨基酸、脂肪酸、维生素、PG、磷脂、激素和生物胺等八大类）、药理作用（壮阳、补益作用）等5个方面，对中药鹿尾的研究进展进行了综述。从目前的研究进展看，鹿尾已应用 DNA 分子鉴定技术，并且已设计出了一对位点特异性鉴别引物，对于鹿尾类药材精准鉴别具有重要意义；鹿尾能明显增加雄性大鼠的睾丸、前列腺-贮精囊、提肛肌-海绵球肌的重量，显著增加雌性大鼠子宫、卵巢的重量。本文为中药鹿尾的进一步深入研究提供了较全面的综述和建议。

关键词：鹿尾；分子鉴定；化学成分

鹿尾（Cauda cervi）为鹿科动物梅花鹿或马鹿的尾巴，其味甘、咸，性温，补肾阳，益精气，主肾虚遗精，腰脊疼痛，头昏耳鸣，是我国名贵的强壮补益中药材。形状粗短，呈类圆柱形，先端钝圆，基部稍宽，割断面呈不规则状。带毛者长约15cm，外有棕黄色毛，并带有一部分白毛；不带毛者较短，表面呈紫红色至紫黑色，平滑有光泽，常带有少数皱沟，质坚硬，气微腥。

1　鹿尾的组织学特点及药理作用

鹿可以在野外生存和繁殖，相关的母体行为与鹿尾腺有很重要的关系。这与鹿尾的特殊组织结构密不可分，对鹿尾产品深加工的研究和理解具有特殊意义。

目前，大多数研究人员对鹿尾组织学的研究进展主要集中在鹿尾腺上。鹿皮腺中最大的腺体是尾腺，它分布在腹面和尾巴后部到尾尖，占整个鹿尾的很大一部分，而且鹿尾腺的顶浆分泌汗腺是变化的，是一种具有复合管状腺的腺体结构。鹿尾腺腺体区域的变化包含两个主要成分，即大多数哺乳动物皮肤腺体中顶浆分泌腺的变

【作者简介】汪涛（1995—　），女，硕士研究生，主要从事微生物与生化药学研究。

化和皮脂腺的变化。从鹿尾根部到中央背部中部的皮肤没有顶浆分泌腺；然而，在从鹿基部到尾尖的腹侧区域，皮层顶浆分泌腺体广泛分布并且非常发达，且鹿尾尖的腹面周围是顶浆分泌腺层的最厚区域；分布在尾腺区域的皮脂腺单位显示出一定程度的增大，该区域的皮脂腺在细胞学染色和结构上不同于其他皮脂腺细胞。与其他皮脂腺细胞相比，尾腺的皮脂腺细胞具有许多细小颗粒和非常小的细胞质液泡并且嗜红染色较深。

中医学表明，鹿尾是阴精聚集的地方。《四川中药志》记载"鹿尾暖腰膝，肾精，治腰痛不能弯曲，肾虚，遗精，阳痿，头晕耳鸣"。然而，关于鹿尾的药理作用和功效的研究目前很少。董万超等通过每天以灌胃形式给予雌雄大鼠不同剂量的鹿尾粉剂进行鹿尾对大鼠性腺影响的研究。试验结果发现鹿尾粉剂，均能明显增加雄性大鼠的睾丸、前列腺-贮精囊、提肛肌-海绵球肌的重量。雌性大鼠经灌胃给鹿尾粉剂，其子宫、卵巢的重量也都有显著增加；根据中医治疗原则，老元飞以补肾，巩固根本为主，取鹿尾补肾虚，壮体阳之功效，并结合其他中药治疗腰椎间盘突出症，取得了显著成效。古语曾说"鹿没有胆囊，以尾巴取代"，并且有些研究推测鹿尾有胆囊样的效果。它可以预防过量饮酒引起的肝不适，缓解酒精中毒，对肝有良好的保健作用；此外，研究表明，鹿尾可填补肾精，补体壮阳，改善睡眠，使人精力充沛，具有抗衰老、抗疲劳等功效，提高人体免疫力，能有效治疗神经衰弱、各种妇科疾病等顽固性疾病。然而，这些药理机制和在鹿尾中发挥作用的主要活性物质尚未得出明确的结论，研究人员需要进一步探索和发现。

2 鹿尾的化学成分

鹿尾具有补益肾阳、益精、填虚、强体的功能，与其中所含的化学成分密切相关。近年来，关于鹿尾的化学成分的研究集中在简单的化学成分分析上，并且很少有与药理活性成分相关的分析研究。邓鸿分析了梅花鹿尾和马鹿尾中总氮、氨基酸、无机元素、激素、50%乙醇浸出物的含量。试验结果表明，梅花鹿尾和马鹿尾的总氮含量分别为11.49%和18.48%。它们都含有8种必需氨基酸和人体无法合成的各种无机元素，但2种鹿尾的含量没有显著差异；2种鹿尾部50%乙醇提取物差异显著，马鹿尾50%乙醇提取物含量约为梅花鹿尾的2倍。目前尚未确定烯醇提取物是否为活性成分，需要进行药理学研究；通过激素分析，在马鹿和梅花鹿尾中均发现睾酮和雌二醇，但马鹿尾睾丸中的睾酮和雌二醇含量约为梅花鹿尾的2倍。董万超等选用梅花鹿茸、鹿心、鹿鞭、鹿尾、鹿筋、鹿茸血等梅花鹿六大副产品作为试验材料。该系统分析并确定了其无机元素、氨基酸、脂肪酸、维生素、PG、磷脂、激素和生物胺。结果表明，梅花鹿鹿尾中含有的22种无机元素，其中铝和锌含量最高，而且与其他试验材料相比含量同样为最高。并且含有17种以上的氨基酸，包括人体无法合成的必需氨基酸，总脂肪酸的相对百分比为84.91%，鹿尾中高活性的油酸、亚油酸和亚麻酸的总生物利用度比其他试验材料丰富；此外，维生素含量相对较高，含有 LPC、SM、PC 等 9 种磷脂。3 种前列腺素 PGA、PGE_1 和 PGF_2 的含量仅次于鹿茸和鹿血。总多胺含量仅次于鹿筋；但睾酮和雌二醇的含量结果与邓鸿等的研究结果完全不同。据推测，这可能是样品采集时间或样品性别差异造成的，可能的影响因素需要进一步探索。

3 尾腺分泌物的化学成分

在鹿皮腺中，尾腺在鹿尾中比例非常大。它分泌具有特殊气味的物质，并作为特定信息元素在同一群体中传输信息。近年来，许多学者对这些具有特殊气味的物质做出了不同的研究结论。D. Mullerschwarz 使用气相色谱法分析了驯鹿尾腺尾部带有气味的黄色分泌物的化学成分，并且已经从这些挥发性化合物中鉴定出一系列饱和醛和短链酸。他们还在睑板腺和驯鹿的趾间分泌物中发现了这一系列的饱和醛。然而，这些醛在尾腺分泌物中的含量远远高于睑板腺分泌物；Janm. Bakke 等分析了马鹿分泌物中的主要挥发性成分和有机化合物，并确定鹿尾腺有 8 种化合物：氨甲环酸、苯甲酸、苯酚、苯乙酸、邻甲酚、间甲酚、三苯基丙酸、乙基苯酚。此外，发现不同动物、不同性别和同一个体的不同采样时间，它们分泌物的组成和含量显著不同。但是，这种变化与采样时间无关；对 8 种化合物中的 6 种（甲酚、苯酚、苯乙酸、苯甲酸、三苯基丙酸、氨甲环酸）进一步分析，这些成分物质先前已在其他哺乳动物分泌物中发现，但尚未报道它们同时存在于同一物种中，然后发现合成混合物的气味类似于鹿尾腺分泌物的气味。

4 小结与展望

综上所述，鹿尾具有重要的生物学功能和强大的药理作用，为其作用机理奠定了基础。迄今，尽管有很多中药鹿尾相关研究的报道，但对其系统的研究十分少见。虽然对生物功能、机体调节和组织结构的研究较为深入，但药效成分和药物机制的研究几乎处于空白阶段，仍有很大的探索和研究空间。未来的研究应以鹿尾益肾、填精、改善睡眠、抗衰老、抗疲劳的功能为基础，结合药物化学、分子生物学、药理学等学科，运用现代新技术和新方法深入探索其作用机制，将酶工程技术、肠溶制剂技术应用在食品、保健品和新药开发，更好地服务于大健康产业。

参考文献（略）

本篇文章发表于《吉林中医药》2019 年第 39 卷第 3 期。

鹿鞭的化学成分及药理活性研究现状

王海璐[1]，张　晶[2]，殷涌光[2]

（1. 吉林农业大学中药材学院，吉林长春　130118；

2. 吉林省中韩动物科学研究院，吉林长春　130600）

摘　要： 鹿鞭（Testis et penis cervi）为传统珍贵中药之一，主要是指鹿科动物梅花鹿和马鹿的干燥带睾丸的阴茎，具有多种生物活性作用，是历史悠久的益精血、壮肾阳宝贵中药。文中以国内外有关文献为基础，综述了鹿鞭性状特征、化学成分、药理活性以及应用现状，为鹿鞭进一步开发利用提供重要依据。

关键词： 鹿鞭；性状特征；化学成分；药理活性

鹿鞭（Testis et penis cervi）指鹿科动物梅花鹿和马鹿的干燥带睾丸的阴茎，又称鹿茎筋、鹿肾和鹿冲等。本草学考证鹿鞭首次记载于《备急千金要方》，当时被称为鹿茎筋，只指鹿的阴茎；而"鹿鞭"一词首见于《医林纂要探源》，至于何时将睾丸归入鹿鞭用药部位尚不清楚。《中药大辞典》中记载鹿鞭其味甘、咸，性温，无毒，归肝、肾、膀胱三经；具有补肾、壮阳、益精、活血之功效，主治劳损、腰膝酸痛、肾虚、耳聋耳鸣、阳痿、宫冷不孕等症。由于鹿鞭药源稀少和需求量增大，且市场伪品屡见不鲜，因此应进一步对鹿鞭深入研究。本文对鹿鞭性状特征化学成分、药理活性以及应用现状各方面综述分析，为鹿鞭进步合理开发和利用提供重要依据。

1　鹿鞭的形状特征

鹿鞭为我国珍贵中药材，因其药源不足及稀少和随着人们对鹿鞭这味中国传统药材的重视和应用，当前以马鞭、牛鞭和其他动物鞭混充鹿鞭的现状严重，因此能将鹿鞭与其他混伪品区别开来的性状特征显得极为重要。鹿鞭主要由阴茎和睾丸组成，阴茎部位又包括"龟头"和"茎体"；"龟头"由包皮包裹于阴茎顶端部位，茎体为圆柱或扁圆柱形，腹面有较深的纵沟，顶端包皮具环套状隆起，围有稀疏的长

【作者简介】王海璐，女，在读硕士，主要从事天然产物化学研究。

毛。断面白色或淡黄色，质软、韧，腹侧具有尿道的孔；睾丸1对，椭圆形于位于茎体两侧，表面具纵纹。味咸、气腥。鹿鞭主要是指梅花鹿和马鹿的阴茎，两者的性状特征有明显区别：梅花鹿鞭的"龟头"呈"梅花瓣"状，表面颜色浅，体轻；而马鹿鞭的"龟头"呈扁指状，表面颜色深，体重，具体见表1。

表1 梅花鹿鞭与马鹿鞭的区别

鹿鞭	重量/g	长度/cm	直径/cm	特征描述
梅花鹿	50～70	15～45	1～2	龟头呈梅花瓣状，且每个部分上各有约3条细皱纹，略作放射状，尿道口在腹瓣阔
马鹿	100～150	15～60	2～3	先端钝圆，有纵棱及沟痕，尿道口在下缘，整个"龟头"似扁指状

2 鹿鞭化学成分

对鹿鞭中化学成分研究报道相对较少，大多是对鹿鞭与其他鞭类药材所含成分的分析比较。通过对现有各类文献归纳，将鹿鞭中化学成分分为核苷类、磷脂类、生物胺类、多糖类、氨基酸类、脂肪酸类、激素类、维生素和矿物元素。

2.1 糖苷类成分

鹿鞭核苷类成分包括腺苷（Adenosine）、尿苷（Uridine）、尿嘧啶（Uracil）、黄嘌呤（Xanthine）和次黄嘌呤（Hypoxanthine），其中腺苷和黄嘌呤的含量较高，尿嘧啶和尿苷的含量较少。

2.2 磷脂类成分

鹿鞭总磷脂类组分包括磷脂酰胆碱（PC）、磷脂酰乙醇胺（PE）、磷脂酰丝氨酸（PS）、鞘磷脂（SM）、磷脂酰肌酸（PI）、磷脂酰甘油（PG）、磷脂（PA）、溶血磷脂酰胆碱（LPC）及双磷脂酰甘油（DPG）9种磷脂类成分。李峰等对鹿鞭4种主要磷脂组分（PC、PE、PS和SM）的含量分析结果显示，PC的含量最高，PS的含量最低。

2.3 生物胺类成分

鹿鞭中生物胺类成分丰富，单胺类成分包括。5-羟色胺血小板素（5-HT）、5-羟基吲哚乙酸（5-HIAA）、多巴胺（DA）、组胺（Hm）4种，多胺类成分包括腐胺（Put）、精胺（Spm）、精脒（Spd）3种，并且总单胺与总多胺含量均高于鹿茸。

2.4 多糖类成分

不同鹿源鹿鞭中多糖含量明显不同，但同种鹿源不同产地鹿鞭中多糖含量差异较小；对梅花鹿鞭加工制品鹿鞭精（鹿鞭25%乙醇液）的成分研究发现，其总糖含量为（4047.16±0.81）mg/mL，为3种深加工制品（鹿鞭精、鹿心片、鹿茸血酒）之最。

2.5 氨基酸类成分

梅花鹿鞭中含有11种游离氨基酸和20种水解氨基酸，种类大体与鹿茸相同，但含量较高。另外，对不同鹿源和不同产地鹿鞭的氨基酸成分比较发现，各样品中均含以下17种氨基酸：赖氨酸（Lys）、苯丙氨酸（Phe）、异亮氨酸（Ile）、丙氨酸（Ala）、亮氨酸（Leu）、丝氨酸（Ser）、苏氨酸（Thr）、谷氨酸（Glu）、天冬氨酸（Asp）、甘氨酸（Gly）、半胱氨酸（Gys）、缬氨酸（Val）、蛋氨酸（Met）、酪氨酸（Tys）、组氨酸（His）、脯氨酸（Pro）和精氨酸（Arg），其总含量在19.44%~61.63%，其中，人体必需氨基酸有7种，占总氨基酸含量的12.40%~27.66%。所有样品中必需氨基酸均以亮氨酸（Leu）含量最高，异亮氨酸（Ile）含量最低。

2.6 脂肪酸类成分

鹿鞭中含有硬脂酸、油酸、亚油酸、豆蔻酸、月桂酸、亚麻酸、棕榈酸、棕榈油酸、花生酸，同时发现其中棕榈酸和油酸含量较高，不饱和脂肪酸含量达30.35%，与鹿茸相比其总含量较高，但油酸、亚油酸、亚麻酸的总和略低于鹿茸，梅花鹿鞭富含亚油酸、棕榈酸等7种脂肪酸，以亚油酸含量最高，而马鹿鞭含1,2-苯二酸较高。

2.7 激素类成分

激素类成分雌二醇、睾酮、孕酮、皮质醇及前列腺素（PG）A、E和F 3种类型为鹿鞭特征性成分，梅花鹿鞭性激素中以睾酮含量最高；前列腺素中以PGE含量较高。

2.8 维生素

鹿鞭中维生素 B_1 和维生素 B_2 含量高于鹿茸及鹿血，维生素A和维生素E的含量为鹿茸的40%~50%。

2.9 微量元素

鹿鞭中含22种微量元素，包括钾、钠、钙、镁、锌、铁、铜、锰、钴、钼、钛等。其中铁、钴、镍的含量与鹿茸及鹿血中的接近，锌的含量比鹿茸略高，是鹿血的 5 倍；铜的含量是鹿茸或鹿血的 1.5 倍。

3 鹿鞭药理作用

3.1 增强机体免疫

胸腺为重要的免疫器官，鹿鞭生物胺及磷脂胆碱成分在机体内常发挥神经介质作用，可以促进胸腺发育和调节神经–内分泌–免疫及酶系统的生理功能；同时鹿鞭能够明显增加小鼠体重和胸腺重量，尤其对幼龄小鼠效果更为显著，显示其能够提高机体免疫的能力。

3.2 增强性功能和益血壮阳作用

鹿鞭能提高性机能，其中睾酮、雌二醇和孕酮具有性激素样作用，对性功能障碍有良好疗效。铁、钴、铜等微量元素可以参与血细胞及血色素的生成，有预防贫血的作用。因此鹿鞭被普遍认为具有显著的增强性功能和益血壮阳作用。

3.3 抗疲劳作用

鹿鞭醇提物可显著延长小鼠游泳时间，鹿鞭中维生素 B_1、维生素 B_2、铁、铜、锌等为微量元素和多种生物酶的必需组成成分，参与机体蛋白酶及糖的代谢，可以降低心肌和骨骼肌的耗氧量，发挥抗疲劳作用。

3.4 抗衰老作用

鹿鞭中 LPC、SM、PI、PS 和 PE 等磷脂化合物能够抑制体内丙二醛活性和单胺氧化，维持正常生理水平及减少氧自由基的形成，在多种氨基酸的参与下促进蛋白质合成，增加脑和肝组织中蛋白质含量。

3.5 有益创伤愈合作用

鞭多胺类化合物能够激活体内 RNA 聚合酶 II 的活性，促进蛋白质合成，加速伤口肌肉再生愈合。而所含的微量元素锌则是体内 100 多种生物酶的必需组成成分，对伤口的修复及组织再生发挥重要作用。

3.6 其他作用

核苷类成分通常被认为是构成 RNA、DNA 核酸单体的前体，同时在体内能量代谢和生物氧化过程中为主要能源物质，具有多种重要的生物活性。鹿鞭中核苷类成分丰富且种类繁多，可以参与调节人体内许多重要的生理过程，如心血管活性和神经传递的调节等。此外，还发现具有一定的抗肿瘤作用。

4 应用现状

鹿鞭单方或者与其他中药配伍均可发挥强健滋补、养肾壮阳、调节神经和体力等作用，或做成药膳和药酒，通过食疗增强体质和改善身体状况。

鹿鞭酒的历史悠久，在我国广为流传，主要用于性功能障碍治疗和改善，如阳虚引起的阳痿、早泄，以及腰腿疼痛，对妇女不孕及产后无乳也有显著疗效。还可以与其他中药如鹿茸、雪莲花、枸杞子、人参、当归等配伍制成复方鹿鞭酒，鹿尾鞭酒和三鞭酒等保健酒类，是目前以鹿鞭为原料的主导保健产品，效果更优。

此外，以鹿鞭为主要原料，配伍其他中药制成中药胶囊，如鹿鞭回春胶囊和回春如意胶囊等为传统中成药。应用现代生物技术，以鲜鹿鞭或冻干鹿鞭粉为主要原料提取鹿鞭精，深加工产品有鹿鞭精滋补液、鹿鞭精口服液等，是近年开发研制的高科技显效性产品。

5 展望

近几年，鹿鞭不仅作为传统中药发挥其功效，在与其他中药配伍的制剂和新产品等方面也都有长足的发展。鹿鞭酒因其历史悠久和功效显著被广为流传，随着人们对鹿鞭这味中国传统药材的重视和应用，现今已形成与其他珍贵药材配伍制成复方用于保健食品和产品的市场趋势。此外，鹿鞭为常用珍贵中药材，其药源不足和稀少及人们对其日益增长的需求，积极扩大新药源和寻找替代品成为当务之急。

鹿鞭类药材的化学成分、药理作用和应用等研究虽然都有了突破性的进展，但在药效学及药理作用机制等研究上尚不够深入，对其有效成分及含量和主要药理作用机制的研究更是鲜有报道，因此，积极深入地研究鹿鞭中主要有效成分和其药效及作用机理对鹿鞭今后的新应用具有重要意义，这些深入研究能够帮助人们更加全面地了解和更好地掌握鹿鞭特效和功能，为鹿鞭产品的应用提供可靠依据。

同时，对鹿鞭的提取工艺和质量控制的研究，也会为鹿鞭药用成分筛选、生物活性研究及药理药效作用等提供重要而有力的参考，对其临床应用与替代品研发更是具有一定的指导意义，为鹿鞭进一步开发利用和用于新产品及新领域提供重要依据。

参考文献（略）

本篇文章发表于《经济动物学报》2016 年第 20 卷第 1 期。

六、临床应用

参鹿的候丸治疗肾虚血瘀型
排卵障碍性不孕症 60 例

薛俊宏[1]，王光辉[1]，张复瑾[2]

（1. 山东省泰安市中医医院妇科，山东泰安　271000；

2. 山东省泰安市第一人民医院中医科，山东泰安　271000）

摘　要：目的为观察参鹿的候丸治疗肾虚血瘀型排卵障碍性不孕症的临床疗效，初步评价参鹿的候丸对本病的治疗有效性，探讨其作用机理，为临床应用提供科学依据。120 例患者，随机分为 2 组。治疗组自月经第 5d 开始，口服参鹿的候丸，1 次 1 丸，1 日 3 次，连服 14d。对照组给予克罗米芬，月经第五天开始口服，每次 50mg，每日 1 次，连用 5d。3 个月经周期为 1 疗程。比较 2 组治疗后妊娠率、排卵率、中医证候改善情况、基础体温、优势卵泡及子宫内膜发育情况、血清激素，黄素化未破裂卵泡综合征（LUFS）发生率的改变。

结论：参鹿的候丸可促进卵泡发育，提高卵子质量；可改善生殖内分泌激素环境；可明显改善患者肾虚症状；调节月经；增加子宫内膜血流灌注，改善子宫内膜容受性，提高临床妊娠率。

注：参鹿的候丸（鲁药制剂字 Z09080148）由鹿角胶、菟丝子、杜仲、枸杞子、巴戟天、紫石英、花椒、大黄、山茱萸、黑蚂蚁、人参、陈皮、红花、桑椹子、黄芪、当归、川芎、淫羊藿、水蛭、陈皮、佛手组成。

摘自《中国中医药现代远程教育》2017 年第 15 卷第 7 期。

鹿红颗粒联合常规西医治疗冠心病
合并心功能不全的临床研究

范红辉，毛湘屏

（湖南中医药大学第二附属医院，湖南长沙　410005）

　　摘　要：探讨鹿红颗粒联合常规西医治疗冠状动脉粥样硬化性心脏病合并心功能不全的临床效果。选取本院2013年2月到2015年3月收治的冠状动脉粥样硬化性心脏病合并心功能不全患者60例，给予鹿红颗粒联合常规西医治疗，观察治疗效果。与治疗前相比，治疗后四肢乏力、气短、心悸、面肢浮肿等症状比例明显降低，差异均具有统计学意义（$P<0.05$）。本组患者治疗后的心排血量、每搏量、左室射血分数明显高于治疗前，其差异存在着统计学意义（$P<0.05$）。

结论：鹿红颗粒联合常规西医治疗冠状动脉粥样硬化性心脏病合并心功能不全效果明显，可靠性和安全性高，值得临床上推广实施。

注：鹿红颗粒（上海信仁中药厂生产）主要成分为鹿角霜、桂枝、红花、党参、黄芪、葶苈子等。

摘自《内蒙古中医药》2016年第3期。

参鹿复律汤联合西药治疗缓慢型
心律失常的疗效及作用分析

陈豫贤

（南阳市南阳医专第一附属医院，河南南阳 473000）

摘　要：探讨参鹿复律汤联合西药治疗缓慢型心律失常的疗效及其可能作用机制。随机数字法将87例缓慢型心律失常患者分为观察组（44例）与对照组（43例），观察组采取参鹿复律汤联合沙丁胺醇治疗，对照组则给予单纯沙丁胺醇治疗，均干预2周，比较两组临床疗效及安全性，并对治疗前后中医证候积分、24h动态心电图及血液流变学指标测定。观察组治疗总有效率90.91%，显著高于对照组的72.09%（$P<0.05$）；与治疗前比较，两组治疗后心悸、胸闷、气短、畏寒积分、高切全血黏度、低切全血黏度、血浆黏度均显著下降，最快心率、最慢心率、平均心率均显著上升，差异有统计学意义（$P<0.05$），且观察组治疗后上述指标均显著优于对照组（$P<0.05$）；观察组治疗后SDNN较治疗前显著提高，SDANN、RMSSD显著降低，差异有统计学意义（$P<0.05$），而对照组治疗前后上述指标比较无显著差异（$P>0.05$），观察组治疗后SDNN、SDANN、RMSSD与对照组比较差异有统计学意义（$P<0.05$）。

结论：参鹿复律汤联合西药治疗缓慢型心律失常安全有效，能明显改善其临床症状、心脏自主神经功能及血流动力学指标，提高心率。

注：参鹿复律汤组方包括鹿角胶、红参、路路通、淫羊藿、淡附片、龙齿、天竺黄等。

摘自《辽宁中医杂志》2017年第44卷第6期。

丹鹿胶囊治疗乳腺增生的临床疗效观察

仲　雷[1]，张艳梅[2]，李　娟[2]，李莹杰[2]，吴丽华[2]，刘天艺[2]，郭　邑[3]

(1. 哈尔滨医科大学附属第二医院乳腺外科，黑龙江哈尔滨　150086；

2. 哈尔滨医科大学附属第二医院病理科，黑龙江哈尔滨　150086；

3. 大连市妇幼保健院产科，辽宁大连　116033)

摘　要：观察丹鹿胶囊治疗乳腺增生的疗效和安全性。将2016年1—3月在哈尔滨医科大学附属第二医院就诊的120例乳腺增生患者随机分成3组，每组40例，分别给予逍遥丸、三苯氧胺、丹鹿胶囊治疗，治疗疗程均为3个月。比较各组间的疗效及不良反应发生情况。逍遥丸组、三苯氧胺组、丹鹿胶囊组的治疗总有效率分别是60.0%、92.5%和87.5%，三苯氧胺组和丹鹿胶囊组总有效率明显高于逍遥丸组（$P<0.05$），三苯氧胺组和丹鹿胶囊组总有效率比较差异无显著性（$P>0.05$）；逍遥丸组、三苯氧胺组、丹鹿胶囊组的不良反应发生率分别为2.5%、22.5%和5.0%，逍遥丸组和丹鹿胶囊组不良反应发生率明显低于三苯氧胺组（$P<0.05$），逍遥丸组和丹鹿胶囊组不良反应发生率比较差异无显著性（$P>0.05$）。

结论：丹鹿胶囊治疗乳腺增生的临床疗效较高，不良反应较少。

注：丹鹿胶囊（江苏苏中药业集团股份有限公司，国药准字 Z20150004）丹鹿胶囊由鹿角、制何首乌、蛇床子、牡丹皮、赤芍、郁金、牡蛎、昆布组成。

摘自《中国医刊》2017 年第 52 卷第 5 期。

丹鹿通督片联合降钙素用于腰椎椎体终板骨软骨炎术后临床评价

胡朋章[1]，张　雷[2]，郑　亮[1]，王立强[1]，孙士永[1]

（1. 河北省石家庄市藁城中西医结合医院，河北石家庄　052160；
2. 河北省石家庄市藁城人民医院，河北石家庄　052160）

摘　要：观察丹鹿通督片联合降钙素对腰椎椎体终板骨软骨炎术后的临床疗效。将收治的腰椎椎体终板骨软骨炎术后患者 102 例随机分为对照组和治疗组，各 51 例。对照组给予降钙素注射治疗，治疗组在此基础上口服丹鹿通督片，2 周为 1 个疗程，治疗 3 个疗程。观察并记录用药后两组患者腰痛症状的缓解程度，记录治疗后 1 周、2 周、4 周、6 周疼痛视觉模拟评分（VAS）、治疗起始及结束时 1 周内腰痛发生的频率和持续时间，同时记录治疗过程中出现的不良反应发生情况。与对照组比较，治疗后 1 周、2 周、4 周、6 周 VAS 评分降低（$P<0.01$），临床疗效显著（$P<0.05$），腰痛发作频率和持续时间降低（$P<0.01$），且未见明显不良反应发生。

结论：丹鹿通督片联合降钙素治疗腰椎椎体终板骨软骨炎能有效缓解术后疼痛的程度，减轻术后恢复期的腰痛程度，降低复发频率和发作持续时间，临床疗效显著，且不良反应少。

注：丹鹿通督片（河南羚锐制药股份有限公司，国药准字 Z20050085）主要成分为丹参、鹿角胶、黄芪、延胡索、杜仲等。

摘自《中国药业》2016 年 7 月 5 日第 25 卷第 13 期。

参鹿升白颗粒防治急性髓系白血病患者化疗后骨髓抑制的临床观察

周玉刚，徐文江，乔子剑，曹江勇，杨淑莲

（河北省廊坊市中医医院，河北廊坊　065000）

摘　要：化疗是目前治疗急性髓系白血病（Acutemyeloidleukemia, AML）的重要手段，骨髓抑制是其常见的不良反应，临床上以白细胞（WBC）、血红蛋白（HGB）、血小板（PLT）等减少最为多见，容易并发感染、出血等症，甚则危及生命，对患者康复极为不利。笔者近年应用参鹿升白颗粒防治AML化疗后骨髓抑制取得较好的疗效。

参鹿升白颗粒方中人参性平味甘，归脾经，甘温益气，大补元气而生津，为滋阴补气、扶正固本之极品，主治一切气血津液不足之证；鹿茸入肾经，为血肉有情之品，能补肾阳、生精血、补肾益精；黄芪味甘性微温，入脾经，益气健脾，为补气之要药；补骨脂味辛苦性温，重在温脾补肾、补骨生髓。四药合用可脾肾双补，使阳升阴长，气旺血生，共达健脾补肾、填精益髓、益气养血之效。

结论：本研究观察表明参鹿升白颗粒可促进骨髓正常造血功能的恢复，缩短化疗后骨髓抑制时间，降低化疗的毒副作用，减少细胞生物因子的应用，使机体正气迅速康复，从而达到预防化疗引起的骨髓抑制作用。

注：参鹿升白颗粒（批准文号：冀药制字 Z20051454）由人参、鹿茸、黄芪、补骨脂等组成。

摘自《中国中医药科技》2016 年 5 月第 23 卷第 3 期。

八珍鹿胎颗粒治疗绝经过渡期
功能性子宫出血研究

侯向华

（山西省忻州市人民医院妇产科，山西忻州　034000）

　　摘　要：绝经过渡期指绝经前的一段时期，即从生殖年龄走向绝经的过渡时期，包括从临床上或血中激素水平最早出现的趋势开始，即卵巢功能开始衰退的征兆开始一直到最后一次月经。临床表现为黄体功能不全或完全不排卵，最早出现的变化是孕激素相对不足或缺乏，排卵不规律或不排卵，生育能力下降。月经失调表现为月经稀发，量少，甚至闭经，或月经频发，周期缩短，甚至完全失去规律，严重影响患者的生活。本研究在传统孕激素周期疗法的基础上，进一步探讨八珍鹿胎颗粒对卵巢周围血循环的改善及临床症状的改善。

　　研究结果显示：八珍鹿胎颗粒能够养血益气，补肾调经，可以有效地降低子宫动脉血流阻力，改善卵巢周围血循环，提高卵巢 E_2、P 的水平，有效地改善了卵巢黄体功能，调整了月经周期，是绝经过渡期患者治疗月经不调的良好选择。

　　注：八珍鹿胎颗粒（新疆南京同仁堂健康药业有限公司）由鹿胎、鹿角、焦熟、地黄、人参、茯苓、白术、甘草、当归、川芎、白芍、蔗糖、糊精等组成。

摘自《中国药物与临床》2019 年第 19 卷第 13 期。

七、产品加工

冻干鹿茸加工工艺研究进展

田晋梅[1]，张争明[2]，杨　静[2]，张　娇[2]，林伟欣[2]

（1. 山西省畜牧兽医学校，山西太原　030024；

2. 山西省医药与生命科学研究院，山西太原　030006）

摘　要：真空冷冻干燥技术是中药材脱水干燥的新技术。通过对国内冻干鹿茸加工工艺文献的归纳整理，结合研究实践，概括了冻干鹿茸的工艺研究现状，分析了存在的问题，提出了未来的研究方向，以期为今后的研究和产品生产提供参考。

关键词：真空冷冻干燥技术；鹿茸；加工工艺

鹿茸是我国传统的名贵中药材，成分复杂，功效广泛，在中医临床上占据重要地位。鲜鹿茸含70%左右的水分，如不及时脱水，在自身酶和外界腐败菌的作用下，就会腐败变质。鹿茸干燥加工属于中药产地加工的重要环节，直接影响鹿茸的质量和价值。冻干鹿茸是指将鲜鹿茸在低温下先行冻结至其共熔点以下，使其含有的水分变成固态的冰，在真空环境下，通过加热，使冰直接升华为水蒸气排除，从而获得干燥的制品。与目前采用沸水煮炸、烘烤、晾干循环加工的煮炸法相比，冻干鹿茸可有效保存鹿茸药用成分的活性，避免水煮造成的活性成分损失，较好地保持鹿茸的外观品质和性状，脱水彻底，保存性好，具有其他干燥技术（晒干、烤干、喷雾干燥等）无可比拟的优越性，具有广阔的市场和应用前景。

1　冻干鹿茸加工工艺研究

真空冷冻干燥鹿茸加工工艺的关键技术包括鹿茸的前处理、冻结、升华干燥、解析干燥、终点判断、包装和产品质量。按加工鹿茸的形态分为整枝鹿茸冻干、鹿茸片冻干、鹿茸粉冻干。

【作者简介】田晋梅（1963—　　），女，山西太谷人，高级讲师，从事动物药研究。

1.1 整枝鹿茸冻干工艺

咸漠等1991年首次报道了冻干整枝鹿茸的方法：简单介绍了采用LGJ-Ⅱ型冷冻干燥机，将锯下的鹿茸速冻后保存，鹿茸放在冷冻干燥机中，降温到-40℃，以约2℃/h升温，同时抽真空排水分，约30h完成，加工后鹿茸含水率约为5%。着重比较了冻干茸和煮炸茸的脂肪、总氮、水溶性浸出物、醚溶性浸出物、醇溶性浸出物、微量元素和氨基酸含量的差别，冻干法加工的鹿茸有效成分比传统的水煮法含量高。该研究采用冻干机内冻结，给出了鹿茸冻结温度、升温速率和冻干时间，但缺少其他工艺参数和产品质量标准。

陈宝等2000年报道了采用分选→封锯口→洗刷茸皮→水煮→冷凉→真空冷冻→煮头→烘干的加工工艺，使用DF-03真空冷冻干燥机先进行真空冷冻干燥再煮头烘烤的方法对4支马鹿带血茸进行了加工。其工艺参数如下。水煮，在沸水中水煮40s，冷凉60s，反复4次，冷凉后，在茸体枝干的弯曲部位、嘴头等处预先针刺，防止在干燥时鼓皮。预冷为-25℃左右，真空度达12Pa，搁板温度先后设置在75℃/4h、65℃/7h和45℃/7h。煮头，手拿茸将茸头浸入沸水中（上虎口不沾水）水煮20s，冷凉70s，反复4次。烘烤，煮头后的鹿茸放入65℃恒温的烘箱中烘烤3h。结果表明干燥率高于传统法，感观评价茸型完整，茸皮不破，茸头饱满，不空不瘪，茸内血液分布均匀，颜色鲜艳，加工时间需21~25h。这是真空冷冻+煮炸烘烤的加工法，属于热风+真空冷冻干燥技术组合，没有冻干终点指标，且试验样本较小。

马齐等2007年报道了采用上海东富龙公司产的LGJ25型真空冷冻干燥机对整枝梅花鹿茸进行了冻干研究，其工艺参数如下。冻存，茸皮扎眼，鹿茸入箱温度-40℃，冻结温度-45℃，冷凝器温度-40℃时开启真空泵，间断加热控制板温在-30~20℃循环3次，在0~30℃往返循环8~10次，当鹿茸温度达到35℃，干燥箱压力在6~7Pa时出箱，得到干燥鹿茸。冻干鹿茸的失水量约为69%。加工时间3~4d。该研究采用的设备冻干面积大，一次可加工60余对鹿茸。但没有试验数据，缺乏冻干时序和冻干曲线、产品包装和冻干茸质量。

刘军等2011年报道了鹿茸的冷冻真空干燥试验，用电阻法和差式扫描量热仪测得鹿茸共晶点为-17~-12℃，确定共晶点为-15℃，共熔点为-13℃。采用GLZ-04冻干机对整枝鹿茸冻干，工艺流程和参数：预处理，茸皮表面的刷洗和扎孔（鹿茸顶部及中间段用钢针扎孔。孔深约2mm，孔距约1cm，控制孔径小于0.5mm），机外预冻结，冻干采用在冻干室搁板上放置一个底面有绝热层保护的电子秤，并在电子秤盘的上表面铺一层竹片，隔板温度-30℃鹿茸入箱，将冻结的鹿茸摆放在竹片上，防止鹿茸与任何金属件接触。利用辐射加热，冷阱温度-40℃时，开启真空泵，干燥箱真空度达20~40Pa时开始加热，搁板的温度以每3.5h升高10℃的速率，由-30℃升高到80℃。当压力低于10Pa时，采用循环压力法。循环周期内，压力升幅为40~50Pa，保持10~15min。共进行约10个循环周期。鹿茸温度不超过45℃。当电子秤的读数在 30min 内的变化值小于 1g 时，冻干被终止。总的冻干时间为 40~60h。文献对试验方法的介绍，缺少试验样品数量和翔实的试验数据。

李秀娟等 2008 年在"鹿茸加工方法与工艺进展"一文提到 1972—1990 年吉林省特产研究所进行了真空冷冻加工鹿茸的试验和真空冷冻加工方法的研究，但未查到原始文献资料。

1.2 鹿茸片冻干工艺

唐树友等 2007 年报道了"鹿茸粉加工工艺研究"。用电阻法测得鹿茸共熔点为 -19~-17℃。冻干鹿茸片工艺及参数：机外预冻，LZG-5 型冻干机内真空冷冻干燥。参数：鹿茸冻干机外预冻结温度为 -3℃，鹿茸切片厚度为 3mm，冻干箱预冷温度 -35℃，冷凝温度 -40℃，真空度 15Pa，产品温度突然升高高于共熔点 2~3℃时进入解析干燥期，鹿茸最高允许温度为 45℃，待产品与板层温度吻合且维持 2h，整个冻干过程即可结束。确定了鹿茸片的冻干时序，制定了冻干鹿茸片（80kg/批次）的冻干曲线（24h），可批量生产冻干茸片，但没有冻干鹿茸片的质量标准。

刘军等 2011 年也报道了采用 GLZ-04 冻干机对鹿茸片进行真空冷冻干燥试验。切片茸的厚度 4mm，冻干工艺参数：隔板设定温度 -30℃，鹿茸冻结用时 1.5h，鹿茸片冻结温度 -25℃，捕水器降温至 -40℃，开启真空泵。冻干室真空度降低至 40Pa 时，开始加热，设定温度控制板温，鹿茸最终温度 45℃，当物料的温度持续升高，并接近搁板最终温度 45℃时，认为达到了冻干终点。给出了一个 22h 的鹿茸片冷冻干燥工艺曲线。该研究没有试验样本数量和试验数据，也没有冻干鹿茸片的质量标准。

1.3 鹿茸粉冻干工艺

鹿茸粉冻干工艺按鹿茸前处理方法不同分为 3 种，一是鲜鹿茸切片冻干后粉碎成冻干鹿茸粉，二是鲜鹿茸粉碎成浆液后冻干得冻干鹿茸粉，三是鹿茸提取物冻干成鹿茸提取物冻干粉。

1.3.1 鲜鹿茸切片冻干后粉碎成冻干鹿茸粉

唐树友等 2007 年报道的"鹿茸粉加工工艺研究"，用振动磨将冻干茸片粉碎至 10~50m 细度，用真空包装机将冻干鹿茸粉密封入铝箔真空复合袋中贮存，制定了冻干鹿茸粉的质量指标。孙孝贤申请的国家发明专利"鹿茸活性综合加工生产工艺"，与唐树友等的一样都是采用鲜鹿茸切片后冻干的工艺流程，但工艺参数不一，冻干鹿茸片的粉碎设备和粉体粒度不一。

1.3.2 鲜鹿茸粉碎成浆液后冻干得冻干鹿茸粉

万强等 2005 年申请的国家发明专利"鲜鹿茸冻干粉的制备及其含鲜鹿茸冻干粉的中药制剂和用途"，该发明鹿茸冻干粉的加工步骤：清洗、切片、绞碎、匀浆，冷冻干燥，粉碎。

郑彬等 2010 年申请国家发明专利 "超声裂解制备鹿茸冻干粉的方法"，该发明将加工处理后鹿茸通过胶体研磨机得到 200～300 目的鹿茸胶体，将胶体研磨机磨好的鹿茸胶体和活性水形成悬浮液，通过超声连续流细胞破碎机，使鹿茸组织达到细胞级破碎，将细胞膜破裂，细胞内的活性物质充分释放出来；然后利用冷冻技术，使目标干燥物在冷冻状态下直接升华除去水分，形成鹿茸冻干粉。

董玲 2010 年申请国家发明专利 "一种鹿茸全成分均一冻干制剂及其生产方法"，并于 2014 年由魏宝霞等报道了鲜鹿茸全成分口腔崩解片制备工艺研究，采取鲜鹿茸粉碎成浆液后加缓冲液或其他成分和冻干保护剂，再匀浆，分装赋形后冻干。采用单因素试验法，以促细胞增殖活性、含水量、崩解时间和外观性状为指标，考察了影响冻干法制备鲜鹿茸全成分口腔崩解片质量的关键工艺因素，确定最佳制备工艺。

张勇 2015 年申请 "一种保持鹿茸活性的加工方法与应用" 国家发明专利，将鲜鹿茸经过淀粉封口处理后，用双氧水处理分割后干燥，再冷藏定形，将定形后的鹿茸通过二次破碎获得骨泥，再将所得骨泥通过二次研磨获得研磨浆，最后通过二次循环冻干，获得冻干鹿茸粉。

高庆凌 2017 年申请国家发明专利 "生态鹿茸口服冻干粉的制备工艺"，步骤：首先取新鲜鹿茸刮毛后软化，去除表面污垢后切片备用；将切片后的鹿茸投入到胶体磨研磨得到鹿茸浆液；然后将鹿茸浆液通过纳米均质机进行破碎处理，高压灭菌；再将所得鹿茸浆液进行低温冷冻、真空干燥、粉碎，再次高压灭菌处理即可。

以上 5 个申请的国家发明专利的加工工艺路线相同，而鹿茸粉碎的设备、粉碎浆液破碎度不同，指标不清，破碎和冻干工艺参数不明确，没有产品质量标准。

1.3.3 鹿茸提取物冻干成鹿茸提取物冻干粉

白秀娟 2003 年申请了 "醇溶性冻干鹿茸提取物提取方法" 和 "水溶性冻干鹿茸提取物提取方法" 2 个发明专利，方法分别是以鹿茸为原料，经原料干燥、粉碎、醇浸、浓缩、冷冻干燥等工艺程序得到醇溶性鹿茸提取物，以鹿茸为原料经原料干燥、粉碎、煎煮、浓缩、冷冻干燥等工艺程序得到水溶性鹿茸提取物。

张海峰 2005 年申请了 "一种鹿茸精冻干粉针制剂及制备方法" 发明专利，将鹿茸粉碎成 80 目鹿茸粉，分别经水提、醇提和酸水解，提取物再分别经过滤、超滤、合并、浓缩、干燥、粉碎，得到提取物，将上述提取物用注射用水溶解，加入水溶性注射用药用辅料，调节 pH 值，用 0.22μm 微孔滤膜过滤，冷冻干燥，制备成冻干粉针制剂。

郭凌云 2008 年申请国家发明专利 "鲜鹿茸活性细胞提取液冻干粉的制备方法"，取鲜冻鹿茸切片，研磨后加乙醇，搅拌均匀，经超声波破碎仪破碎处理后，离心得上清液和沉淀两部分，将上清液部分减压浓缩，在冷冻后经冻干机干燥成干粉；将沉淀部分加乙醇加热，超声波破碎处理，离心。经上述 3 个步骤即得到成品。

新疆厚拾生物科技有限公司 2015 年申请了 "一种鹿茸多肽的分离方法" 发明专

利，将冲洗后的鲜鹿茸粉碎，并添加匀浆液；将添加匀浆液后的鲜鹿茸粉进行离心处理，取上清液，真空旋转蒸发得到鹿茸浓缩液，并将鹿茸浓缩液冻干得到鹿茸提取物；对鹿茸提取物进行溶解，并对溶解后的鹿茸提取物进行层析，得到活性峰洗脱液，冻干；将上述冻干的活性峰洗脱液进行层析，收集活性峰并冻干；对所述活性峰进行反相高效液相层析，并收集活性峰，冻干，得到纯化的鹿茸多肽。

鹿茸提取物冻干粉的加工工艺采用的技术路线是提取所需的鹿茸各种成分，对提取物进行冻干，提取成分组成不同，提取和分离的方法、工艺不同，冻干的工艺参数也不同，以上 5 个专利的冻干工艺参数均不明确。

2 鹿茸冻干特性研究

鹿茸表面附有致密皮肤是水分扩散的屏障，是整枝鹿茸冻干时间长的主要原因，对鹿茸这种特殊物理结构和组成的生物材料还需深入研究其冻干过程中的传热传质机理，弄清冻干鹿茸的特性，指导冻干鹿茸工艺操作。武越 2008 年报道了"鹿茸冻干过程的特性研究"，运用试验与理论相结合的方法，用自制的测量系统，测量了试验物料的共晶点温度，确定了预冻温度，然后分别选用鹿茸切片、整枝茸进行真空冷冻干燥试验，得到了鹿茸切片的试验数据与冻干曲线，定性分析了生产高品质茸的试验条件，最后分别用光学显微镜反射光、透射光观察了干茸的微观结构，并标出了孔隙的直径及孔隙与孔隙之间的距离，为模型的求解提供了边界条件。针对鹿茸的结构特点——多孔与皮层生物材料，建立了冻干过程的数学与物理模型，应用试验提供的边界条件求解模型，模拟了传热传质过程的温度分布，并与试验数据进行了比较，吻合良好。

3 存在问题与研究方向

整枝茸冻干中由于鹿茸外敷致密的茸皮和圆柱体的结构特性，制约着冻干过程鹿茸的传热传质，使整枝鹿茸的冻干工艺难度加大，加工干燥时间长，目前的研究资料多为小样本探索性试验研究，工艺参数不全，没有完整的冻干曲线。鹿茸切片后冻干，解决了整枝茸冻干的传热传质差的问题，使冻干时间缩短到 23~30h，鹿茸片冻干工艺参数齐全，有冻干曲线和时序，工艺相对成熟，可规模化生产。鹿茸粉冻干工艺中鲜鹿茸粉碎成浆液后冻干得冻干鹿茸粉的工艺，使固体鹿茸冻干加工变成了鹿茸混悬液的加工，物料的物料性状发生了变化，鹿茸浆液与冻干箱隔板接触面加大，提高了冻干在物料中传热传质的速度，较鹿茸片冻干工艺和鲜鹿茸切片冻干后粉碎成冻干鹿茸粉的生产率提高。

多年来我国许多学者采用多种冻干设备对冻干鹿茸的工艺和特性进行了研究，并取得了许多科研成果。目前冻干鹿茸加工过程中依然存在很多不足之处和空白点，不能够满足科研、生产和市场需求。一是缺少公认的反映冻干茸质量的指标，以验证冻干茸的质量等级和加工工艺的稳定性；二是鹿茸枝干呈圆柱状，与冻干箱搁板平面间接触面积小，热传导效率低，加工时间长，质量控制难度大；三是大多数整枝三杈茸分叉在任一平面的高度大于 9cm，而冻干箱搁板间距离在 9cm 以下，使整枝鹿茸无法装入冻干箱进行冻干；四是冻干茸存在茸头中空和与搁板接触的皮肤表面出现白斑的问题；五是冻干鹿茸不能消除病原微生物，需经消毒处理方可使用；六是冻干设备和加工费用高。

为了控制和稳定冻干鹿茸的质量，充分发挥其功能特性，开发出能满足当代健康需求的鹿产品，冻干鹿茸的加工工艺还需要深入研究，不断改进，可以从以下几方面来改进冻干工艺。其一，冻干工艺过程的优化。冻干工艺参数对冻干鹿茸质量影响较大，只有优化冻干工艺过程，才能生产出优质的冻干茸并保证质量稳定，因此，冻干工艺参数的优化是一个重要的研究方向。其二，研究冻干鹿茸的经济指标。冻干鹿茸时间长，能耗大，费用大，需要对影响鹿茸真空冷冻干燥时间的诸多因素进行优化，通过减少加工时间来减少能耗，提高产率，这样才能有市场发展前景。其三，鹿茸冻干过程传热传质的基础研究。针对外表附有致密茸皮的鹿茸冻干特性研究，通过研究发现在冻干过程中对鹿茸细胞的损伤机理，保证鹿茸细胞在预冻和干燥过程中的活性，研究在冻干过程中保护鹿茸细胞不受损伤的办法。其四，针对鹿茸组织结构特点的专业冻干设备研究。改变加热方法（辐射）弥补鹿茸传导加热效率低；增加干燥室空间利用率，使各种鹿茸均可有效冻干；实现在线监测特别是终点判断监测，提高自动化水平。其五，研究冻干鹿茸标准。只有先进可行的标准才能保证质量和产品特性，需对冻干茸的感官指标和标识冻干茸活性的成分指标进行选择和研究。其六，冻干与其他干燥法联合加工的研究，在冻干鹿茸规律研究的基础上，开展冻干与近红外热风干燥、辐射干燥、间歇干燥法等联合干燥的研究，采用组合干燥方式，在不同干燥阶段，采用不同干燥参数和干燥方式，实现对干燥过程的优化控制，形成优势互补的节能高效的联合干燥加工方法。

参考文献（略）

本篇文章发表于《特产研究》2020 年第 2 期。

鹿肉及其产品加工现状与趋势

袁琴琴[1]，刘文营[2]

（1. 菏泽学院农业与生物工程学院，山东菏泽　274000；

2. 中国肉类食品综合研究中心，北京　100068）

摘　要：鹿是我国重要的医药用途经济动物之一，随着社会经济的发展，鹿养殖产业成为具有巨大经济潜力的畜肉来源，鹿肉加工产业的发展壮大，将产生巨大的社会效益和经济效益。该文综述鹿肉营养价值、产品加工现状，以及鹿肉产品加工开展的提升研究，为鹿养殖产业发展，尤其是鹿肉制品的加工提供参考。

关键词：鹿肉；高蛋白；加工；营养；品质提升；趋势

鹿是我国重要珍贵药材鹿茸的来源动物，我国鹿养殖产业的主要经济目的也是获取鹿茸。鹿不仅具有较高的观赏价值和药用价值，鹿肉也具有较高的营养价值，较低的重金属含量，也是重要的药膳进补畜肉来源之一。鹿肉具有低脂肪、高蛋白、低胆固醇的优点，随着人们生活和消费方式的改变，人们对更健康畜肉的需求越来越强烈，鹿肉等野味越发受到现代消费者的喜爱。

我国是世界上鹿养殖产业大国之一，我国的梅花鹿和马鹿养殖主要分布于我国东北、内蒙古、西北和西南地区，其中以东北三省养殖数量最多。我国鹿养殖产业主要经济意图是获取鹿茸，鹿的养殖时间也相应普遍较长，随着产业发展、生产方式的改变和人们需求的增加，以鹿肉为目的的养殖产业逐渐在兴起。在国际上，如新西兰、韩国等国家，鹿养殖产业主要是获取肉制品，且呈现快速发展的势头，为鹿养殖产业的发展提供了良好的借鉴。

本文对近年来研究者就鹿肉及其产品加工方面开展的研究，进行了综述说明，以期为鹿肉制品的开发、加工技术的提升、消费者的培育等，尤其是为以肉为主要用途的鹿养殖产业的发展提供参考。

【作者简介】袁琴琴（1986—　），女，汉族，讲师，硕士，研究方向为生物技术研究。

1 鹿肉及其消费历史

鹿在我国一直就是比较稀有的珍稀动物，1989 年经国务院批准颁布的《国家重点保护野生动物名录》，将梅花鹿限定为国家一级保护动物，将马鹿限定为国家二级保护动物，其肉制产品的开发一直受到限制。2001 年原国家卫生部下发《关于限制野生动植物及其产品为原料生产保健食品的通知》，也限定了梅花鹿的养殖用途。鉴于鹿养殖产业的特殊性，我国鹿养殖产业很长一段时间内都是为了维持种群的数量和应用于医药用途。而在 2011 年时，原国家卫生部对《关于明确部分养殖梅花鹿副产品作为普通食品管理的请示》批复，鹿肉可作为普通食品，为鹿肉食用产品的开发提供了便利。

1.1 鹿肉来源及其营养属性

相比于国外以获取鹿肉为主的鹿养殖产业，我国鹿养殖产业的主要经济目的是获取鹿茸，这就导致鹿饲养时间较长，鹿肉的加工性能显著较低。近年来，随着养殖数量的增加和产业结构的调整，尤其是原国家卫生部批准将养殖获得鹿肉作为普通食品，围绕鹿肉开展的产品加工研发等工作得到迅猛发展，为鹿肉产品的加工提供了坚实的基础。国外开展鹿养殖的国家主要分布于新西兰、俄罗斯、韩国和英国等国家，其中以新西兰养殖量最大，且以出口为主。处于不同生长期的鹿肉在水分、灰分、钙、磷、pH 值、颜色、失水率、剪切力等理化品质，以及睾酮、雌激素和生长激素等激素含量差异不显著（$P>0.05$）；但生茸期粗蛋白含量要高于越冬期和配种前期（$P<0.05$），配种前期粗脂肪含量高于其他两个时期（$P<0.05$）；梅花鹿腹肌 pH 值、剪切力、失水率和颜色均处于较高的水平，后腿肌最低。相比于成年鹿，18~30 月龄的幼年鹿具有较高的屠宰率和出肉率，肩肉、胯肉和腰肉等经济价值较高部位的占比较高，且具有较少量的红色纤维、较小的肌肉纤维面积、较低的脂肪含量和较薄的肌膜，具有较好的质构特性。

鹿的品种对食用品质和宰后成熟过程中的化学成分影响最为显著，相比于东北梅花鹿，梅花鹿×马鹿杂交 F_1 鹿肉具有更好的食用品质，在宰后成熟过程中，梅花鹿×马鹿杂交 F_1 鹿肉也具有较高的水分含量、粗脂肪含量和宰后 7d 前的胶原蛋白含量（$P<0.05$）；而东北梅花鹿肉的剪切力值、解冻损失和蒸煮损失均高于梅花鹿×马鹿杂交 F_1 鹿肉（$P<0.05$）。

1.2 鹿肉的食用历史

我国鹿肉食用历史悠久，自周朝、先秦、汉、魏晋、隋唐、宋辽元明、清代均有详细的鹿肉产品消费的记载，也形成了"烧鹿尾"等脍炙人口的经典菜肴。清代美食家袁牧在《随园食单》杂畜单中记载"鹿尾。尹文端公品味，以鹿尾为第一。

然南方人不能常得。从北京来者，又苦不新鲜。余尝得极大者，用菜叶包而蒸之，味果不同。其最佳处，在尾上一道浆耳。"说明鹿肉作为菜肴在当时已经十分流行。

有关鹿肉的食用记载，最早见于魏晋时期陶弘景著《名医别录》中有关中风的治疗，明代李时珍著《本草纲目》中记载"鹿肉味甘，温，无毒，补虚赢，益气力，强五脏，养血生容"，为鹿肉的食用提供了强有力的支持。

2 鹿肉加工及产品品质分析

2.1 不同加工途径的品质差异分析

在宰后成熟过程中，鹿肉在4℃、10℃、18℃、25℃下的 pH 值均呈现为随着时间延长而下降、失水率逐渐上升、剪切力为先上升后下降的趋势，而在冷冻（-20℃）条件下 pH 值呈现为先上升后下的趋势，且在冷冻条件下具有较长的保质期。宰后成熟是改善肉品质的有效手段之一，突出表现在增加肌肉的嫩度和多汁性，进行老化的梅花鹿×马鹿杂交 F_1 鹿背最长肌（Muscle longissimus doris）、半腱肌（Muscle semitendinosus）、冈上肌（Muscle supraspinatus）和腰大肌（Muscle poasos major），随着老化时间的延长，肌原纤维间隙逐渐增大、肌原纤维长度逐渐降低，不同部位之间的变化趋势各有差异。且宰后成熟时间对不同部位鹿肉的水分含量、粗脂肪含量等营养成分，以及剪切力值、解冻损失和蒸煮损失有显著影响（$P<0.05$）；鹿肉的胶原蛋白含量变化不显著（$P>0.05$），以背最长肌中含量最多，背最长肌中粗脂肪含量也明显高于其他3个部位肌肉，且具有较小的剪切力值和蒸煮损失，老化可以改善最长肌和半腱肌的嫩度，但是对冈下肌和腰大肌的嫩化效果不明显。而对老龄梅花鹿肉的化学、超高压、超声波和酶法嫩化分析时，采用超声波和超高压均可以降低鹿肉的硬度、咀嚼性和蒸煮损失；在柠檬酸、碳酸钠、多聚磷酸钠和氯化钙中，氯化钙的嫩化效果较为显著，可溶性蛋白含量明显增加。尚志远也发现超高压压力为291MPa、保持18min、13.2℃时，鹿肉具有较好的理化性质，且在茶多酚、迷迭香提取物、甘草抗氧化物和竹叶提取物的抗氧化分析时，发现添加0.025%的竹叶提取物具有较好的综合效果。而采用木瓜蛋白酶进行鹿肉嫩化，也可以显著降低鹿肉的剪切力值和咀嚼力值，且两者之间具有显著正相关性（$R=0.9721$）游离氨基酸含量与剪切力值存在负相关（$R=-0.9356$）；苏丹在对菠萝蛋白酶、木瓜蛋白酶和胰蛋白酶的嫩化效果比较时，也发现木瓜蛋白酶的作用效果最好，能够最大限度增加可溶性蛋白的含量和蛋白质的酶解。

冷却肉是目前肉制品消费的主流产品，对冷却肉品质的保持，目前多集中于降低胴体的微生物菌落组成、运用适宜的贮藏环境等，如将鹿肉用2%醋酸溶液喷涂后，用紫外灯照射（53.38cm，120s），可以将鹿肉初始菌落总数降低97.5%。在常规条件下，同时会考察引入功能性外源物质来保鲜，比如通过添加茶多酚、维生素E

等，均有较好的保鲜效果；而在我国尚未允许在生鲜肉制品中添加外源性物质的条件下，开展相应的研究，也不失为具有潜在积极意义的举措。

采用保鲜剂可以延长鹿肉的货架期和提升产品的品质，且采用 6.4% 复合糖、0.35% 溶菌酶、55mg/kg 乳酸链球菌素和 3.5% 乳酸钠时具有较好的效果。包装形式及贮藏温度对肉制品的品质具有显著影响，在冷却鹿肉中添加组分为茶多酚（0.3%）、溶菌酶（0.2%）、海藻糖（3.5%）和乳酸链球菌素（50mg/kg）的复合保鲜剂时，通过涂抹和真空包装，可以将鹿肉的货架期延长到 36d；冷冻贮藏会使鹿背最长肌的红度（$P<0.000\ 1$）和色度（$P=0.001$）发生明显降低，冻融鹿肉具有较高的自由水（$P=0.001$）、较大的滴水损失（$P=0.033$）和较低的可塑性（$P=0.001$），产品的嫩度也会受到影响；而组分为茶多酚（12g/100mL）、丁香提取物（4g/100mL）和肉桂提取物（16g/100mL）的保鲜剂，能够显著抑制鹿肉挥发性盐基氮值（Total volatile base nitrogen，TVB-N）的升高、剪切力的下降、菌落总数的上升和颜色的劣变，可以将鹿肉的货架期延长到 50d。此外，柠檬酸、乳酸、次氯酸等也常被用于畜体的微生物控制，尤其是抑制志贺氏产毒大肠杆菌等有害菌的风险。

冷冻处理能够使肉产品具有较长的保质期，也是进行肉制品贸易的重要方式，而冷冻肉的质量不仅受原料和冷冻方式的影响，还会受到解冻方式等因素的影响。在对空气解冻、低温解冻、经典解冻和低温高湿解冻进行鹿肉解冻效果分析时，解冻后鹿肉中蛋白质含量均呈现为下降趋势，低温高湿解冻获得的肉制品具有较高的持水力，鹿肉的红度（a^*）、黄度值（b^*）和剪切力值与鲜肉较为相似，鹿肉的品质得到较大保持。冻融后鹿肉样品加工碎肉，在展示销售期间，并不会鹿肉的营养成分和脂肪酸组分产生影响，但会有较低含量的中肌红蛋白含量（$P\leqslant0.05$），产品红度值降低的也较快（$P\leqslant0.05$），且具有较高的高铁肌红蛋白含量和较高的硫代巴比妥酸反应物（Thiobar bituric acid reactive substances，TBARS）值。

在鹿肉腌制过程中，多聚磷酸盐等腌制剂的使用，也是影响鹿肉嫩度和质构特性的重要因素，且焦磷酸钠、三聚磷酸钠和山梨醇的影响作用越来越小，添加量分别为 0.4%、0.5% 和 0.1% 时对嫩度和持水力的作用效果最好。

此外，在鹿饲养过程中，宰前补充葡萄糖可以显著改善宰后肌肉的品质，尤其是肉色得到提升，宰后肌肉中肌糖原含量与 pH 值 48h 变化呈负相关（$R=0.8421$），理化品质提升效果较为明显。

2.2 鹿肉产品加工及品质分析

速冻调理制品不仅具有较高的营养和品质特性，而且具有较为广泛的受众，在速冻鹿肉丸加工时，添加木薯淀粉时产品具有较高的弹性，且不会对产品的感官特性产生影响；鹿肉丸加工时，原料肥瘦比为 2：8，添加 15% 木薯淀粉、2% 食盐和 25% 水，同时添加 3% 卡拉胶、9% 蛋清、0.5% 复合磷酸盐（三聚磷酸钠：焦磷酸钠 = 1：1，质量比）、0.01% 丁基羟基茴香醚（Butylated hydroxy anisole，BHA）、

0.01%丁基羟基甲苯（Butylated hydroxy toluene，BHT），获得产品具有较为优良的理化和感官性质，以及较好的氧化稳定性。

在鹿肉酱加工过程中，采用洋葱汁和枸杞汁处理鹿肉，且煮沸30min，能显著降低鹿肉的腥味，同时添加大豆酱、豆瓣酱、胡萝卜、香葱、圆葱、姜、味精、盐、糖等，可以进行鹿肉酱的加工。

在鹿肉香肠加工时，添加鹿肉、牛肉和猪脂肪（7∶4∶3，质量比），以及2.0%的食盐和1.0%的白砂糖，产品组织结构较好。在果蔬复合鹿肉香肠加工时，鹿肉与猪肉的质量比、香菇添加量、苹果皮添加量和低聚异麦芽糖添加量对香肠质构和品质的影响作用越来越小，当鹿肉与猪肉质量比为4∶6，添加15%的香菇、5%的苹果皮和4%的低聚异麦芽糖时，果蔬复合鹿肉香肠理化指标和微生物指标处于较优的状态，且达到国家标准的要求。而在果蔬复合发酵鹿肉香肠中，用乳化植物油替代70%的动物脂肪，发酵温度为28℃、发酵时间为23.7h和菌株接种量为0.94%时，发酵鹿肉香肠具有最佳的碘值，即不饱和度最高，且能用质构（咀嚼性、硬度）特性预测发酵香肠的水分含量和持水能力。

从酸菜中分离的乳酸菌和汉逊德巴利酵母菌具有较高的产酸能力，将这两种不存在拮抗作用的菌株以3∶1（体积比）的比例接种到鹿肉中制备发酵鹿肉干，在27.51℃条件下发酵20.86h获得的鹿肉干具有较高的质量属性。而采用戊糖片球菌、木糖葡萄球菌和植物乳杆菌（2∶2∶1，体积比）作为发酵鹿肉干的发酵剂时，发酵剂接种量为5%、发酵温度为30℃、发酵时间为45h时，获得的鹿肉干具有较好的嫩度，且可以通过阿伦尼乌斯方程，以TVB-N和TBARS微指标对发酵鹿肉干的货架期进行预测。

采用猪肉、梅花鹿肉原料，同时添加植物乳杆菌、戊糖片球菌、木糖葡萄球菌、胡萝卜和苹果等辅料制备果蔬复合发酵肉脯时，木糖葡萄球菌、戊糖片球菌和植物乳杆菌按照1∶1∶1（体积比）的比例，接种0.2g/100g，温度为37℃时，复合发酵剂具有较高的降组胺效果，采用微波干燥操作时间最短，采用真空干燥获得的制备发酵肉脯具有较优的质构特征，两者均优于热风干燥的效果。

食盐是肉制品加工最为关键的辅料，较低食盐添加量制备的干腌鹿肉具有较高的水解度，产品的硬度、黏结性、咀嚼性和弹性均处于较低的水平，而食盐含量较大时会导致产品的结构发生较大的变化，且肌肉组织中红色纤维含量越高，产品质构特性参数就越高，蛋白水解和水分损失也较高。

此外，鹿肉中含有较高含量的精氨酸，而精氨酸在机体参与氨基酸代谢及免疫系统功能上具有重要作用，鹿肉水酶解液中蛋白质含量为83.28%，总游离氨基酸含量为48.79mg/g，开展鹿肉肽类产品的开发极具研究意义。同时，在鹿肉蛋白水解物的活性分析时，采用胰蛋白酶处理后进行木瓜蛋白酶处理，即采用双酶组合进行鹿肉水解，可以获得比较理想的鹿肉蛋白水解物。

3 我国鹿肉制品加工产业的现状与趋势

我国鹿养殖产业的主要目的是获取鹿茸或者扩大种群规模,很少有以肉制品加工为目的的产业形式。多数以产肉为目的的畜禽养殖,会着重追求肉制品的产量、加工适应性、产品适口性和产品的营养价值提升或保持等,相较于其他畜禽肉制品的生产,鹿肉制品的生产存在很大缺陷。

3.1 我国鹿肉制品存在的问题

3.1.1 缺少鹿肉加工的常识

鉴于鹿养殖产业的特殊性,生产者和消费者均很少能够获得较为适宜于加工的鹿肉,且缺乏鹿肉加工的有效方法,这就导致鹿肉产品具有较差的品质特性,使得消费者缺少鹿肉产品的良好消费体验。且鹿肉产品的加工长期以卤、酱等产品为主,缺乏高附加值的加工方式。

3.1.2 鹿肉的功能特性未得到量化

鹿肉主要是以野味为噱头进行推介,其滋补功能以及效果未得到有效量化和验证,对与鹿肉的营养功能描述仅限于记载,这也就导致能够吸引消费者的特点没有支持。

3.1.3 缺乏鹿肉产品产业发展的基础

我国鹿养殖产业长期以获取鹿茸为主要目的,且广泛分布于我国的东北、西北等地区,忽视了鹿肉制品加工产业的发展,且鹿肉产品加工产业处于分散且无序的状态,缺乏规模化效应。鹿肉产品产业也尚未形成一个有影响力的品牌,无法发挥主导品牌的带动作用,缺乏品牌效应。

3.1.4 缺乏鹿肉产品加工的技术支持

猪肉、牛肉、羊肉等产品为主的畜肉是我国动物蛋白的主要来源,加工技术也相对较为成熟,包括动物饲养策略、肉制品的消费者现状、肉制品生产工艺、肉品质快速鉴别、不同品种畜肉及产品品质差异和肉制品品质保持等方面的系列研究,形成了较为成熟的技术支持体系。但是,有关鹿肉制品加工的研究,仅限于周亚军等少数研究人员开展的部分有关发酵剂、嫩化、腌制等方面的研究,远远不能满足鹿肉加工产业的发展需要,迫切需要在鹿等特殊畜种产品开发方面投入更多的人力和物力。

3.2 我国鹿肉加工产业发展的机遇与措施

我国鹿养殖产业广泛分布于我国的东北、西北、内蒙古和西南地区,且该地区具有发展鹿养殖的天然优势,基于消费者对更健康肉制品需求的增加,鹿肉制品的开发具有巨大的市场前景，且能够带动地区经济的发展。

3.2.1 弥补特殊时期畜肉制品的市场需求

2019年8月暴发的非洲猪瘟疫情，对我国的生猪养殖产业带来了巨大冲击，我国的畜肉生产发生巨大变化，我国畜肉的供应格局发生了明显变化，为鹿肉等畜肉市场份额的扩大提供了便利条件。且随着其他传统畜肉价格的持续走高，鹿肉等产品的市场竞争力越发明显。

3.2.2 满足人们对高品质畜肉的要求

肉制品消费量的增加，以及不合理的膳食结构，对消费者的身体健康，尤其是心脑血管疾病的暴发带来了潜在威胁。鹿肉具有高蛋白、低脂肪、低胆固醇等优点，符合人们对高品质畜肉的要求。基于科学实践，通过养殖规模的增大、养殖方式的调整、肉产品供应的常态化和高质化、肉制品加工的高效化，以及消费者的培育，鹿肉制品将成为我国畜肉供应的主要组成部分。

3.2.3 能够提升经济收入

我国鹿养殖主要分布于我国的东北、西北、内蒙古和西南等地区，经济基础相对薄弱，以获取鹿茸为目的的经济形式发展较为滞后。通过鹿茸产业与鹿肉制品加工产业的协调融合，将显著增加鹿养殖产业的灵活性，提升鹿养殖产业获取经济价值能力。

3.2.4 我国鹿肉制品加工产业发展的策略

我国鹿养殖的历史较为悠久，早期以获取鹿茸为主要经济目的，由于产业和市场的限制，发展较为迟滞。直到2011年，原国家卫生部才批准允许将人工驯养繁殖的鹿肉进行食品加工，我国鹿肉制品加工产业才逐渐走上正轨，但是仍然存在诸多问题和不足，需要在经济、政策、法规等方面给予充分支持。

针对我国鹿养殖和肉制品加工产业的现状，一是通过多种方式，为鹿养殖和肉制品加工提供经济支持，包括提高贷款额度、降低贷款担保要求、采用灵活的还款方式等，为农牧民和加工企业提供资金支持；二是提供政策支持，通过产业扶持等手段，促进养殖和肉制品加工业的发展；三是增大研发投入，在鹿良种资源保护、育种、饲养方案、肉产品加工方案及品质分析、消费者培育等方面投入更多精力，亦可采用企业与科研院所相结合开展研发的形式开展工作；四是支持行业协会的建设，通过行业协会规范和引导行业健康发展，对鹿茸产品、养殖、肉制品等制定约束或支持策略，包括制定相应产品的产品标准，来支持产业的健康发展。

4 结论

我国梅花鹿、马鹿的养殖历史悠久，早期主要以获取鹿茸为主要目的，市场较为散乱无序，发展较为滞后。基于鹿肉良好的营养属性，开展鹿肉制品加工，将为鹿养殖产业的发展带来积极作用。通过政策支持、科研投入、产业扶持和资金支持等方式，可以促进鹿肉制品产业的发展，对地区经济发展和增加农牧民收入具有巨大作用。针对鹿肉产品及肉制品的加工研究，研究者在贮藏、加工工艺、品质提升等方面取得了丰富成果，但仍需要在种质资源的保护和开发、不同组织部位鹿肉加工的适应性、加工工艺的优化、品质的保持和提升、高附加值加工方式的拓展和消费者的培育等方面开展更为广泛的深入研究，以支持我国鹿养殖和相关产业的发展。

参考文献（略）

本篇文章发表于《食品研究与开发》2020年第41卷第11期。

鹿肉香肠配方的优化

尤丽新[1]，尤丽霞[2]，宋继伟[1]，杨　柳[1]

（1. 长春科技学院，吉林长春　130600；2. 吉林省桦甸市公吉

乡畜牧兽医工作站，吉林桦甸　132402）

摘　要：试验以鹿肉为主要原料，添加牛肉和猪脂肪以及其他辅料来制作鹿肉香肠。结果表明：通过单因素和正交试验筛选鹿肉香肠的最佳配方组合鹿肉：牛肉：猪脂肪比例为7：4：3，食盐添加量为2.0%，白糖添加量为1.0%。制得鹿肉香肠成品呈产品固有颜色，肠体干爽，有光泽，粗细均匀，无裂纹；组织致密，切片性能好，有弹性；咸淡适中，滋味鲜美。

关键词：鹿肉；香肠；配方优化；牛肉

鹿肉含有丰富的蛋白质，易被人体消化、吸收，脂肪、胆固醇的含量则显著低于牛肉。鹿肉这种高蛋白、低脂肪和低胆固醇的优质特点正是目前健康饮食所倡导的。鹿肉具有补脾胃、益气血、助肾阳等功能；鹿肉为药食两用肉类，既可与中草药配伍，也可作药膳，还可以用于制作多种菜肴。

试验制得的鹿肉香肠不是以纯鹿肉为原料，而是除鹿肉外又加入了肉质结构与鹿肉相似的牛肉为辅助材料，因鹿肉本身脂肪比较少，因此又加入一定量的猪脂肪，增加风味。研究结果可以为鹿肉产品的开发及鹿肉香肠的产业化提供一定的理论依据，让人民享受到美味佳肴，调节营养平衡。

1　材料

1.1　试验样品

新鲜鹿肉，购于长春市双阳区东鳌鹿业集团有限公司；新鲜牛肉及猪脂肪、食盐（一般用量1.5% ~ 2.5%）、白糖（一般用量0.5% ~ 2.0%）、味精（一般用量

【作者简介】尤丽新（1978—　），女，副教授，硕士研究生，研究方向为畜产品加工，E-mail：youlixin521@163.com。

0.2%~0.5%），购于长春市双阳区恒客隆超市；猪肠衣、香辛料（胡椒粉、姜粉、大蒜、五香粉），购于长春市双阳区农贸市场；淀粉（一般用3%~20%），东莞东食品有限公司生产；磷酸盐（多种磷酸盐混合，使用量为0.20%~0.45%），青岛新青田食品有限公司生产；卡拉胶（食品级），河南千里行科技有限公司生产；亚硝酸钠（食品级），山东临沂多彩化工有限公司生产；冰水混合物。

1.2 加工设备

冰箱（型号为BCD-192HNE），青岛澳柯玛股份有限公司生产；斩拌机（型号为ZBJ-40），诸城市新鹿肉产品得利食品机械有限责任公司生产；熏蒸炉（型号为DQXZ250），诸城市嘉信食品机械有限公司生产；手摇式灌肠机，定制；电子秤（型号为HZF-30），深圳市恒志福科技有限公司生产；不锈钢刀具、勺子及砧板，市购。

2 方法

2.1 鹿肉肠的加工

工艺流程原料肉的选择与初加工→腌制→斩拌→灌制→熟制→烟熏→冷却。

2.2 操作要点

2.2.1 原料肉的选择

以新鲜鹿肉为主要原料，添加肉质与鹿肉相似的牛肉，再添加一部分猪肉脂肪；因鹿肉和牛肉瘦肉多，几乎没有脂肪，因此添加一部分猪脂肪来增加香肠的香味，改善组织状态。

2.2.2 腌制

将鹿肉和牛肉多次浸泡、洗净。然后将鹿肉、牛肉切成1.5~2.0cm的肉块。按照混合肉质量计算，添加食盐、亚硝酸盐、水及白糖，腌制24h。腌制环境要清洁卫生，无阳光直射；空气相对湿度为90%左右，温度在10℃以内，最好为2~4℃。

2.2.3 制馅

将鹿肉、牛肉先斩拌混合，然后加入胡椒粉、五香粉、味精、姜粉、大蒜、卡拉胶、磷酸盐，最后加入淀粉和猪脂肪；斩拌时为防止温度升高，可加入冰水。斩拌好的肉馅富有弹性和黏稠性，馅内无肉眼可见的肌肉颗粒和脂肪块，调料、淀粉混合均匀。

2.2.4 灌制

为保持肠衣的伸展性，猪肠衣用前先用温水浸泡，并用温水反复冲洗检查是否有破损。肉制品厂一般都用灌肠机制，试验所用肉馅相对较少，因此采用手摇式灌肠机进行灌肠。在灌肠过程中，同时要用牙签或者针排除肠体内的空气。最后将肠打结，长度为10~12cm，并用牙签或者针将肠内的气泡排除。

2.2.5 蒸煮和熏制

采用水煮法对灌制好的香肠进行煮制，水温度为95℃左右时将肠下锅，待肠体中心温度达到74℃时，手触摸肠体，感觉肠体变硬，并有弹力说明煮好。不需要高温长时间煮制香肠，时间为40min左右即可。待香肠煮好后将肠放入熏蒸炉内，熏蒸30min。熏制过程可去除部分水分，熏制后肠衣表面干燥、有皱纹，肠体具有特殊的光泽和香味。

2.3 试验设计

2.3.1 单因素试验设计

（1）主要原料添加比例筛选。选择新鲜鹿肉、牛肉、猪脂肪为主要原料，考察三者的加入量之比对香肠产品的影响，试验过程中取鹿肉：牛肉：猪脂肪比例分别为8：3：3、7：4：3、6：5：3、5：5：4，同时加入其他辅料斩拌后灌装、煮制、熏制。通过感官评价结果考察主要原料鹿肉、牛肉、猪脂肪加入比例对香肠质量的影响。

（2）食盐添加量的筛选。选择新鲜鹿肉、牛肉、猪脂肪为主要原料，按照三者总重量添加1.0%、1.5%、2.0%、2.5%的食盐，同时加入其他辅料。通过感官评价结果考察食盐加入量对香肠质量的影响。

（3）白糖添加量的筛选。选择新鲜鹿肉、牛肉、猪脂肪为主要原料，按照三者总重量添加0.5%、1.0%、1.5%、2.0%的白糖，同时加入其他辅料。通过感官评价考察白糖添加量对产品的影响，筛选白糖的适宜添加量。

（4）感官评价指标。各单因素试验结果分析均采用感官评价，标准见表1。

表1 感官评价

评价等级	色泽（3分）	风味（4分）	组织状态（3分）	总分（10分）
优	≥2.2分，色泽均匀，肉红色	≥3.0分，味道鲜美，鹿肉滋味浓郁	≥2.1分，组织均匀、有弹性，无肉眼可见的肌肉组织粒	≥7.3分
良	1.4~2.1分，色泽较均匀，肉红色，能看到少量的白色脂肪	2.3~3.1分，有鹿肉鲜香味	1.4~2.1分，组织均匀、有弹性，可见少量肉组织粒和脂肪粒	5.1~7.3分
中	0.7~1.4分，色泽不均匀，略偏暗，熟制鹿肉的颜色	1.7~2.3分，鹿肉鲜香味较淡，偏甜或苦涩味	0.7~1.4分，组织不均匀，有肉眼可见的肌肉和脂肪粒，弹性适中	3.1~5.1分

（续表）

评价等级	色泽（3分）	风味（4分）	组织状态（3分）	总分（10分）
差	≤0.7分，色泽不均匀，颜色暗	≤1.7分，鹿肉鲜香味淡，味同嚼蜡	≤0.7分，组织不均匀，质地偏硬，有明显的肌肉和脂肪粒	≤3.1分

2.3.2　正交试验设计

结合单因素试验结果，以新鲜鹿肉、牛肉、猪脂肪三者添加比例、食盐添加量、白糖添加量为因素进行 $L_9(3^3)$ 正交试验。

3　结果与分析

3.1　单因素试验

结果见表2至表4。

表2　主要原料添加比例对产品的影响

主要原料比例	色泽	风味	组织状态	等级
5:5:4	均匀的肉红色	鹿肉鲜香味偏淡	可见少量的脂肪粒，组织均匀、有弹性	差
6:5:3	均匀的肉红色	有鹿肉鲜味	组织均匀细腻、有弹性	良
7:4:3	均匀的肉红色	鹿肉鲜香味浓郁	组织均匀细腻、有弹性	优
8:3:3	红色偏暗	鹿肉腥味明显	组织均匀细腻、有弹性	中

表3　食盐添加量对产品风味的影响

食盐加入量/%	色泽	风味	组织状态	等级
1.0	枣红色	有鹿肉鲜味，咸味偏淡	组织均匀细腻、弹性略差	良
1.5	枣红色	有鹿肉的鲜香味	组织均匀细腻、弹性适宜	优
2.0	肉红色	鹿肉的鲜香味浓郁	组织均匀细腻、弹性适宜	优
2.5	肉红色	鹿肉味适宜，有苦涩味	组织均匀细腻、略偏硬	良

表4　白糖添加量对产品风味的影响

白糖加入量/%	色泽	风味	组织状态	等级
0.5	浅肉红色	鲜味不足	组织均匀、有弹性	差

（续表）

白糖加入量/%	色泽	风味	组织状态	等级
1.0	肉红	鲜甜味适中	组织均匀细腻、有弹性	优
1.5	红色	鲜味适中	组织均匀细腻、有弹性	良
2.0	暗红色	略偏甜	组织均匀细腻、有弹性	良

由表 2 可知，随着鹿肉加入量的增加，产品的鲜香味及腥味明显，当鹿肉：牛肉：猪脂肪的加入量之比为 7：4：3 时，香肠的风味较好，易被接受。

由表 3 可知，食盐加入量的多少导致香肠的风味产生了很大的差异。随着食盐量的增加，香肠的鹿肉鲜香味逐渐变得浓郁，在加入量为 2.0% 之前，鹿肉的风味变得越来越好并更能被广大人群接受；当超过 2.0% 后香肠组织状态偏硬，咀嚼性不易让人接受，并且有苦涩味。

由表 4 可知，随着白糖添加量的增加，鹿肉的鲜味越来越明显，味道更加鲜美，颜色也由浅肉红色逐渐变为熟鹿肉的暗红色，肉质变得更加细嫩。过量添加后鹿肉会变得很甜而无法让大众接受，因此 1.0% 的白糖加入量较佳。

3.2 正交试验

结果见表 5、表 6。

表 5　正交试验设计

因素水平	新鲜鹿肉：牛肉：猪脂肪（A）	食盐添加量（B）/%	白糖添加量（C）/%
1	5：5：4	1.5	1.0
2	6：5：3	2.0	1.5
3	7：4：3	2.5	2.0

表 6　正交试验结果分析

试验号	A	B	C	评分/分
1	1	1	3	4.26
2	1	2	1	7.10
3	1	3	2	6.84
4	2	1	2	5.80
5	2	2	3	4.19
6	2	3	1	4.77

（续表）

试验号	A	B	C	评分/分
7	3	1	1	8.01
8	3	2	3	5.85
9	3	3	2	5.08
K_1	18.20	18.07	19.88	
K_2	14.76	17.14	17.72	
K_3	18.94	16.69	14.30	
K_1	6.07	6.02	6.63	
K_2	4.92	5.71	5.91	
K_3	6.31	5.56	4.77	
R	1.15	0.46	1.86	

由表5、表6可知，各因素对最终产品影响力大小关系为 C>A>B，即糖添加量是对产品影响最大的因素，其次是主要原料加入比例，食盐添加量的影响最小，这表明加糖量是鹿肉香肠加工工艺中关键的因素。最佳配方组合是 $A_3B_1C_1$，即鹿肉：牛肉：猪脂肪之比为 7:4:3，食盐添加量为 2.0%，白糖添加量为 1.0%。

4 结论

最终采用的配料表见表7。

表7 最终配料表

所用材料	用量	所用材料	用量
鹿肉/kg	3.5	姜粉/g	40
牛肉/kg	2	大蒜/g	240
猪脂肪/kg	1.5	食盐/g	140
淀粉/kg	0.4	白糖/g	70
胡椒粉/g	11	亚硝酸钠/g	6.6
五香粉/g	11	冰水/kg	2.5
味精/g	11		

鹿肉香肠成品呈熟鹿肉的枣红色，肠体干爽，有光泽，粗细均匀，无裂纹；组织致密，切片性能好，有弹性；咸淡适中，味道鲜美。

参考文献（略）

本篇文章发表于《黑龙江畜牧兽医》2016 年第 9 期（上）。

鹿油抗菌手工家事皂的研制

李　博[1]，汪海鹏[1]，时晓萌[1]，才旭红[1]，刘俊渤[1]，唐珊珊[2]

（1. 吉林农业大学　资源与环境学院，吉林长春　130118；

2. 吉林农业大学　生命科学学院，吉林长春　130118）

摘　要：以精制鹿油、椰子油、芥花油为原料，添加金银花与白藓皮提取液，采用冷制法制备了一种鹿油抗菌手工家事皂。探讨了油脂比例、皂化时间及金银花提取液、白藓皮提取液添加量对鹿油抗菌手工家事皂相关指标及理化性质的影响。结果表明，鹿油抗菌手工家事皂油脂最佳配方为精制鹿油 20.00g、椰子油 70.00g、芥花油 10.00g，在该配方与 40℃皂化温度条件下，加入质量分数为 0.26 的 NaOH 溶液 50.00mL、金银花提取液 3.50mL、白藓皮提取液 1.50mL 制备的鹿油抗菌手工家事皂对大肠杆菌抑菌效果最佳，其次是对金黄色葡萄球菌，对枯草芽孢杆菌抑菌效果较弱。

关键词：鹿油；金银花提取液；白藓皮提取液；手工家事皂；制备；抑菌

家事皂是人们日常生活中经常使用的清洁去污产品。目前市场上的家事皂大多是添加了起泡剂、表面活性剂及防腐剂等化学试剂的工业家事皂，易导致皮肤干燥及过敏等问题。而采取冷制法，以天然油脂与具有抑菌效用的中药萃取液为原料制作的手工家事皂，不仅没添加化学试剂，而且由于低温皂化，还尽最大可能保留了油脂富含的营养成分及中药、精油等添加物所含的抑菌成分。因此，这样的手工家事皂在清洁污垢的同时，还可为皮肤提供长久的抑菌与滋润保护，且使用后的皂污液还能在环境中自然降解。

鹿油是从鹿的脂肪中提取精制而成，它富含多种脂肪酸，且所含的饱和脂肪酸和不饱和脂肪酸不仅具有较高的营养价值与药用价值，还具有滋润保湿、抗皱及消炎祛疱疮等功效，是制皂工业的优良油脂原料。金银花与白藓皮自古被誉为解毒的良药，研究表明，两种中药提取液对多种致病菌，如金黄色葡萄球菌、大肠杆菌、枯草芽孢杆菌、蜡样芽孢杆菌、变形杆菌等均有一定的抑制作用。

目前，国内外关于鹿油的研究主要集中在鹿油的提取、精制及性能研究方面，

【作者简介】李博，本科在读，研究方向为应用化学。

而以鹿油为主要油脂设计与开发的手工皂或工业皂未曾报道。因此，本研究以精制鹿油、椰子油、芥花油为原料，金银花和白藓皮为抗菌有效成分，研制了新型鹿油抗菌手工家事皂的制备工艺。通过对油脂比例、皂化时间及金银花和白藓皮提取液添加量的优化，制备了一种抗菌效果优良的鹿油手工家事皂，其研究不仅提高了鹿油的综合利用价值，也为鹿油的开发利用提供了技术支持。

1 材料与方法

1.1 试剂与仪器

鹿脂肪（长春瑞铂生物科技有限公司）；椰子油、芥花油（化妆品级，湖州奕欣日化有限公司）；金银花、白藓皮（吉林农业大学中药材学院提供）；大肠杆菌、金黄色葡萄球菌、枯草芽孢杆菌（吉林农业大学动物科学技术学院提供）。

DP602 全自动微生物培养箱（北京亚欧德鹏科技有限公司）；BXM-50M 全自动高压灭菌器（上海博迅生物仪器有限公司）；HH-S1 数显恒温水浴锅（江苏麦普龙仪器制造有限公司）；PHS-25CW 台式酸度计（上海精密仪器仪表有限公司）。

1.2 试验方法

1.2.1 鹿油的提取与精制

将除杂洗净的鹿脂肪于真空冷冻干燥机内冷冻干燥 5h 后粉碎，称取处理后的鹿脂肪 1 000.00g 于 CO_2 超临界萃取反应装置中，在 35MPa 与 40℃条件下，萃取 120min 得到粗鹿油；再在 25MPa 与 45℃条件下，萃取 90min，即可得到无异味乳白色的精制鹿油。

1.2.2 金银花与白藓皮中药提取液的制备

将金银花与白藓皮真空干燥，粉碎至粉末后分别准确称取 100.00g 于容器中，加 400mL 蒸馏水，采用煎煮法于 100℃水浴加热 60min，过滤（3 次）并收集滤液，60℃水浴加热至提取液浓度为 0.5g/mL，冷却至室温后于 4℃保存备用。

1.2.3 鹿油抗菌手工家事皂的制备

按油脂原料配比称取油脂 100.00g，加热至所需温度；在另一烧杯中将所需质量 NaOH 固体加入一定体积蒸馏水中，搅拌至 NaOH 完全溶解，待温度降至与油脂同样温度后将 NaOH 溶液缓慢加入上述油脂中，搅拌，待皂液黏稠时将金银花与白藓皮提取液添加到皂液中，混匀后入模，30℃保温 24h，脱模后的鹿油抗菌手工家事皂放在干燥通风处 30d。

1.2.4 抑菌试验培养基制备

将含有 LB 液体、固体培养基锥形瓶密封，于 121℃下高压灭菌 20min。制好的固体培养基平板于4℃保存备用。

菌液制备：将野生型大肠杆菌、金黄色葡萄球菌和枯草芽孢杆菌接种至100mL的LB液体培养基中，在37℃恒温摇床中180r/min培养12h，保存菌种，分装备用。

抑菌试验：称取一定质量皂样于1.50mL离心管中，加1.00mL无菌蒸馏水至样品完全溶解，混匀后在无菌环境下用滤膜除菌，然后将直径为6mm灭菌后的圆形滤纸浸入无菌皂液30min。分别将100μL培养好的菌液置于LB固体培养基中，混合均匀后转入无菌培养皿中，用镊子将充分吸收皂液后的圆形滤纸平铺于培养皿中部，37℃培养18h，然后测量抑菌圈直径。进行抑菌圈试验时，大肠杆菌、金黄色葡萄球菌和枯草芽孢杆菌抑菌试验其皂液浓度分别为5.00mg/mL、17.00mg/mL、11.00mg/mL，重复3次，取其平均值。

1.2.5 油脂质量比的优化

按照表1中油脂质量，分别准确称取精制鹿油、椰子油及芥花油，在40℃条件下，加入一定质量分数与体积的NaOH溶液（40℃），皂液浓稠时添加金银花提取液3.50mL与白藓皮提取液1.50mL，混匀后入模，脱膜后得到5个处理，30d后评价与测定各指标。以起泡度、洗净度、皂化时间、外观4个指标探讨精制鹿油与椰子油最佳油脂质量比。

表1 鹿油抗菌手工家事皂油脂比例

处理	鹿油/g	椰子油/g	芥花油/g
T1	35.00	55.00	10.00
T2	30.00	60.00	10.00
T3	25.00	65.00	10.00
T4	20.00	70.00	10.00
T5	15.00	75.00	10.00

1.2.6 皂化温度的优化

分别称取20.00g精制鹿油、70.00g椰子油、10.00g芥花油，缓慢加入质量分数为0.26的NaOH溶液50.00mL，皂化温度分别为35℃、40℃、45℃、50℃、55℃。当皂液浓稠时，添加金银花提取液3.50mL与白藓皮提取液1.50mL，混匀后入模，脱膜后得到5个处理。以外观评价和皂化时间作为指标优化最佳皂化温度。

1.2.7 金银花与白藓皮提取液添加量的优化

分别称取20.00g精制鹿油、70.00g椰子油、10.00g芥花油，在40℃条件下缓慢加入质量分数为0.26的NaOH溶液50.00mL，当皂液浓稠时，按表2配比将金银花与白藓皮提取液所需体积添加到皂液中，混匀后入模，脱膜后得到7个处理。30d熟化后，通过抑菌圈试验，研究金银花与白藓皮提取液不同添加量制备的皂样对大肠杆菌、金黄色葡萄球菌和枯草芽孢杆菌的抑菌效果。

表 2　金银花与白藓皮提取液添加比例与添加量

处理	金银花提取液 添加比例/%	白藓皮提取液 添加比例/%	金银花提取液 添加量/mL	白藓皮提取液 添加量/mL
T1	70.00	30.00	3.50	1.50
T2	60.00	40.00	3.00	2.00
T3	50.00	50.00	2.50	2.50
T4	40.00	60.00	2.00	3.00
T5	30.00	70.00	1.50	3.50
T6	0	100.00	0	5.00
T7	100.00	0	5.00	0

1.2.8　各项指标的评价与测定

起泡度测定：准确称取待测皂样 2.50g，以 150mg/L 的硬水溶解后定容于 500mL 容量瓶中，摇匀后将皂液置于 42℃ 恒温水浴锅中 10min；量取 42℃ 皂液 200.00mL 于分液漏斗中，同时量取 42℃ 皂液 50.00mL 于 1500mL 量筒中，打开活塞使皂液从 90cm 高度流入装有皂液的量筒；待皂液全部流出，且量筒内泡沫顶面平整后立即测定泡沫高度，重复 5 次，取其平均值。

洗净度测定：将莱卡棉布裁成 15cm×10cm 的长方形布块，将 20.00μL 质量比为 2 000∶1 大豆油与苏丹红配成的油污液均匀涂抹在莱卡棉布 2cm×2cm 范围内，室温静置 10min 后将污布置于 75℃ 烘干箱烘干 20min。称取一定质量鹿油抗菌手工家事皂，溶于自来水中配制质量分数为 0.02 的洗涤液，并对处理后的污布洗涤 3min，再用自来水漂洗 1 次，观察洗净效果及油脂残留情况。

皂化时间：控制搅拌速度 400r/min，从碱液加入开始计时，至皂液呈待入模的黏稠状时停止计时。

外观评价：以皂体细腻程度，有无皂粉、油斑及裂纹等对皂体评分。具体标准见表 3。

表 3　鹿油抗菌手工家事皂评价指标与评分标准

评价指标	起泡高度/mm	洗净度/%	皂化时间/min	外观	评分/分
评分标准	>12.0	80~100	40~60	无皂粉与油斑 表面光滑细腻	21~25
	8.0~12.0	60~80	60~70 30~40	有少量皂粉或油斑 表面光滑细腻	16~20
	5.0~8.0	40~60	70~80 20~30	有较多皂粉或油斑 表面龟裂较轻	11~15
	2.5~5.0	20~40	80~90 10~20	有较多皂粉与油斑 表面龟裂较重	6~10
	<2.5	0~20	>90 <10	有大量皂粉与油斑 表面龟裂严重	1~5

总游离碱：参照 QB/T 2623.2—2020 肥皂试验方法进行测定。

游离苛性碱：参照 QB/T 2623.1—2020 肥皂试验方法进行测定。

水分和挥发物：参照 QB/T 2623.4—2003 肥皂试验方法进行测定。

pH 值：将 10.00g 皂样溶解后定容于 1 000mL 容量瓶中，测其 pH 值。

2 结果与分析

2.1 油脂质量比的优化

以其起泡度、洗净度、皂化时间及外观 4 个评定指标为考察参数，按照表 3 评分标准对不同质量油脂比制备的鹿油抗菌手工家事皂进行综合评分，结果见表 4。

表 4 油脂质量比不同条件下鹿油抗菌手工家事皂的评定

处理	起泡高度/mm	洗净度/%	皂化时间/min	外观/分	评分/分
T1	15	16	17	14	62
T2	16	17	20	18	71
T3	18	19	23	22	82
T4	22	20	25	24	91
T5	23	22	15	16	76

由表 4 可知，5 个处理中皂样的起泡度与洗净度从高到低顺序均为 T5、T4、T3、T2、T1，皂化时间优劣顺序则为 T4、T3、T2、T1、T5，外观从高到低顺序为 T4、T3、T2、T5、T1。T5 处理由于椰子油所占比率相对较大，放置 30d 后皂体相对较硬，且表面有细小裂纹，而 T1、T2 则由于椰子油所占比率相对较小，放置 30d 后皂体表面有微小油斑。因此，T3、T4 处理的皂样尽管起泡度、洗净度略小于 T5，但皂化时间适宜，都在 40~60min，同时与 T1、T2、T5 处理相比，30d 后 T3、T4 处理皂样不仅皂体细腻、软硬适中，且表面无皂粉、油斑与裂纹，尤其 T4 处理得分最高，使用时不仅起泡度高，滋润效果也更好。因此，综合 4 个评定指标，鹿油抗菌手工家事皂最佳油脂配方为精制鹿油 20.00g、椰子油 70.00g、芥花油 10.00g，此时制备的鹿油抗菌手工家事皂皂体质地厚实，清洁力好，起泡度优，皂体外观无油斑，用后皮肤滋润光滑。

2.2 皂化温度的优化

相对工业皂而言，手工皂制作时间长，且不同油脂配方手工皂的皂化温度也不尽相同。手工皂制作时，若皂化温度较低，尽管可以最大限度保留油脂所含的营养成分与天然活性物质，但皂化时间长，浪费人力，而且低温也易使油脂与碱液反应不完全，导致皂体结构松散，成为"松糕皂"；相反若皂化温度较高，人工成本相对降低，但因皂化时间短，皂化不均匀，易造成皂体粗糙或表面产生皂粉，也易发生皂液与油脂分层现象。不同皂化温度制备的鹿油抗菌手工家事皂所需时间见图1。

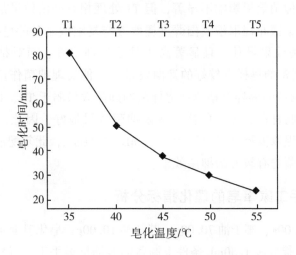

图1 不同皂化温度制备时所需时间

图1结果表明，T2处理制备的鹿油抗菌手工家事皂皂化时间适中，且该处理制备的皂体与T3、T4、T5相比，不仅皂化充分，且脱膜后的皂体细腻，软硬适中，放置30d后皂体表面也无油斑；而T1处理皂化时间长，不经济，同时脱膜后的皂体泛白。因此，该款鹿油抗菌手工家事皂其皂化温度在40℃较适宜。

2.3 金银花与白藓皮提取液添加量的优化

金银花与白藓皮提取液添加量的优化见表5。

表5 金银花与白藓皮提取液不同配比对细菌的抑制作用

处理	抑菌圈半径/mm		
	大肠杆菌	金黄色葡萄球菌	枯草芽孢杆菌
T1	19.7	18.0	5.7
T2	19.0	15.3	—
T3	17.7	11.0	—
T4	18.7	11.3	8.5
T5	19.0	12.3	—
T6	13.3	13.3	—
T7	18.5	10.0	8.5

由表 5 可知，金银花与白藓皮提取液对大肠杆菌抑菌效果最佳，其次是金黄色葡萄球菌，对枯草芽孢杆菌抑菌效果较弱。对大肠杆菌来说，除添加白藓皮提取液制备的皂样（T6）外，添加金银花提取液与复配液制备的皂样均有很好的抑菌效果，且提取液加入量对抑菌效果影响不显著，但 T1 处理相对抑菌效果最佳；对金黄色葡萄球菌而言，添加金银花提取液、白藓皮提取液与复配液制备的皂样均有抑菌作用，但同样 T1 处理抑菌效果最佳，且显著高于其他处理浓度；而对枯草芽孢杆菌，仅 T1、T4、T7 处理制备的皂样有较好的抑菌效果，其他处理抑菌作用不明显。综上所述，尽管 T1 处理制备的皂样对枯草芽孢杆菌的抑菌效果弱于 T4、T7 处理，但 T1 处理制备的皂样对大肠杆菌、金黄色葡萄球菌抑菌效果最好，因此，综合考虑最终确定金银花与白藓皮提取液添加量分别为 3.50mL、1.50mL，此复配液下所制备的手工家事皂对上述 3 种菌均有较好的抑菌效果。

2.4 鹿油抗菌手工家事皂的理化指标分析

对精制鹿油 20.00g、椰子油 70.00g、芥花油 10.00g、皂化温度 40℃、金银花提取液 3.50mL、白藓皮提取液 1.50mL 条件下制备的鹿油抗菌手工家事皂进行理化指标分析，结果表明，采用冷制法制备的鹿油抗菌手工家事皂其皂体光滑细腻，表面无裂纹，也无皂粉与油斑，总游离碱为 0.079%，水分和挥发物为 7.82%，pH 值为 9.90，游离苛性碱未测出，其指标均符合国家仅含脂肪酸钠 I 型香皂轻工业行业标准。

3 结论

以精制鹿油、椰子油及芥花油为油脂原料，金银花和白藓皮为抗菌有效成分，制备了一种去污效果优异的鹿油抗菌手工家事皂。通过单因素试验，优化了油脂比例、皂化温度及金银花与白藓皮提取液添加量，确定了鹿油抗菌手工家事皂最佳工艺条件。研究结果表明，NaOH 溶液（质量分数为 0.26）添加量为 50.00mL，金银花与白藓皮提取液添加量分别为 3.50mL、1.50mL，皂化温度 40℃，精制鹿油、椰子油、芥花油质量分别为 20.00g、70.00g、10.00g。在此条件下制备的鹿油抗菌手工家事皂的总游离碱、游离苛性碱、水分和挥发物及 pH 值各项指标均符合国家仅含脂肪酸钠的 I 型香皂轻工业行业标准。采用冷制法制备的含有金银花和白藓皮有效中药成分的鹿油抗菌手工家事皂，不仅去污效果优异，还极大保留了鹿油、金银花、白藓皮的营养成分，具有滋润与抗菌作用。该研究为鹿油手工皂的产业化提供了理论依据。

参考文献（略）

本篇文章发表于《吉林农业科技学院学报》2020 年第 29 卷第 4 期。

马鹿鹿茸多肽提取工艺研究

蒋文婧，陈　文*

（石河子大学药学院，新疆石河子　832002）

摘　要：为探讨提取马鹿鹿茸中多肽的最佳工艺条件，本试验采用正交试验，以鹿茸中多肽的提取率为指标，优选鹿茸多肽提取最佳工艺中的乙醇浓度、料液比、搅拌时间。最优的工艺条件：乙醇提取浓度为60%，搅拌时间为12h，料液比为1：10，在最佳工艺条件下，马鹿鹿茸中多肽的提取率为12.10mg/g。该试验方法简单、方便，结果准确、可靠，最佳条件适合批量生产该药材的提取。

关键词：马鹿鹿茸；多肽；搅拌法；正交试验

鹿茸系鹿科动物梅花鹿或马鹿的雄鹿未骨化密生绒毛的幼角。鹿茸药用记载最早始于《神农本草经》，鹿茸"味甘、性温、主漏下恶血、寒热惊痫、益气阳志、生齿"及"妇人血闭无子、止痛安胎、久服轻身延年"；李时珍在《本草纲目》上称鹿茸"善于补肾壮阳、生精益血、补髓健骨"。中医主要用其治疗虚劳羸瘦、腰膝酸痛、心悸耳鸣、阳痿滑精、子宫虚冷、崩漏带下等症。据了解，鹿茸还具有抗化学药物损伤、抗溃疡提高耐力、增强记忆力、抑制单胺氧化酶活性、抗衰老和抗氧化等多种药理作用，其主要含有脂类、多糖、多胺、蛋白质及多肽、激素样物质、生物碱基等多种化学成分。鹿茸经分离纯化得到的高纯度单一肽在当代已经被用作一种新兴的前沿的药物治疗多种疾病。

本文采用搅拌法提取马鹿鹿茸中的多肽物质，为了更好地保证提取率，采用正交试验对提取工艺进行了优化，这为进一步开发和利用鹿茸奠定了基础。

1　材料与方法

1.1　仪器

多功能粉碎机（上海市浦恒信息科技有限公司）、离心机（上海安亭科学仪器

---

* 通信作者：陈文，教授，硕士生导师，主要从事药物新剂型的研究。

厂）、SENCOR100旋转蒸发器（上海申生科技有限公司）、UV-2401PC（日本岛津）、玻璃仪器气流烘干器（巩义市英峪予华仪器厂）、DHG-9240电热恒温鼓风干燥箱（上海齐欣科学仪器有限公司）、万分之一电子天平（Sartorius）、JJ-型定时电动搅拌器（江苏中大仪器厂）、pH 211型精密酸度计。

1.2 材料和试剂

牛血清白蛋白（上海蓝季科技发展有限公司，批号：120805）、马鹿鹿茸（购自新疆生产建设兵团第八师148团鹿场）、考马斯亮蓝G-250溶液（上海新兴化工试剂研究所，批号：131022)、醋酸-醋酸钠缓冲溶液（自制）、无水乙醇，所用的试剂均为分析纯。

1.3 鹿茸多肽的测定方法

1.3.1 鹿茸多肽的提取

将马鹿鹿茸鲜品锯成薄片，小心刮去边缘绒毛，用预冷的蒸馏水冲洗至无血色，称重切片，胶体磨匀浆，匀浆过程中不断添加预冷的匀浆液（醋酸-醋酸钠缓冲溶液，pH值3.5）；离心（12 000r/min，20min），取上清液。上清液中加入无水乙醇使其终浓度达到60%。沉淀除杂蛋白，4℃放置并搅拌（1次/30min），4h后离心（12 000r/min，20min)，取上清液。55℃真空旋转蒸发，回收乙醇。冻干，得到鹿茸粗提物，-20℃保存。

1.3.2 鹿茸多肽含量测定方法

（1）蛋白质标准溶液的制备。准确称取牛血清白蛋白10.0mg，用少量蒸馏水溶解，定容至100mL，此即为100μg/mL蛋白质标准储备液，-4℃保存。

（2）考马斯亮蓝G-250溶液的制备。精密称取考马斯亮蓝G-250 100.00mg，加入95%乙醇50mL（蓝色），再加入85%（W/V）H_3PO_4 100mL（血红色），最后用蒸馏水定容至1 000mL。

（3）标准曲线的建立。根据表1配制各浓度的溶液，在595nm处测定吸光度，以蛋白质含量X为横坐标，以吸光度A为纵坐标，绘制标准曲线。

表1 蛋白质标准曲线各试剂加入量

编号	标准蛋白质/mL	蛋白质质量/μg	蒸馏水的量/mL	总体积/mL	考马斯亮蓝G-250溶液/mL	蛋白质含量g/L
0	0	0	1.0	1.0	5.0	0
1	0.2	20.0	0.8	1.0	5.0	0.02
2	0.4	40.0	0.6	1.0	5.0	0.04
3	0.6	60.0	0.4	1.0	5.0	0.06

（续表）

编号	标准蛋白质/mL	蛋白质质量/μg	蒸馏水的量/mL	总体积/mL	考马斯亮蓝G-250溶液/mL	蛋白质含量g/L
4	0.8	80.0	0.2	1.0	5.0	0.08
5	1.0	100.0	0	1.0	5.0	0.1

1.3.3 正交试验

根据参考文献，以乙醇体积分数（A）、料液比（B）及搅拌时间（C）为试验因素，以多肽提取率为指标优选鹿茸多肽提取的最佳工艺，选用 $L_9(3^3)$ 正交表设计三因素三水平正交试验，具体方案见表2。

表2 鹿茸多肽 $L_9(3^3)$ 正交试验因素水平

因素水平	乙醇浓度（A）/%	料液比（B）	搅拌时间（C）/h
1	50	1:5	6
2	60	1:10	6
3	70	1:15	12

2 结果

2.1 标准曲线的建立

按1.3.2（3）项下操作，用考马斯亮蓝G-250溶液作对照，在595nm吸收波长处测定吸光度，吸光度分别为0、0.099、0.206、0.328、0.443、0.556，进行线性回归分析，得回归方程为 $Y=5.5143X-0.0067$，$R^2=0.9993$。说明蛋白质含量在 $1\sim100\mu g/mL$ 范围内，线性关系良好。

2.2 正交试验结果

鹿茸多肽提取正交试验结果见表3。

表3 正交试验结果

试验序列	乙醇浓度（A）/%	料液比（B）	搅拌时间（C）/h	鹿茸多肽提取率/（mg/g）
1	50	1:5	6	8.912
2	50	1:10	9	8.803

（续表）

试验序列	乙醇浓度 （A）/%	料液比 （B）	搅拌时间 （C）/h	鹿茸多肽提取率/ （mg/g）
3	50	1：15	12	9.901
4	60	1：5	9	9.470
5	60	1：10	12	11.735
6	60	1：15	6	8.964
7	70	1：5	12	6.933
8	70	1：10	6	7.207
9	70	1：15	9	7.079
K_1	9.203	8.437	8.357	
K_2	10.053	9.243	8.447	
K_3	7.067	8.643	9.520	
R	2.986	0.803	1.163	

直观分析结果：从表3中的极差结果可以直观地看出，影响多肽提取率的因素按其影响程度的大小分别为乙醇浓度（A）>搅拌时间（C）>料液比（B），结合各因素的K值，得出最佳提取工艺条件为$A_2C_3B_2$再进一步方差分析，见表4。

表4 鹿茸多肽提取率方差分析表

因素	偏差平方和	自由度	F值	F临界值	显著性
乙醇浓度	14.208	2	2.398	5.140	*
料液比	1.053	2	0.178	5.140	
搅拌时间	2.513	2	0.424	5.140	
误差	16.810	6			

查表得$F_{0.05}$（2，2）=19.00，$F_{0.01}$（2，2）=99.00，从表4中可以看出，乙醇浓度对鹿茸多肽提取率有显著性差异，因为随着乙醇浓度的改变，有的多肽会发生变性而沉淀，导致多肽含量降低，因此选择60%为最佳浓度。而搅拌时间对多肽提取的影响较小，因为随着搅拌时间的延长，提取的多肽量就越多，但是时间越长，不利于该药材的大量提取，因此搅拌时间选择12h。而料液比对多肽的提取影响最小，也许是因为当料液比为1：5时，乙醇中的多肽含量没有达到饱和，料液比再增加也不会提高多肽的提取率。所以，正交试验的最优条件为$A_2C_3B_2$，即乙醇提取浓度为60%，搅拌时间为12h，料液比为1：10。根据以上提取方法对最优条件进行了3次平行试验得到鹿茸的提取率分别为12.20mg/g、12.11mg/g、11.98mg/g，平均值

为 12.10mg/g，由结果可知，验证试验的鹿茸多肽提取率均高于正交试验结果。

3 讨论

本文在搅拌法提取鹿茸多肽的单因素试验基础上，设计了因素水平的正交试验，是以鹿茸多肽的提取率为判断依据，对鹿茸多肽的搅拌法提取工艺进行了优化研究。这类方法不仅操作简单快捷、准确度高、分析时间较短，而且使用无机溶剂作为提取剂，可有效避免有机溶剂对环境的污染和对人体的伤害，同时也降低了试验成本。此方法不但在工业化大规模生产中易于实现，而且对其他的天然植物药物的提取也适合。

参考文献（略）

本篇文章发表于《农垦医学》2016年第38卷第2期。

酶法制备鹿骨多肽的工艺研究

郭冰洁，苑广信，安丽萍，张　静，杜培革

（北华大学药学院，吉林吉林　132013）

摘　要：本文探讨鹿骨多肽胰蛋白酶酶解的最优工艺。采用热水抽提法提取鹿骨中的胶原蛋白，再经胃、胰蛋白酶酶解，制得鹿骨多肽，该试验先以鹿骨蛋白产率为指标，确定了鹿骨蛋白最佳提取时间，再以鹿骨多肽的水解度为指标，通过单因素和正交试验优化鹿骨多肽的胰蛋白酶酶解工艺。结果表明，鹿骨多肽最佳制备条件：底物浓度为 4%，酶的用量为 7 500U/g，pH 值＝8.0，温度 37℃，时间为 4h，此时水解度为 24.52%。结论此工艺确定了热水抽提法提取鹿骨蛋白及胃、胰蛋白酶水解制备鹿骨多肽的最优工艺，为分离纯化鹿骨活性肽奠定了基础。

关键词：双酶；鹿骨多肽；正交试验；工艺优化

鹿产品为长白山特色资源，骨骼作为鹿的副产物年产量巨大，大部分都未得到充分利用，仅停留于骨制品的初级加工，如骨骼超微粉、肥料等。然而鹿骨骼中营养物质丰富，含有大量蛋白质、磷脂质、磷蛋白、多种维生素，还含有多种微量元素，并参与人体多种代谢，具有重要的药理作用。鹿骨骼中的蛋白质是优质蛋白质，安全可靠。研究发现，骨多肽是骨提取物的主要成分，具有水溶性强、活性高等特点。目前已有显著改善骨质疏松作用的鹅骨多肽、降压效果明显的猪髓骨 ACE 抑制肽及具有抗氧化、延缓衰老的鱼胶原肽等众多骨活性多肽。本研究以新鲜鹿骨为原料，采用胃、胰蛋白酶对热水抽提的鹿骨蛋白进行酶解，制备鹿骨多肽。通过单因素的正交试验优化得到双酶酶解鹿骨多肽的最优工艺，为鹿骨多肽的进一步研究奠定基础。

【作者简介】郭冰洁（1992—　），女，硕士研究生，主要从事药物分析学研究，E-mail：184525431@qq. com。

1 材料与方法

1.1 材料

新鲜鹿腿骨（吉林市向阳鹿厂）；胃蛋白酶（600～1 000U/mg）、胰蛋白酶（250U/mg）（北京鼎国昌盛生物技术有限责任公司）；BCA 试剂盒、Folin-酚试剂盒（北京鼎国昌盛生物技术有限责任公司）；其他试剂均为分析纯，水为实验室自制超纯水（PINE-TREE XYF2-10-H）；ATY224 型电子天平（日本 SHIMADZU）；Five Easy plus 型 pH 计（瑞士 METTLER TOLEDO）；冷冻干燥机（美国 SP Scientific-Vritis BenchTop Pro）；Infinite M200 型酶标仪（瑞士 TECAN）；Thermo MixerC 型恒温振荡器（德国 EPPENDORF）。

1.2 方法

1.2.1 工艺流程

新鲜鹿骨→粉碎→脱脂→脱钙→干燥→提取→鹿骨胶粗提液→盐析→复溶→透析除盐→冻干得鹿骨蛋白→胃蛋白酶酶解→胰蛋白酶酶解→沸水浴灭酶→离心取上清→冻干得鹿骨多肽→测水解度。

1.2.2 预处理

将新鲜鹿骨（1~3cm²）碎块用自来水洗净，干燥打粉，过 40 目筛，备用。

1.2.3 脱脂

将预处理好的骨粉以 1:15 的料液比用石油醚室温浸泡 24h，过滤，室温待粉末干燥。

1.2.4 脱钙

将上述骨粉以 1:10 的料液比用 0.5mol/L HCl 浸泡脱钙，每 3h 换酸，重复 6 次，干燥备用。

1.2.5 鹿骨提取时间的确定

将骨粉以 1:10 的料液比置于 95℃ 水浴锅中回流提取，提取时间为 1h、2h、3h、4h、5h，过滤得鹿骨蛋白粗提液，通过测定蛋白产率确定最佳提取时间。

1.2.6 蛋白酶的选择

选用胃、胰蛋白酶酶解蛋白是模拟人体胃肠道环境，胃蛋白酶的条件为本实验室已优化得出，底物浓度为 4%，酶用量为 6 000U/g，pH 值=2.0，温度 37℃，时间为 4h。胰蛋白酶水解条件则需进一步优化。

1.2.7 盐析

在鹿骨蛋白粗提液中缓慢加入硫酸铵，使其终浓度为 80%，4 300r/min 离心

10min，将沉淀复溶，透析除盐，冻干得鹿骨蛋白粉末。

1.2.8 胰蛋白酶酶解单因素试验

（1）酶用量对鹿骨蛋白水解度的影响。在底物浓度为4%、温度为37℃、pH值＝9.0、时间为3h的条件下，分别以3 000U/g、4 500U/g、6 000U/g、7 500U/g、9 000U/g酶用量进行鹿骨蛋白水解，考察酶用量对鹿骨蛋白水解度的影响。

（2）温度对鹿骨蛋白水解度的影响。在底物浓度为4%、酶用量为6 000U/g、pH值＝9.0、时间为3h的条件下，分别以31℃、34℃、37℃、40℃、43℃进行鹿骨蛋白水解，考察温度对鹿骨蛋白水解度的影响。

（3）pH值对鹿骨蛋白水解度的影响。在底物浓度为4%、酶用量为6 000U/g、温度为37℃、时间为3h条件下，分别以pH值7.0、7.5、8.0、8.5、9.0进行蛋白水解，考察pH值对鹿骨蛋白水解度的影响。

（4）时间对鹿骨蛋白水解度的影响。在底物浓度为4%、酶用量为6 000U/g、温度为37℃、pH值＝8.0的条件下，分别酶解2h、3h、4h、5h、6h，考察时间对鹿骨蛋白水解度的影响。

（5）水解度的测定。水解度（DH）采用TCA指数法进行测定，参照文献，取酶解液3mL加入等体积10%的TCA溶液充分混匀，使鹿骨蛋白的肽链被充分切断，随着反应的进行，蛋白值的TCA溶解指数逐渐升高。静置30min，4 300r/min离心15min，取上清液，用BCA试剂盒对游离态氮的含量进行测定。牛血清白蛋白标准曲线见图1。

$$DH = \frac{N_1 N_0}{N_2 N_0}$$

式中，N_0，蛋白质水解前上清液TCA可溶性氮；N_1，蛋白质水解后上清液TCA可溶性氮；N_2，蛋白总氮含量。

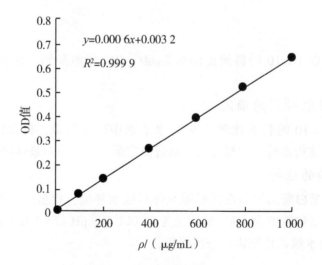

$y=0.000\ 6x+0.003\ 2$

$R^2=0.999\ 9$

图1 牛血清白蛋白标准曲线

1.2.9 酶解正交试验优化

根据单因素试验结果，以水解度为衡量标准，对胰蛋白酶用量、温度、pH 值、酶解时间进行 $L_9(3^4)$ 正交试验，优化鹿骨多肽制备工艺。各因素水平见表 1。

表 1　因素水平

水平	胰蛋白酶用量 (A) / (U/g)	温度 (B) /℃	pH 值 (C)	酶解时间 (D) /h
1	7 000	34	7.5	3
2	7 500	37	8.0	4
3	8 000	40	8.5	5

1.3　统计学分析

应用 SPSS 16.0 软件进行正交分析，所得数据以平均值±标准差（$\bar{x} \pm s$）表示。

2　结果与分析

2.1　单因素试验

2.1.1　提取时间对鹿骨蛋白产率的影响

由图 2 可知，一定时间内，鹿骨蛋白产率随时间的增加而增加。当提取时间为 3h 时，鹿骨蛋白产率达到最大值（29.03%）。此后随着时间增减，产率增加趋于平缓或略有下降，这可能与长时间高温状态下，鹿骨胶原蛋白受热，α、β 链断裂完全

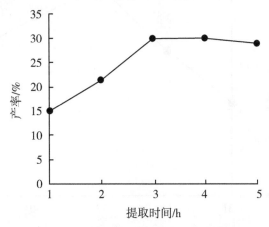

图 2　时间对鹿骨蛋白提取率的影响

或部分蛋白变为游离氨基酸有关。因此，鹿骨蛋白提取的最佳时间为3h。

2.1.2 胰蛋白酶用量对鹿骨多肽水解度的影响

由图3可知，鹿骨多肽水解度随酶用量的增加而增大。当酶用量为7 500U/g时，水解度达到最大值。此后，水解度随酶用量的增加而趋于平缓，且基本保持不变。一定范围内，增加酶用量可以提高水解度，但超过7 500U/g后，水解度基本不变。因此，鹿骨多肽水解的最佳胰蛋白酶用量为7 500U/g。

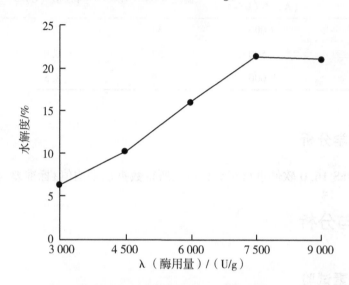

图3 胰蛋白酶用量对鹿骨多肽水解度的影响

2.1.3 温度对鹿骨多肽水解度的影响

由图4可知，在一定温度范围内，鹿骨多肽水解度随温度升高而增大，当温度

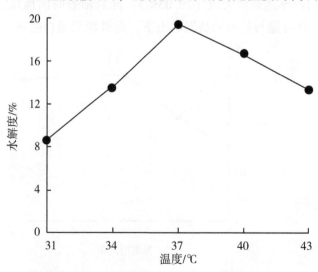

图4 温度对鹿骨多肽水解度的影响

为37℃时，水解度达到最大值。此后，水解度随温度的增加而逐渐下降。一定范围内，升高温度可以提高水解度，但超过37℃后，水解度逐渐下降，由于酶的活性对温度极为敏感，超过胰蛋白酶的最适温度，酶活性下降，故水解度下降。因此，从经济角度讲，鹿骨多肽水解的最佳温度为37℃。

2.1.4　pH 值对鹿骨多肽水解度的影响

由图5可知，pH值小于8.0时，鹿骨多肽水解度随pH值的增加而增大。当pH值为8.0时，水解度达到最大值。此后，水解度随pH值的增加而减小。一定范围内，增加酶用量可以提高水解度，但超过胰蛋白酶的最适pH值后，水解度不会增加反而下降。因此，鹿骨多肽水解的最佳pH值为8.0。

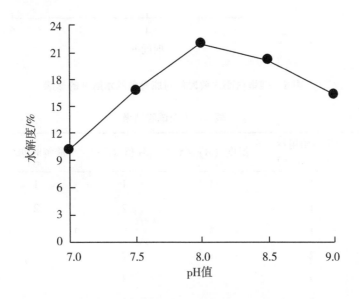

图 5　pH 值对鹿骨多肽水解度的影响

2.1.5　胰蛋白酶水解时间对鹿骨多肽水解度的影响

由图6可知，鹿骨多肽水解度随水解时间的增加而增大。在4h时，水解度达到最大值。一定范围内，增加胰蛋白酶水解时间可以提高水解度，但超过4h后，水解度基本维持稳定。因此，鹿骨多肽水解的最佳时间为4h。

2.2　胰蛋白酶酶解正交试验优化

2.2.1　正交试验结果分析

以水解度为测定指标，正交优化结果见表2。

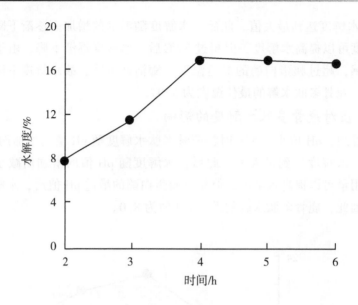

图 6　胰蛋白酶水解时间对鹿骨多肽水解度的影响

表 2　正交试验结果

试验号	胰蛋白酶用量 (A) / (U/g)	温度 (B) /℃	pH 值 (C)	酶解时间/h	水解度/%
1	1	1	1	1	12.28
2	1	2	2	2	21.63
3	1	3	3	3	15.76
4	2	1	2	3	18.69
5	2	2	3	1	17.38
6	2	3	1	2	16.29
7	3	1	3	2	14.43
8	3	2	1	3	13.92
9	3	3	2	1	17.76
K_1	16.557	15.133	14.163	15.807	
K_2	17.453	17.643	19.360	17.450	
K_3	15.370	16.603	15.857	16.123	
R	2.083	2.510	5.197	1.643	

由表 2 可知, 影响鹿骨多肽水解度的各因素影响程度依次为 pH 值、温度、酶用量、时间, 即 C>B>A>D, 由各组 K 值大小可知, 最佳酶解条件组合为 $A_2B_2C_2D_2$, 均为单因素试验最佳条件, 即最佳酶用量 7 500U/g、pH 值为 8.0、酶解温度 37℃、

酶解时间 4h。在该组合条件下得到的鹿骨多肽水解度为 24.52%。

2.2.2 正交优化结果验证试验

为验证正交试验结果准确性，采用酶用量 7 500U/g、pH 值为 8.0、酶解温度 37℃、酶解时间 4h 为条件，进行了验证试验，试验结果见表 3。

由表 3 可知，重复 3 次，所得鹿骨多肽水解度均值为（24.96±0.2）。

表 3 验证试验结果

项目	试验次数/次			平均值±标准差
	1	2	3	
水解度/%	25.33	24.27	25.28	24.96±0.24

3 结论

本试验先对鹿骨粉中的胶原蛋白进行热水抽提，再用胃、胰蛋白酶酶解蛋白的方式制备鹿骨多肽。通过单因素试验和正交试验优化了鹿骨多肽的制备条件，确定了制备鹿骨多肽的最优工艺，为分离纯化鹿骨活性肽奠定了坚实的基础。

采用正交法对鹿骨多肽的胰蛋白酶酶解工艺条件进行优化，通过测定酶用量、温度、pH 值、时间对鹿骨多肽水解度的影响。结果表明，酶用量为 7 500U/g、pH 值为 8.0、酶解温度为 37℃、酶解时间为 4h 的条件下得到的鹿骨多肽水解度为 24.52%。

参考文献（略）

本篇文章发表于《北华大学学报（自然科学版）》2019 年第 20 卷第 1 期。

膨化法提取鹿花盘胶原蛋白

赵雅洲[1]，李金华[1]，赵全民[2]

（1. 长春吉大附中实验学校，吉林长春　130000；

2. 吉林农业大学中药材学院，吉林长春　130000）

摘　要： 以鹿花盘为原料，将鹿花盘粉碎成100目细粉，加水调粉后进行膨化。将膨化后的产物通过水提法提取鹿花盘胶原蛋白，然后通过凝胶过滤法对水提液进行分子量大小检测，并将未膨化的水提液作对比试验。结果显示，膨化后的鹿花盘胶原蛋白分子量比未膨化的小，胶原蛋白的提取率提高了9.56%。

关键词： 鹿花盘；胶原蛋白；哺乳动物；特种经济动物

鹿是目前现存仅有的可以完全再生附属器官的哺乳动物，属于脊索动物门（Chordata）、脊椎动物亚门（Vertebrata）、哺乳纲（Mammalia）、兽亚纲（Theria）、真兽次亚纲（Eutheria）、偶蹄目（Artiodacyla）、反刍亚目（Ruminantia）、鹿科（Cervidae）、鹿属（Cervus）动物，是珍贵的特种经济动物。鹿花盘作为鹿科动物的一种副产品，是梅花鹿或马鹿锯茸后，在鹿角基部留下的茸角骨化后在下一个生茸期开始时脱落的部分，鹿花盘中含有大量的钙、磷等无机化合物，并含有丰富的蛋白质、氨基酸和少量的脂类。《神农本草经》上记载鹿花盘作为名贵中药，有温补肝肾、治阴症疮疡、活血消肿、乳痈初起等功效。近年来，许多文献研究鹿花盘的化学成分和药理作用发现，鹿花盘对抑菌、治疗骨质疏松及乳腺增生有很大帮助。鹿花盘中的蛋白质、多肽和氨基酸是含量最丰富的营养物质，也是发挥药效作用的主要活性物质。此外，鹿花盘还含有大量的胶质、磷酸钙、碳酸钙及氮化物等，因此质地坚硬不易粉碎。但在实际临床应用中常将鹿花盘粉碎变成鹿花盘粉，用于治疗临床疾病。鹿花盘粉不太适宜直接服用，主要通过水煮提取鹿花盘中的可溶性物质，用于疾病治疗。但该方法提取率较低，部分有效物质得不到充分利用。

在现代食品加工技术中膨化可以使硬质的玉米蛋白质得到降解、使蛋白质熟化变性利于提取。此外，1996年陈培珍将鱼骨膨化缓解人们膳食中缺钙的症状，结果显示制成的强钙膨化食品可行，但在鹿花盘研究中尚未找到关于鹿花盘膨化后提取鹿花盘有效物质的文献资料。本文通过对鹿花盘进行膨化，探究膨化后鹿花盘的提取率和分子量大小变化情况。

1 材料与仪器

1.1 材料

鹿花盘由吉林省鹿盛源山庄提供。

1.2 主要仪器设备

鹿花盘膨化机（自制），JFSD-70 粉碎磨（上海嘉定粮油检测仪器厂），KQ5200E 型超声波清洗器（昆山市超声仪器公司），ZSH-200A 智能水分测定仪（湖南湘仪天平仪器设备有限公司），ABIO 仁电子分析天平 [梅特勒托利仪器（上海）有限公司]，302 型电热鼓风干燥箱（龙口先科仪器公司），SHA-C 数显水浴恒温振荡器（金坛市江南仪器厂），电热恒温水浴锅（上海精宏实验设备有限公司），SZFJ 中草药粉碎机（广州旭朗机械设备有限公司），YTW-300 切骨机（宁波昊鹰中央厨房设备有限公司），AKTA purifier 中低压层析系统，层析柱为 SuperdexTM75 10/300 GL 凝胶过滤层析柱（美国 GE 公司）。

2 试验方法

2.1 膨化过程

具体膨化如图 1 所示，详细过程如下。取鹿花盘 4kg 用清水浸泡 3h，逐个对鹿花盘进行清洗；65℃烘箱中烘干鹿花盘，用切骨机将鹿花盘分成小碎块，首先用大粉碎机粉碎成粗粉，再用中药粉碎机粉碎磨成 100 目细粉；称取鹿花盘粉加水调粉；使用鹿花盘膨化机进行膨化，膨化产品在室温下放置 5min；50℃烘箱干燥 12h；取部分产品测其提取率。

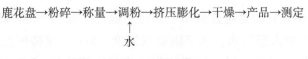

鹿花盘→粉碎→称量→调粉→挤压膨化→干燥→产品→测定
↑
水

图 1 膨化过程

2.2 膨化度的测定

通过数显电子千分尺，测定膨化样品的直径，每个膨化样品随机测定 10 次，求其平均值作为产品的平均直径 d（mm），除以模孔直径，其商为径向膨化率。以径向膨化率表示膨化度。

2.3 鹿花盘膨化工艺条件优化

2.3.1 鹿花盘膨化的单因素试验

膨化度是衡量挤压膨化产品质量的重要指标，影响鹿花盘膨化的关键参数有物料的含水量、膨化腔内的压力和温度等。在膨化过程中螺杆转速是固定的，所以物料在膨化腔内的停留时间基本维持不变。基于以上原因，选取的可变膨化工艺参数为挤压膨化温度、物料的含水量和模头压强，使用鹿花盘膨化机进行单因素膨化试验，考察以下3个因素对鹿花盘膨化度的影响。一是分别在100℃、110℃、120℃、130℃、140℃的挤压膨化温度条件下进行挤压膨化，考察挤压膨化温度对鹿花盘膨化效果的影响。二是分别在15%、20%、25%、30%、35%的物料含水量条件下进行挤压膨化，考察物料含水量对鹿花盘膨化度的影响。三是分别在2MPa、4MPa、6MPa、8MPa、10MPa的模头压强条件下进行挤压膨化，考察模头压强对鹿花盘膨化度的影响。

2.3.2 鹿花盘膨化的正交试验

以上述单因素试验为基础，利用三因素三水平 L_9（3^3）正交试验表，对挤压膨化温度、物料含水量和模头压强因素进行比较。因子水平见表1，利用 Latin 正交设计助手软件进行数据分析。

表1 正交试验因子水平

水平	挤压膨化温度（A）/℃	物料含水量（B）/%	模头压强（C）/MPa
1	110	20	2
2	120	25	4
3	130	30	6

2.4 检验膨化后提取率

分别称取1g膨化后的鹿花盘粉和未膨化后鹿花盘粉至50mL离心管中，按设定条件料液比1:25加入蒸馏水，水浴锅提取温度100℃、保持恒温提取6h。水提过程中注意混匀液体，保持恒温、恒定体积。待提取液冷却，5 000r/min离心15min，取出上清液，烘干残渣，利用减重法计算提取率，每组设3个重复，取其平均值。

2.5 提取物分子量大小测定

使用 GE 公司的 AKTApurifier 中低压层析系统，洗脱液为 0.05mol/L 的磷酸盐缓冲液，含 0.3mol/L 的氯化钠。流速设置为 0.5mL/min，取样品膨化后鹿花盘提取液和未膨化鹿花盘提取液，进样量为1mL，经280nm处紫外线吸收被选择性洗脱。

3 结果与分析

3.1 单因素对鹿花盘膨化的影响

从图 2 可以看出，膨化温度在 110~130℃ 范围内，随着膨化温度的升高膨化度先增加后降低，当膨化温度为 120℃ 时，膨化度达到最大值 2.01%，然后随着膨化温度的升高开始下降。因此在本试验条件下最适宜的膨化温度为 120℃。

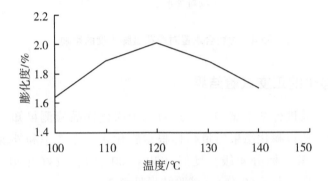

图 2 温度对鹿花盘膨化度的影响

从图 3 可以看出，模头压强在 2~6MPa 范围内，随着膨化温度的升高膨化质量先增加后降低，当模头压强为 4MPa 时，膨化度达到最大值 2.13%，然后随着压强的升高开始下降。因此，在本试验条件下最适宜的模头压强为 4MPa。

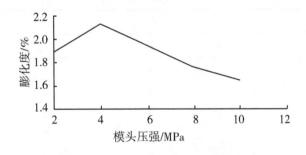

图 3 模头压强对鹿花盘膨化度的影响

从图 4 可以看出，物料含水量在 20%~30% 范围内，随着物料含水量的升高膨化质量先增加后降低，当物料含水量为 25% 时，膨化度达到最大值 2.06%，然后随着压强的升高开始下降。因此在本试验条件下最适宜的物料含水量为 25%。含水率越高，膨化率越低。因为物料水分越多，吸收的热量越多，摩擦力越小，螺杆的长径相比膨化又较小，达不到适宜的膨化温度和压力，导致膨化率低。所以保持物料含水量在 20%~25% 比较好。

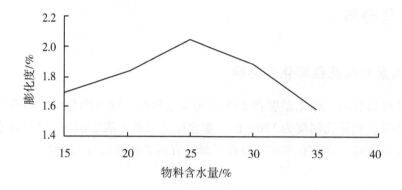

图4　物料含水量对鹿花盘膨化度的影响

3.2　鹿花盘膨化的正交试验结果

依据正交表，共进行9次试验。通过对几个膨化样品检测可知，膨化鹿花盘要有一定的膨化率。所以膨化结果质量指标根据膨化率、生产率和外观等，用综合评分法进行分析。质量指标分4级，良好（80～100分），较好（70～80分），一般（60～70分）和较差（小于60分），试验结果见表2。

通过正交试验，由表2可知，按照极差 R 的大小排列顺序为物料含水量>挤压膨化温度>模头压强。确定膨化鹿花盘最佳方法参数为挤压膨化温度为120℃、模头压强为 MPa、物料含水量为25%。

表2　正交试验设计及结果

试验号	因了			质量指标/分
	A	B	C	
1	1	1	1	79
2	1	2	2	85
3	1	3	3	71
4	2	1	2	80
5	2	2	3	86
6	2	3	1	75
7	3	1	3	73
8	3	2	1	78
9	3	3	2	70
$K1$	78.3	77.3	77.3	
$K2$	80.3	83.0	78.3	

（续表）

试验号	因子			质量指标/分
	A	B	C	
K3	73.7	72.0	76.7	
R	6.7	11.0	1.6	

注：K代表各水平试验结果指标值总和，R代表极差。

3.3 100目花盘粉和膨化后鹿花盘颗粒的显微照片

观察膨化鹿花盘颗粒和100目鹿花盘粉微观结构如图5所示，图5（a）、图5（b）为膨化鹿花盘颗粒250倍率显微镜结构，从图5中可以看出膨化颗粒表面及内部呈现蜂窝状。而100目鹿花盘粉在相同倍率显微镜下则呈现许多粉末聚集成团，表面没有蜂窝状，见图5（c）、图5（d）。

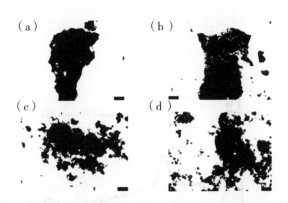

图5　膨化鹿花盘颗粒与100目鹿花盘粉250倍率显微结构

3.4 不同鹿花盘粉提取率

取最佳膨化条件下鹿花盘膨化粉和未膨化鹿花盘粉进行水提法提取。由表3可知，膨化后鹿花盘粉提取率为30.23%，未膨化鹿花盘提取率则为20.67%。

表3　同鹿花盘粉提取率

样品	样品质量/g	提取后烘干样品质量/g	提取率/%	平均值/%
膨化后鹿花盘1	1.0051	0.6951	30.84	
膨化后鹿花盘2	1.0054	0.6984	30.54	30.23
膨化后鹿花盘3	1.0048	0.7102	29.32	

（续表）

样品	样品质量/g	提取后烘干样品质量/g	提取率/%	平均值/%
未膨化鹿花盘 1	1.0044	0.7981	20.53	
未膨化鹿花盘 2	1.0048	0.8051	20.23	20.67
未膨化鹿花盘 3	1.0049	0.7916	21.23	

3.5 凝胶过滤层析结果

从图 6 可看出，膨化后鹿花盘水提液与未膨化鹿花盘水提液的水溶性成分提取物均能被洗脱分离，洗脱分离的顺序先是膨化后的鹿花盘水提液，之后是未膨化的鹿花盘水提液被洗脱分离。由此说明膨化后的分子量小，未膨化的分子量大，且两种提取方式的成分和含量均有所差异。

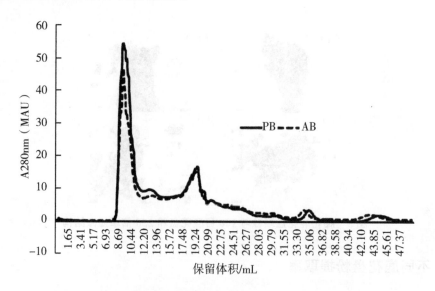

注：PB 表示膨化后鹿花盘提取液，AB 表示未膨化鹿花盘提取液。

图 6　PB、AB 的水溶性提取物凝胶过滤层析色谱

4　结论

使用鹿花盘膨化机将鹿花盘在挤压膨化温度为 120℃、模头压强为 4MPa、物料含水量为 25% 的条件下膨化。经过水提法提取膨化后鹿花盘中有效成分提取率为 30.23%，较未膨化的提取率提高了 9.56%。通过凝过滤胶层析证明了膨化后的胶原蛋白分子量小于未膨化胶原蛋白的分子量。通过试验证明了膨化可以提高鹿花盘提取率。提高鹿花盘的提取率不仅可以提高鹿花盘的利用率，减少鹿花盘的浪费，在临床应用方面也将更便于患者服用。

参考文献（略）

本篇文章发表于《科技与创新》2018 年第 20 期。

人参鹿胎葡萄酒工艺条件优化

张天佑，张凤清，王宗翰，谢美玉

（长春工业大学　化学与生命科学学院，吉林长春　130012）

摘　要：以人参、鹿胎、黄精、金钗石斛、玫瑰花为原料，以葡萄酒为酒基经过加工、灭菌灌装制得人参鹿胎抗疲劳葡萄酒。分别采用渗滤法、热回流法、冷浸法制备人参鹿胎抗疲劳葡萄酒，以总皂苷的含量以及葡萄酒的感官评价为指标综合评价，筛选出最佳制备方法；然后以料液质量比、提取时间、提取次数为因素设计正交试验，以上述指标为依据，优选出最佳工艺条件。结果表明，选用冷浸法，通过正交试验得出最优的工艺条件为料液质量比 1∶10、每次冷浸 1d、冷浸 2 次。此条件可以较充分的提取药材中的总皂苷同时还具有较高的感官评分。

关键词：人参；鹿胎；葡萄酒；冷浸法；总皂苷

疲劳是机体内所发生的一系列复杂的生化变化过程，定义为机体的生理过程，不能将其保持在一特定水平或各器官不能维持其预定的运动强度时，称为疲劳。现代社会压力日益增大，疲劳愈加常见，严重影响着人们的身心健康。目前市场上缓解体力疲劳的酒剂产品多以白酒为酒基，多针对男性，针对女性的产品并不多见，具有广阔的市场前景。本研究旨在开发一款针对女性的抗疲劳保健葡萄酒，主要原料为人参、鹿胎，次要原料有黄精、玫瑰花、金钗石斛。

人参为五加科植物人参的干燥根和根茎。人参甘、微苦，微温，归脾、肺、心、肾经。人参作为传统补虚药中的上品，具有大补元气、复脉固脱、补脾益肺、生津养血、安神益智等药理功能，用于体虚欲脱、肢冷脉微、脾虚食少、肺虚喘咳、津伤口渴、内热消渴、气血亏虚、久病虚羸、惊悸失眠、阳痿宫冷。人参中富含人参皂苷，此外还含有多糖、生物碱、挥发油、氨基酸、无机盐、胡萝卜苷、β-谷甾醇等多种化学成分，具有增强免疫力、抗疲劳等多种保健作用。研究表明，人参皂苷可通过抗氧自由基作用、对能源物质的调节作用、对乳酸代谢的调节作用等几个方面缓解体力疲劳。Voces 等发现人参能通过增加大鼠组织中 SOD 的活

【作者简介】张天佑（1989— ），男，汉，硕士研究生，研究方向为天然产物提取。

性，增强对自由基的清除进而发挥抗疲劳作用。人参中所含多糖亦具有增强免疫力的药理学作用。

鹿胎作为一味名贵中药在我国已有悠久的历史。清朝《本草新编》中对鹿胎进行了详尽的论述，"鹿胎补精血，用于肾虚精亏、体弱无力、经血不足、妇女虚寒、月经不调、崩漏带下、就不受孕等症。"现代医学证明鹿胎中含有丰富的营养物质和生物活性物质，其中主要营养物质包括鹿胎蛋白、多肽、氨基酸、核酸、磷酸、脂肪酸、糖脂、维生素、微量元素以及无机盐等，生物活性物质主要包括鹿胎素、酶及酶抑制因子、天然激素、细胞因子、生物活性多肽及胶原蛋白等。

黄精有降血脂、增强免疫力、抗氧化，具有补脾润肺、益气养阴的功效，用于体虚乏力、心悸气短。玫瑰花有降血脂、促进胆汁分泌、抗抑郁、疏肝理气、和经调血的功能，用于胸闷、胃脘胀痛、吐血咯血、月经不调。石斛有养阴益胃、生津止渴功能，可以增强免疫力、缓解白内障，在抗衰老、抑制肿瘤、改善糖尿病症状、防治萎缩性胃炎等方面均有显著的功效。这几味药之间的搭配符合中药配伍。

葡萄酒中含有糖类、醇类、脂类、有机酸、无机物质、几十种氨基酸和多种维生素具有较高的营养价值和保健作用。它还具有抗氧化功能，除抑制低密度脂蛋白的氧化、预防心血管疾病外，还有抗癌、抗炎症和血小板凝聚等功能。

本试验采用冷浸法进行提取。采用正交试验，以总皂苷含量为指标，结合感官评价，筛选优化鹿胎抗疲劳葡萄酒的最佳生产工艺条件，为中试生产提供技术支撑。

1 材料与方法

1.1 材料与试剂

鹿胎购于长春世鹿鹿业集团有限公司；人参、黄精、石斛购于北京同仁堂长春药店；葡萄酒购于通化香江酒业有限责任公司；蒸馏水；Amberlite-XAD-2 大孔树脂：Sigma 化学公司（USA）；乙醇、高氯酸、冰乙酸均为分析纯；香草醛溶液；人参皂苷 Re 购于中国药品生物制品检定所。

1.2 仪器与设备

UV754 可见分光光度计（上海佑科仪器仪表有限公司）；AL104 分析天平 ［梅特勒-托利多仪器（上海）有限公司］；HHS-2 双孔水浴锅（上海雷韵试验仪器制造有限公司）。

1.3 方法

1.3.1 工艺条件优选设计

以总皂苷的提取率和葡萄酒的感官评价为考察指标，分别对回流加热、冷浸和渗滤3种提取方式进行考察，选出最佳的制备方式。通过正交试验得出最佳的工艺条件。

（1）提取方式的确定。①冷浸。用10倍的投料量，1∶10的料液质量比，浸3次，每次24h。②渗滤。用10倍的投料量，用葡萄酒以1∶10的料液质量比，冷浸24h后灌入柱中进行渗滤。③热回流提取。用10倍的投料量，1∶10的料液质量比，每次提取1.5h，提取2次。

（2）正交试验设计。以料液质量比、冷浸时间、冷浸次数作考察因素，设计正交试验，选用$L_9(3^4)$正交表进行试验，因素水平见表1。

表1 因素水平表

水平	料液质量比（A）	冷浸时间（B）/d	冷浸次数（C）/次
1	1∶8	1	1
2	1∶10	3	2
3	1∶12	7	3

（3）感官评价。以颜色、口味、香气、澄清度为指标对葡萄酒进行感官分析，评价因素见表2。

表2 葡萄酒感官评价评分标准

项目	评分标准	项目	评分标准
颜色（20分）	酒红色、有光泽	香气（20分）	典型的葡萄酒香
口味（30分）	具有葡萄酒和药材的香味	澄清度（30分）	均匀、无明显的云浊

1.3.2 总皂苷的测定

（1）试样处理。吸取1.0mL试样放水浴挥干，用水浴溶解残渣，用此液进行柱层析。

（2）柱层析。用10mL注射器作层析管，内装3cm Amberlite-XAD-2大孔树脂，上加1cm中性氧化铝。先用25mL 70%乙醇洗柱，弃去洗脱液，再用25mL水洗柱，弃去洗脱液，精确加入1.0mL已处理好的试样溶液，用25mL水洗柱，弃去洗脱液，用25mL 70%乙醇洗脱人参皂苷，收集洗脱液于蒸发皿中，置于60℃水浴挥干。以此作显色用。

（3）显色。在上述已挥干的蒸发皿中准确加入0.2mL 5%香草醛冰乙酸溶液，转动蒸发皿，使残渣都溶解，再加0.8mL高氯酸，混匀后移入5mL带塞刻度离心管中，60℃水浴上加热10min，取出，冰浴冷却后，准确加入冰乙酸5mL，摇匀后，用1cm比色皿于560nm波长处与标准管一起进行比色测定。

（4）测定吸光度值。吸取人参皂苷Re标准溶液（2.0mg/mL）100μL放蒸发皿中，放在水浴挥干（低于60℃）以下操作从"1.3.2（2）柱层析……"起，与试样相同，测定吸光度值。样品吸光度比值跟样品中总皂苷比值关系见下式。

$$\frac{A_1}{A_2} = \frac{m_1}{m_2}$$

式中，A_1、A_2为吸光度值；m_1、m_2为总皂苷质量，单位为 mg。

2 结果与分析

2.1 提取方式的确定

根据上述方法分别测定渗滤、热回流提取、冷浸3种方法所得样品中总皂苷的含量，测定结果见表3。

表3 总皂苷含量

提取方式	总皂苷含量/mg
冷浸	73
回流提取	95
渗滤	69

以总皂苷的含量和葡萄酒的感官评分（表4）为指标，根据不同指标在工艺选择中的主次地位，给予不同的加权系数，求出综合质量评分 Y，Y=（各样品中总皂苷含量÷样品中总皂苷最高含量）×0.6+（各样品的感官评价得分÷样品中感官评价最高的得分）×0.4。以综合评价值对试验结果进行直观分析。其结果列于表5。

表4 葡萄酒感官评价

提取方式	感官评分/分
冷浸	90
回流提取	50
渗滤	70

由表5可知，冷浸法所得葡萄酒样品综合评分最高，且冷浸法要求的条件较容易满足，节省能源，故制备方式定为冷浸法。

表5　葡萄酒样品综合评分

提取方式	综合评分/分
冷浸	0.86
回流提取	0.82
渗滤	0.74

2.2　正交试验结果

采用 $L_9(3^4)$ 正交表，作料液质量比、提取时间、提取次数和空白的四因素三水平正交试验，得 1~9 号样品液，精密量取适量上述样品溶液，根据《保健食品检测与评价技术规范》的方法测定总皂苷含量，根据葡萄酒的感官状态给予客观的感官评分，用权重法得出综合评分，以综合评分为评价指标进行结果分析。正交试验结果与分析见表6。

表6　正交试验结果与分析

编号	料液质量比	提取时间	提取次数	空白	综合评分	总皂苷含量/mg	感官得分/分
1	1	1	1	1	0.77	45.2	66
2	1	2	2	2	0.83	48.6	72
3	1	3	3	3	0.86	49.3	75
4	2	1	2	3	0.99	54.0	95
5	2	2	3	1	0.93	54.6	80
6	2	3	1	2	0.83	46.4	75
7	3	1	3	2	0.94	55.1	80
8	3	2	1	3	0.82	48.7	70
9	3	3	2	1	0.95	54.8	82
K_1	2.46	2.70	2.42	2.65			
K_2	2.75	2.58	2.77	2.60			
K_3	2.71	2.64	2.73	2.67			
R	0.10	0.04	0.12	0.02			
S	0.02	0.00	0.02	0.00			

以综合评价值对试验结果进行直观分析和方差分析，方差分析结果见表7。

表7　方差分析

方差分析	离差平方和	自由度	均方	F	显著性
A	0.02	2	0.01	19.00	$P<0.05$
B	0.00	2	0.00	2.770	
C	0.02	2	0.01	28.23	$P<0.05$
D	0.00	2	0.00	1.000	

注：$F_{1-0.05}$ (2, 2) = 19；$F_{1-0.01}$ (2, 2) = 99.0。

从正交试验优选结果可以看出，影响鹿胎抗疲劳葡萄酒综合评价得分的因素为提取次数>料液质量比>提取时间，其中料液质量比和提取时间对鹿胎抗疲劳葡萄酒的综合评价有显著影响，最佳提取条件为 $A_2B_1C_2$，即加 10 倍量葡萄酒，冷浸 2 次，每次 1d，综合评分最高。

2.3　验证试验

称取原料 3 份，重复试验 3 次，冷浸时间为每次 1d，冷浸次数为 2 次，料液质量比为 1：10，进行 3 次验证试验，测得的结果如表 8 所示。

表8　验证试验

试验号	总皂苷含量/mg
第一次	53.8
第二次	54.2
第三次	54.3
均值	54.1

由表 8 所示，3 组的总皂苷含量稳定，含量达到 54.1mg，且所得葡萄酒为酒红色、有光泽、无明显云浊，仍具有较高的感官得分，最终将提取的工艺定为冷浸时间为每次 1d，冷浸次数为 2 次，料液质量比为 1：10。

3　结论

当人体长期处于疲劳状态下，可产生未老先衰和疲劳综合征。生活中女性承受着工作和生活上的双重压力。疲劳在女性人群中多见，其对于女性是致病一个不可忽视的因素。本研究结合女性的生理特征科学的选用了人参、鹿胎、玫瑰花、金钗石斛和黄精为原料。综合考察了功效作用的主次地位，本研究决定以人参皂苷作为产品检验的主要指标。经正交试验再结合葡萄酒的感官评分，优选得出最佳条件为

$A_2B_1C_2$，即加 10 倍量葡萄酒，冷浸两次，每次 1d。并通过验证试验确定最佳提取工艺的可行性，细化了中试指标，为中试适应性考察及大规模生产奠定基础。

参考文献（略）

本篇文章发表于《食品研究与开发》2017 年第 38 卷第 1 期。

八、产品鉴别

鹿产品鉴别的研究进展

董世武，王　磊，周永娜，邢秀梅*

（中国农业科学院特产研究所，特种经济动物分子生物

重点实验室，吉林长春　130112）

摘　要：鹿产品是名贵中药材，亦可作为保健品，价格昂贵。目前市场上出现了许多杂交鹿的产品，还有其他以次充好、以假乱真的现象，不仅严重扰乱了市场秩序，侵犯了消费者的权益，同时也阻碍了中国鹿业的健康发展，因此鹿产品的鉴别变得非常重要。从历年来有关鹿产品鉴别的报道来看，现有的鉴别方法大致可分为性状鉴别、显微鉴别、理化鉴别和分子鉴别4种。本文对相关的报道进行汇总，为后续鹿产品鉴别的研究提供参考。

关键词：梅花鹿；马鹿；鹿产品；鉴别

梅花鹿和马鹿为哺乳纲偶蹄目鹿科（Cervidae）鹿属的两个种，中国历代本草和现代药典都将二者作为正品鹿产品的原动物，其他鹿种的产品多被视为代用品、习用品甚至伪品。鹿全身均可入药，且价格昂贵，尤其是鹿茸、鹿胎、鹿鞭、鹿筋等。目前国内市场上以鹿科其他种动物产品伪充正品出售的现象普遍存在，有研究结果显示，40份市售鹿茸样品中有65%的样品原动物为驯鹿；另外，有的商家还用其他动物如牛、羊、猪等动物产品制成伪品售卖；近年来，梅花鹿和马鹿杂交的后代越来越多，并且杂交鹿茸与纯种鹿茸难以区分。这些现象严重扰乱了市场秩序，侵犯了消费者的权益，同时也严重影响了中国鹿业的健康发展，因此鹿产品的鉴别变得尤为重要。作者查阅了往年有关鹿产品鉴别的研究报道，并整理如下。

【作者简介】董世武，男，在读硕士，主要从事特种动物遗传资源研究。

* 通信作者：邢秀梅，E-mail：xingxiumei2004@126.com。

1 研究现状

1.1 性状鉴别

性状鉴别即从产品的形状、颜色、气味、味道等特征对产品进行鉴别，是最为简单直观的鉴别方法。

鹿茸为雄性梅花鹿或马鹿未骨化的幼角，外被茸毛，分别称为花鹿茸、马鹿茸。马鹿茸较花鹿茸粗大，且多分支，二者均呈不规则的圆柱形，其锯口有自然排列的蜂窝状小孔，稍有腥味，味道微咸。黄婧文对此进行了详细介绍，并概括了几种类似品及混伪品的性状特征，其中白唇鹿茸、水鹿茸均与马鹿茸类似，但白唇鹿茸基部拨头高于马鹿茸，茸毛长且凌乱，水鹿茸较马鹿茸瘦瘪，茸毛粗疏且挺枝较扁。鹿茸片即鹿茸的切片，硬而脆，有自然排列的蜂窝状小孔，边缘有紧贴的皮茸，有茸毛的残留或明显痕迹。刘国应对鹿茸及鹿茸片的性状特征均有描述，并指出假鹿茸片厚薄不均，坚韧不易切断，且外缘毛皮可剥离等。何连锋和庞运同也对鹿茸片的性状特征做了介绍，后者还在药材市场上发现一种以黄牛、猪、羊、马等常见动物的骨头加工染色并以动物毛皮包裹制得的伪品鹿茸片，该类伪品内部结构疏松，由海绵状骨松质构成，外缘茸毛稀疏易脱落，切面先红棕色后棕黄色。鹿胎为梅花鹿或马鹿的母鹿在妊娠期剖腹取得的整个子宫。常见的伪品鹿胎有仔鹿、乳鹿、狍胎、獐胎、驯鹿胎、牛胎、羊胎等，赵慧英等对不足 2 月龄及 5~7 月龄的鹿胎及常见的伪品胎分别做了详细描述。陈代贤等对市场获得的商品进行分析，发现伪充品主要为牛胎和羊胎，表 1 为鹿胎、牛胎和羊胎主要鉴别特征的比较。

表 1　鹿胎、羊胎和牛胎主要鉴别特征比较

项目	梅花鹿胎、马鹿胎	牛胎	羊胎
头型	长卵形，头宽而圆	类三角状卵形，头略方	三角状卵方形，头阔
额骨	宽大而呈圆隆状突起，颜面部中间稍突起	颜面部中间平，余同左	宽而圆突，颜面部突起显著
顶骨	较宽，突起较圆	较狭窄而平	稍窄，突起较圆
枕骨	类三角形，向外突起不明显	类三角形，向外突起明显	略呈菱形，较大，中间显著向外突起
泪骨	颜面部形成一深窝	颜面部窝不明显	颜面部平，不凹陷
眼眶	突起较平	突起显著	突起较高
鼻骨	较狭长，略呈长方形，先端圆钝，骨顶面到下颌骨底间距短	较短宽，略呈长三角形，先端较尖，骨顶面到下颌骨底间距长	宽三角形，与额骨相连端阔，先端尖，骨顶面到下颌骨底间距长

（续表）

项目	梅花鹿胎、马鹿胎	牛胎	羊胎
嘴缝	长	短	短
牙	具牙者下颌生 3～4 对，未生臼齿	具牙者下颌生 1～2 对或生有臼齿	4 月龄前无牙
四肢	粗长，掌骨的长为头骨长的 46% 以上	细短，掌骨长为头骨长的 42% 以下	粗壮，关节部粗大，掌骨长为头长的 50% 以上
尾	较短，略呈扁锥状不显明显的骨节	较长，鞭装，显骨节，山羊尾短，绵羊尾或长或宽	较粗，长，根部宽大
蹄	狭长，掌脈明显向前伸向上翘起	短宽，略有掌脈	短阔，掌脈不明显

注：羊胎包括山羊和绵羊的胎仔；牛胎指黄牛的胎仔。

鹿鞭，又名鹿肾或鹿冲，是一味名贵中药材。为雄性梅花鹿或马鹿生殖器官的干燥品。正品鹿鞭质地坚韧不易折断，为略扁的长圆柱形，表面略透明，有尿道沟，龟头先端钝圆，气微腥，味微咸；市场上常见的伪充品有牛鞭、马鞭、猪鞭、驴鞭、羊鞭、进口马鹿鞭和其他加工品等，外形与正品鹿鞭相似，又有着细微的差别，如牛鞭龟头粗糙呈长三角形，马鞭有堆积的双包皮结构，猪鞭整体较小且龟头部弯曲等，在鉴别时需仔细观察才能加以区分。丛小松等还报道了几处鹿鞭无法伪造的特征，包括阴茎包皮及阴毛、纵行皱沟、尿道、断面海绵状空隙等，可据此鉴别商品鞭的真伪。

鹿筋为梅花鹿或马鹿四肢筋的干燥品。庞耀镜等将鹿筋分为主体筋、悬蹄甲、小蹄骨和股（肱）间筋四部分进行了详细描述，还将正品鹿筋与常见的伪充品牛筋和羊筋的性状进行了对比介绍，指出正品鹿筋的特殊性状为主筋腱是粗壮的圆柱形，其下端及分叉筋腱有腱鞘紧紧包裹。吴淑妃对此作了类似报道。贾宜军等收集了梅花鹿、马鹿、水鹿、驼鹿、牛、羊、猪四肢的干燥筋，对各种筋的性状特征分别进行了阐述，指出国产鹿筋习惯保留少量皮毛及两个完整的蹄以达到便于辨别真伪的目的。刘邦强等发现，2000 年后鹿筋几乎都以羊筋或者黄牛筋为代用品，其中羊筋呈较小的细条状，灰棕色或灰白色，多不保留悬蹄，气微膻，黄牛筋呈条状，一般也不保留悬蹄，而正品鹿筋呈细长条状，有悬蹄（梅花鹿筋悬蹄小，马鹿筋悬蹄较大）。

1.2 显微鉴别

显微鉴别即借助显微仪器，根据样品的显微组织结构差异实现鉴别目的。宏惠田等观察了正品梅花鹿茸片和用鹿皮紧裹鹿角瓣并拌上蛋清加工制得的伪品，对二者的性状及显微特征作了报道，且附有详细的图片（图 1 至图 4）。陈代贤等先报道了梅花鹿茸、马鹿茸的等级商品显微组织特征，后又对鹿科其他 11 种鹿茸的显微组织特征进行了比较（图 5）。

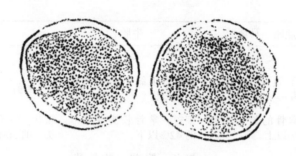

图1 伪品鹿茸片

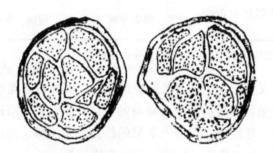

图2 伪品鹿茸片

1. 表皮角质层；2. 毛茸；3. 骨碎片；4. 未骨化
骨组织碎片；5. 角化梭形细胞。

图3 鹿茸（花鹿幼角）粉末

刘丽等对7种鹿茸（梅花鹿茸、马鹿茸、白唇鹿茸、新西兰鹿茸、鼬鹿茸、麋鹿茸和狍茸）的茸毛进行了显微观察与测量，并进行系统聚类分析，结果表明，该方法可有效区分鹿茸的正品（梅花鹿茸和马鹿茸）与代用品、混用品。

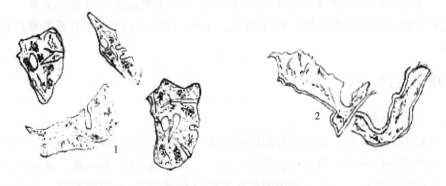

1. 骨质碎片；2. 鹿茸皮碎片。

图4　伪品鹿茸粉末（100×）

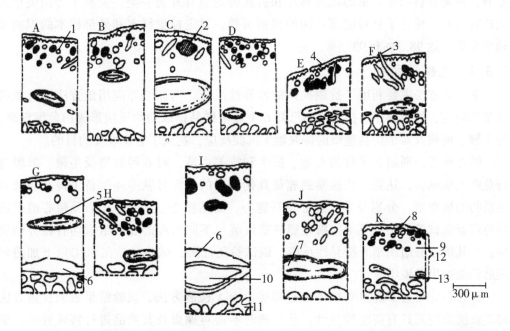

A. 新西兰鹿茸；B. 白唇鹿茸；C. 水鹿茸；D. 坡鹿茸；E. 黇鹿茸；F. 爪哇鹿茸；G. 豚鹿茸；H. 驯鹿茸；I. 驼鹿茸；J. 麋鹿茸；K. 狍茸；1. 茸毛（横切面）；2. 皮脂腺；3. 茸毛（纵切面）；4. 乳头层；5. 动脉血管；6. 裂隙；7. 血管壁；8. 表皮层；9. 网状层；10. 血管腔；11. 骨小梁；12. 真皮层；13. 梭形细胞层。

图5　11种鹿茸显微组织简图

叶基荣等采用显微鉴别的方法初步观察了鹿和牛的鞭毛，发现鹿鞭毛的表面有略呈锯齿样排列鳞片（扁平细胞），而牛鞭毛光滑，并指出有些伪制鹿鞭是以牛鞭粘上鹿毛或以带有鹿毛的皮夹裹于包皮内制得，鉴别时需注意鞭毛的着生状态并结合形态学进行鉴别。郑广东等用水合氯醛装置分别将真伪鹿鞭的阴茎体纤维置于显微镜下观察，结果显示鹿鞭的纤维呈自然波纹状纹理，假鹿鞭的纤维顺直而无波纹状纹理。李峰等对梅花鹿鞭和马鹿鞭药材商品进行了显微观察及测量，结果显示鹿鞭药材粉末中的横纹肌纤维间距、髓质指数、毛小皮间距等指标可用于鹿鞭药材品种的鉴别。

1.3 理化鉴别

1.3.1 光谱鉴别

有关利用光谱对鹿产品进行鉴别的报道不多。胡翠英等利用紫外光谱对 14 种市售鹿茸饮片进行检测和聚类分析，结果与性状、显微鉴别结果一致，表明该方法可用于鹿茸真伪的鉴别。吴信子等用傅里叶变换红外光谱结合 SPSS 软件，对不同鹿茸片及假鹿茸片进行红外数据聚类分析，结果显示不同鹿茸片的红外光谱图存在显著差异，聚类分析结果显示梅花鹿茸片和去血梅花鹿茸片为一类。吴新宇等用类似方法进行研究，建立了针对鹿茸真伪的识别函数，对定标集样本和外部样本的识别准确率分别高达 98.3% 和 93.5%。

1.3.2 免疫学方法

免疫学方法主要利用了抗原抗体的特异性反应。冯振波等应用该方法进行鹿鞭的鉴别研究，结果显示，抗血清与已知 6 个鹿鞭样品提取物均反应形成白色沉淀环，与牛鞭、狗鞭及 4 个伪品鹿鞭的提取物无沉淀反应，达到了鉴别鹿鞭的目的。

郭月秋等分别制备了抗梅花鹿、抗牛和抗羊血清，对 6 种鹿鞭及牛鞭、羊鞭进行免疫凝集试验，达到了快速鉴别鹿鞭真伪的目的。郭月秋等还制备了梅花鹿及其他动物的抗血清，分别与梅花鹿心、马鹿心、商品鹿心、牛心、羊心及猪心组织进行免疫凝集试验，结果显示，梅花鹿的抗血清与不同来源的鹿心组织均有特异性反应，与其他心脏组织则无特异性反应。该试验还证实，试验样品在 80℃ 以下加热处理后仍能做出免疫学鉴定。

杨舒心等建立了鹿血双抗体夹心间接 ELISA 检测方法，试验结果表明，该方法对鹿血抗原检测具有高度特异性，且检测时不需对鹿血及其产品进行特殊处理。根据该检测方法制成的试剂盒用于鹿血鉴别，重复性好，可靠性高。

1.3.3 SDS-PAGE

SDS-PAGE 即变性聚丙烯酰胺凝胶电泳。朱云飞等将 SDS-PAGE 用于不同种鹿茸蛋白的差异化研究，以梅花鹿、马鹿、新西兰赤鹿、驯鹿 4 种鹿茸为样品进行试验，结果显示，梅花鹿茸排血片在 34kDa、35kDa 处有两条带，其余 3 种样品均没有。该试验填补了不同种鹿茸蛋白的横向比较的空白，为不同品种鹿茸的定性研究提供了依据和研究基础。

金跃明等对 9 种不同鹿（梅花鹿和马鹿）鞭药材及牛鞭进行了 SDS-PAGE 鉴别

试验，结果显示，鞭类药材均有一条Ⅰ级谱带（Rf值0.25±0.015），可作为鞭类药材的特征谱带；牛鞭在A区有一个Ⅱ级谱带（Rf值0.18），鹿鞭没有；马鹿鞭在A区有一条Ⅱ级谱带（Rf值0.3±0.02），可作为区分马鹿鞭与梅花鹿鞭的特征谱带。郭月秋等对梅花鹿血、牛血、猪血、羊血和鸡血进行SDS-PAGE鉴别试验，结果显示，各种动物血的谱带各不相同，对该试验进行5次重复，结果稳定一致，表明该方法可用于鹿血真伪的鉴别。

1.3.4 醋酸纤维素膜电泳

郭月秋等用醋酸纤维素膜电泳的方法对6种鹿鞭（梅花鹿鞭、马鹿鞭、驼鹿鞭、驯鹿鞭、新西兰鹿鞭、白唇鹿鞭）及伪充品牛鞭进行鉴别试验，结果显示，各种鹿鞭与牛鞭的蛋白质电泳图谱有明显差异。用同样方法对梅花鹿胎、马鹿胎、牛胎和羊胎的蛋白提取液进行鉴别，结果无法区分样品；用鸡抗鹿血清作用后，再进行醋酸纤维素膜电泳，结果梅花鹿与马鹿样品的谱带位置与数量极为相似，且与牛、羊样品的谱带有明显差异，说明该方法可作为鹿胎与其伪品的鉴别手段。该试验为鉴别不同种鞭提供了鉴别依据，并为中药大分子物质的鉴定提供了新的方法和思路。

1.4 分子鉴别

1.4.1 线粒体DNA

鹿科动物线粒体DNA的研究较多，主要有*Cytb*基因以及COⅠ序列。其中*Cytb*基因在线粒体基因组中有着适中的进化速度，其一个小片段就能包含大量的系统发育信息，可用于分析种内及种间的遗传多样性、进化关系，以及生物的分类、系统发育的研究。

（1）基于*Cytb*基因的鉴别方法。唐双焱等用两对引物对鹿鞭及牛鞭、驴鞭的线粒体DNA进行PCR扩增及电泳检测，有效鉴别了中药材鹿鞭的真伪。刘洋等根据*Cytb*基因的特异性设计了一对特异性引物，建立了梅花鹿鞭的DNA指纹鉴定方法，试验证明，用此方法对市售梅花鹿鞭及牛鞭样品进行鉴别的结果与吉林市食药检所的鉴别结果一致。孙景昱等设计并筛选出了一对特异性扩增鹿鞭线粒体*Cytb*基因序列某一片段的引物，并用该引物对不同鹿鞭及牛鞭进行鉴定试验，结果显示，PCR产物的普通琼脂糖凝胶电泳及非变性PAGE图谱均可鉴别鹿鞭真伪，且SSCP分析图谱结果显示，梅花鹿鞭与马鹿鞭的横向泳带有显著差异，说明该方法可对中药材鹿鞭的亚种进行鉴别。刘向华等根据梅花鹿和马鹿的*Cytb*基因序列设计了特异性引物——ILu01-L和ILu01-H，用该两对引物对鹿茸、鹿鞭、鹿筋、牛筋、羊筋进行鉴别试验，结果显示，该方法可特异性的鉴别出原动物梅花鹿和马鹿，且重复试验结果稳定可靠。王自强等根据梅花鹿*Cytb*序列设计引物，在PCR法的基础上，采用RFLP技术对PCR产物进一步分析，结果显示梅花鹿骨粉DNA条带与对照品（梅花鹿肉 DNA）条带相同，马鹿骨粉 DNA 条带与对照品的有差异，牛、犬及猪的骨粉 DNA 则无条带，证明该方法特异性好、结果准确。

（2）基于 CO I 序列的鉴别方法。崔丽娜等用 CO I 序列通用引物 LCO1490/HCO2198 对鹿茸及其常见的混伪品进行鉴别试验，样品包括鹿科 4 属 7 种（梅花鹿、马鹿、白唇鹿、狍、赤鹿、小麂、麋鹿），结果显示，CO I 序列种内变异较小，种间变异较大，通过构建 NJ 树，能将遗传距离较近且同属的白唇鹿、梅花鹿和马鹿 3 个物种明显区分开。高晓晨等用 CO I 序列通用引物对不同鹿茸饮片及鹿茸粉进行鉴别试验，结果物种之间（梅花鹿、马鹿、驯鹿）区分明显。陈康等将高分辨率熔解曲线技术与 PCR 法相结合，建立了正品鹿茸药材熔解曲线模型，试验结果显示，梅花鹿茸和马鹿茸的熔解曲线均为双峰，并且与其他混伪品的熔解曲线均不相同。其中，梅花鹿茸的两个峰先低后高，T_m 分别为（81.96±0.07）和（84.51±0.03），马鹿茸的两个峰先高后低，T_m 分别为（82.58±0.13）和（85.95±0.05）。

1.4.2 Y 染色体

SRY 基因为 Y 染色体上一个特异性单拷贝基因，被称为 Y 染色体性别决定区。张敏等利用 SRY 序列的一对引物，对梅花鹿和赤鹿各自 7 个样品提取的 DNA 进行 PCR 扩增，PCR 产物的电泳结果显示，该对引物可明显区分梅花鹿和赤鹿茸样品。白秀娟等利用同样的引物对梅花鹿茸、驯鹿茸和新西兰鹿茸各 40 个样品进行鉴别，结果显示，3 种鹿茸样品有各自特异的条带数目，具有明显的区分性。

1.4.3 RAPD（随机扩增 DNA 多态性）

该技术不需要设计特异性引物，需要的样品量少，结果多态性丰富，检出率高，被广泛应用于物种鉴定以及遗传学研究。盛瑜等对梅花鹿鞭、马鹿鞭和牛鞭中提取的线粒体 DNA 进行随机 DNA 多态性扩增，产物的电泳检测结果显示，梅花鹿鞭和马鹿鞭的图谱基本一致，且二者与牛鞭图谱的条带数量和位置均有明显差异。孙绩岩等利用毛细管电泳快速高效、抗污染等优点，结合 RAPD 技术及紫外检测方法，对梅花鹿茸、马鹿茸、驯鹿茸和伪品鹿茸进行分析检测，得到的指纹图谱的相似度分析结果显示，各样品的 HPCE-RAPD 指纹图谱之间有明显差异（相似度均小于0.7）。苑广信等将毛细管电泳与 RAPD 技术相结合，对鹿鞭样品（梅花鹿鞭、马鹿鞭、驯鹿鞭、赤鹿鞭）进行 DNA 指纹鉴定，相似度分析结果显示，4 种鹿鞭指纹图谱的相似度差异显著（相似度均小于0.7）。

2 存在的问题

2.1 性状鉴别

该方法是最简便、直观的鉴别方法，但是该方法存在较多的主观因素，且对鉴别人员有着较高的要求。针对当前的鹿产品市场而言，F_2 代杂交鹿的鹿茸，其外观特征与纯种梅花鹿的鹿茸极为相似，单从性状特征上进行鉴别难以保证结果的准确性。

2.2 显微鉴别

显微鉴别方法可借助显微仪器，根据样品的显微组织结构差异实现鉴别目的，在一定程度上提高了结果的准确性。该方法的局限在于，样品的显微组织结构不能遭到破坏，而市场上常见的鹿产品有些是经过加工的，如鹿茸粉，其显微组织结构遭到破坏，也就无法用该方法进行鉴别。

2.3 理化方法

理化鉴别方法弥补了传统性状鉴别及显微鉴别方法中存在的一些不足，有些加工过的产品也可以用该类方法进行鉴别。但是，由于在鹿产品的加工过程中，产品的理化性质常常会发生变化，使得结果的准确性降低。

2.4 分子鉴别

该类方法有着高准确度、高灵敏度，简单快速，且避免了传统鉴别方法的缺点，是目前研究的热点。但是，分子鉴别仍有一些缺陷存在：首先，近年来梅花鹿和马鹿杂交的后代越来越多，因为其后代的线粒体 DNA 与母本的完全一样，故无法利用线粒体 DNA 对杂交鹿的产品进行鉴别；其次，特异性引物的设计需要有大量的已知序列进行比对，但是目前还有许多物种的线粒体 DNA 的 *Cytb* 或 D-loop 区的序列数据没有注册，导致基于线粒体 DNA 的一些鉴定方法的优势不能完全发挥。

3 总结

整体来看，鹿产品鉴别的方法多种多样，但是各种方法的优缺点也都显而易见，单独运用一种方法难以实现对鹿产品的精准鉴别，实际中还需要综合运用、取长补短，才能提高结果的准确性。另外，上述方法大多都是针对鹿产品的真伪进行鉴别，仅有少数几种方法可以对梅花鹿和马鹿的产品进行准确的定性分析，缺少对各种鹿产品进行精准定性的鉴别方法。而近年来杂交鹿后代的增多，由于 F_2 代杂交鹿的鹿茸与纯种花鹿茸真假难辨，这导致市场上杂交鹿的产品与纯种鹿的产品相互掺杂，增加了鹿产品鉴别的难度。但却未见有关鉴别杂交鹿与纯种鹿产品的报道，可见目前的研究存在空白；另外，基因组学的研究日趋成熟，生物信息技术也不断发展，但尚未见到有关将基因组学应用到鹿产品鉴别研究中的报道。这提示我们，杂交鹿产品的鉴别以及基因组学在鹿产品鉴别研究中的应用，可以作为接下来的一个研究方向。

参考文献（略）

本篇文章发表于《经济动物学报》2018 年第 22 卷第 4 期。

杂交鹿茸及其鉴别研究进展

赵玉洋[1]，王　鑫[2]，袁　媛[1]，蒋　超[1]，金　艳[1]，黄璐琦[1]

(1. 道地药材国家重点实验室培育基地　中国中医科学院中药资源中心，
北京　100700；2. 天津中医药大学，天津　300193)

摘　要：鹿茸是鹿科动物雄鹿未骨化的幼角，其营养成分丰富，属贵重药材。《中华人民共和国药典》规定，鹿茸基原为梅花鹿或马鹿，但目前市场上出现了一些杂交鹿茸，按照《中华人民共和国药典》方法很难对其进行鉴别，且目前对杂种优势与药材质量的研究鲜少报道。本文通过对目前鹿的杂交品种、杂交品种性状及产茸情况、成分、核型及遗传鉴定等研究现状进行梳理，旨在为杂交鹿茸的鉴定及质量评价研究提供参考。

关键词：马鹿；梅花鹿；鹿茸；杂交

鹿茸属于贵重药材，同时也是良好的滋补圣品，千百年来受到医者的重视，最早作为药用记载于《神农本草经》《中华人民共和国药典》规定，鹿茸的基原是鹿科动物梅花鹿或马鹿的雄鹿未骨化密生茸毛的幼角，前者习称"花鹿茸"，后者习称"马鹿茸"。

杂交优势在家畜中被普遍认可，在提高畜牧生产力方面被国内外广泛利用。早在20世纪50年代，我国就成功地进行了梅花鹿和马鹿的杂交，杂交鹿表现出明显的杂种优势，普遍适应性强、耐粗饲、抗病力强、性成熟早、生长发育快。但对于药材来说，有关杂种优势是否对鹿茸质量和临床疗效造成影响尚未得到关注。本文通过对目前鹿的杂交品种、杂交品种性状及产茸情况、成分、核型及遗传鉴定等研究现状进行了梳理，旨在为杂交鹿茸的鉴定及质量评价研究提供参考。

1　鹿的杂交品种概述

目前，可以称之为"鹿"类的动物都属于脊索动物门哺乳纲偶蹄目下的鹿科、麝科和鼷鹿科。鹿科和麝科都具有重要的医学、经济学和科学价值。鹿茸的来源以

【作者简介】袁媛，研究员，研究方向为中药鉴定与分子生药学，E-mail：y_yuan0732@163.com。

鹿科动物为主。据统计，全世界共有鹿科动物约 16 属 52 种。我国约有其中的 10 属 19 种，是世界上具有种类最多且有特有属种的国家。鹿科分为 4 亚科：鹿亚科（真鹿亚科）、麂亚科、獐亚科、空齿鹿亚科（美洲鹿亚科），其中鹿亚科鹿属（*Cervus*）是鹿茸的主要来源。

目前，国内杂交鹿茸可依据亲本来源分成以下几种。一是梅花鹿与马鹿杂交后代，母本来源包括东北梅花鹿、长白山梅花鹿、双阳梅花鹿、日本梅花鹿等，父本来源包括东北马鹿、天山马鹿、塔里木马鹿等；二是马鹿与马鹿杂交后代，母本来源包括东北马鹿、天山马鹿、甘肃马鹿、塔里木马鹿、北美马鹿等，父本来源包括天山马鹿、塔里木马鹿、克什米尔马鹿、阿尔泰马鹿等；三是水鹿与马鹿或梅花鹿杂交，母本来源水鹿，父本来源包括新疆马鹿、欧洲马鹿和梅花鹿；四是麋鹿和马鹿杂交，母本来源麋鹿，父本来源马鹿；五是斑鹿和马鹿杂交，母本来源斑鹿，父本来源东北马鹿和马鹿。

另外，还有以驯鹿为母本、双阳梅花鹿为父本繁育的 F_1 代，再与天山马鹿进行杂交的品种。而一些杂交品种后代出现不育的现象，如白唇鹿和梅花鹿的杂交后代。

2 杂交鹿的性状特征及产茸情况

马鹿和梅花鹿杂交后代 F_1 的形态外貌具有其双亲的特征，体型介于双亲中间态，前额平宽，口角宽大，下唇较短，颈粗短，髭毛较长，被毛暗赤褐色，体躯两侧被毛似母本具有梅花鹿样的白色斑点，臀斑浅黄色，边缘无黑毛，尾尖白色，无梅花鹿的黑尾尖。F_1 代产茸性能好，表现为 2～11 岁（$n = 577$）期间，鲜茸单产达 3.670kg，比母本的 2.230kg 高 64.1%，比父本的 3.460kg 高 6.1%，杂种优势率为 29%。马鹿和马鹿杂交后代 F_1 体型明显大于母本，被毛栗灰色，头、颈、四肢外侧的被毛呈灰黑色（"三灰"与东北马鹿的"三黄"成明显对照），臀斑较小，呈浅黄白色，间有一簇簇白毛，其边缘至脊背有明显黑带，髭毛和髯毛明显，呈灰黑色，茸型接近父本，茸毛粗。F_1 代（2～10 岁）标准三杈锯茸鲜重平均单产为 5.064kg，比母本的 3.308kg 提高 53.1%，比父本天山马鹿的 5.082kg 仅低 0.4%，杂种优势率为 20.72%。杂交鹿茸的角基距、角基围、茸长、鲜茸重皆优于纯种，二杠茸的角基围、主干长、眉枝长约为纯种的 2 倍。各杂交品种在产茸性能上都体现出了良好的杂交优势。

3 杂交鹿茸的成分分析

鹿茸主要成分有糖类、脂类、蛋白质、氨基酸、多肽类、无机元素、含氮化合物、甾类、维生素、脂肪酸类等。梅花鹿和马鹿的 F_1 代中常规成分（水分、干物质、粗蛋白质、粗脂肪、粗灰分、能量、水溶性物质、醇溶性物质）、生化成分含量（胆固醇、核糖核酸、氨基己糖）与亲本相近，鹿茸中含有的粗蛋白质、钙、磷、钠、铁、钡、锶、谷氨酸及甘氨酸等成分与其品质特征密切相关。根据无机元素含量的主成分分析，可将梅花鹿茸与马鹿茸和杂交品种予以区分，但马鹿茸和杂交品种仍聚类在一起尚不能区分，有待进一步的研究。

马鹿和马鹿的 F_1 代鹿茸粗蛋白质、能量、必需氨基酸、水溶性物质以及铁、锰、钴等微量元素含量明显高于母本东北马鹿茸，但胆固醇含量明显低于母本。马鹿茸二元杂交和三元杂交的水分、粗蛋白质、矿物质含量和硫酸软骨素含量丰富，且三元杂交的氨基酸、激素含量优于天山马鹿原种和二元杂交。值得关注的是，与促进生长发育密切相关的谷丙转氨酶在二元杂交中的活性高于原种和三元杂交，而与诱发和促进机体衰老的黄嘌呤氧化酶的活性则极显著，低于原种、三元杂交，这可能与二元杂交在遗传上具有很强的杂交优势有关。

从成分方面的研究结果可以看出，杂交品种成分与亲本在含量上略有差异，且杂交后粗蛋白质、矿物质、氨基酸等含量均优于亲本，这体现了一定的杂交优势。虽然，马鹿的杂交后代可以通过谷丙转氨酶等活性差异与其亲本进行区分，但这种方法可重复性差、难以应用。

4 核型与遗传鉴定

马鹿与梅花鹿 F_1 代染色体组型：染色体总臂数 NF = 70，X 是核型中最大的顶端着丝粒染色体，Y 则是最小的亚中着丝粒染色体；二倍染色体数为 67 条，包括 1 对性染色体和 65 条常染色体。Senn 等利用 mtDNA 标记和微卫星位点并计算每个位点的杂交分数 Q 来区分梅花鹿、马鹿及其杂交品种（0 = 梅花鹿，1 = 马鹿），结果表明，杂种的 Q 值位于 0.05～0.95，而亲本梅花鹿的 Q 值位于 0.01～0.05、马鹿的 Q 值位于 0.95～0.99。孟浩通过研究梅花鹿、马鹿以及其 F_1 代 X 染色体上不同位点的表达基因发现，马鹿和 F_1 代中的 PGK1 基因均出现 X 染色体等位基因表达，且通过剂量补偿效应分析发现，存在 X 染色体失活逃逸现象；同时 F_1 代中的 BTK 与 G6PD 基因间也存在剂量补偿效应，推测其主要受到亲本梅花鹿对应基因表达的影响，推测梅花鹿与马鹿杂交后 F_1 代的 X 染色体来源为梅花鹿。

水鹿和马鹿 F_1 代二倍染色体数为 62。Slate 等通过欧洲马鹿和麋鹿种间杂交获得鹿基因组的初步连锁图。Tate 等对水鹿和欧洲马鹿的杂交群体进行了遗传分析，发现物种之间的连锁分析将基因座置于 4 个连锁群中，确定了相邻基因座和基因顺序。上述研究为杂交鹿茸分子鉴定方法的建立提供了一定的理论依据。

5 展望

中国作为鹿茸来源大国，鹿类的品种选育研究几乎走在了世界的前端，杂交品种十分丰富。因《中华人民共和国药典》规定的正品鹿茸来源为梅花鹿或马鹿，杂交大多围绕梅花鹿、马鹿种间及其亚种间展开。目前对于杂交品种的存活、产茸情况及化学成分已有较多研究，从农业生产角度来看，杂交品种具有更高的存活率，且能提高鹿茸的产茸量，体现了杂种优势，具有广泛的发展前景。从基因组学和表观遗传学的角度来看，杂种优势来自父、母本基因组等位基因之间的相互作用，从而改变有关基因的调控网络，促进生长，提高抗逆性和适应性。

鹿茸是传统的中药材，有着极高的药用价值，通过杂交方式可以扩大药源，从一定程度上解决药源短缺的问题，进而促进鹿茸的利用与开发。但从中药的角度来看，对于杂交鹿茸的鉴定、质量评价、药理作用及安全性评价几乎没有报道。另外，动物杂种优势产生的分子遗传机理研究目前也主要侧重于性状表现，对其他指标影响的机制研究也未得到关注及重视。杂种优势在提高鹿茸产量的同时是否对其质量造成影响尚没有明确的结论，未来需要提供更多的数据为鹿杂交品种作为新药源提供理论依据。

参考文献（略）

本篇文章发表于《中国现代中药》2017年第19卷第12期。

鹿茸及其伪品的性状鉴别

何 琴

（重庆西部医药商城有限责任公司，重庆　400012）

鹿茸始载于《神农本草经》。正品鹿茸为鹿科动物梅花鹿或马鹿的雄鹿未骨化密生茸毛的幼角。前者习称"花鹿茸"，后者习称"马鹿茸"。具有壮肾阳，益精血，强筋骨，调冲任，托疮毒的功能。用于肾阳不足，精血亏虚，阳痿滑精，宫冷不孕，羸瘦，神疲，畏寒，眩晕，耳鸣，耳聋，腰脊冷痛，筋骨痿软，崩漏带下，阴疽不敛。市场上有用同科同属动物驼鹿（鹿茸白片）、驯鹿（鹿茸血片）、水鹿、白臀鹿等的幼角冒充梅花鹿茸或马鹿茸，也有用灰兔皮包裹染色并拌有胶水的锯末压制成鹿茸的形状冒充鹿茸。现就正品鹿茸、鹿茸加工制成品及常见的伪品鉴别如下。

1 正品鹿茸的性状鉴别

1.1 花鹿茸

呈圆柱状分枝，具1个分枝者习称"二杠"，主枝习称"大挺"，长17~20cm，锯口直径4~5cm，离锯口约1cm处分出侧枝，习称"门庄"，长9~15cm，直径较大挺略细。外皮红棕色或棕色，多光润，表面密生红黄色或棕黄色细茸毛，上端较密，下端较疏。分权间具1条灰黑色筋脉，皮茸紧贴。锯口黄白色，外围无骨质，中部密布细孔。具2个分枝者，习称"三权"，大挺长23~33cm，直径较"二杠"细，略呈弓形，微扁，枝端略尖，下部多有纵棱筋及突起疙瘩，皮红黄色，茸毛较稀而粗。体轻，气微腥，味微咸，以粗壮、主枝圆、顶端丰满、质嫩、毛细、皮色红棕、有油润光泽者为佳。

现人工养鹿场常在每年清明前后分两次割取鹿茸，二茬茸与头茬茸相似，但大多数挺长而不圆或下粗而上细，下部多显纵棱筋。皮灰黄色，或色较头茬茸浅，茸毛较稀而粗糙，锯口外围往往骨化，越老的鹿骨化程度越高，质较重，腥气无或微弱。

传统加工还有一种砍茸，即带有脑骨之茸，亦有二杠、三权等规格，茸形与锯茸相同。脑骨前端平齐，后端有一对弧形骨分列两旁，俗称"虎牙"，外附脑皮，皮上密布毛，气味与锯茸相同。

1.2 马鹿茸

较花鹿茸粗大，分枝较多，侧枝1个者习称"单门"，2个者习称"莲花"，3个者习称"三权"，4个者习称"四权"。其中以莲花、三权为主。以饱满、体轻、毛色灰褐而细密、下部无棱筋、锯口未骨质化者为佳。

东马鹿茸。单门的主枝长25~27cm，直径约3cm，外皮灰黑色，茸毛青灰色或灰黄色，锯口面外皮较厚，灰黑色，中部密布蜂窝状细孔，质嫩。莲花的主枝可长达33cm，下部有棱筋，锯口面蜂窝状小孔稍大。三权皮色深，质较老。四权茸毛粗而稀，主枝下部具棱筋及疙瘩，分枝顶端多无毛，习称"捻头"。气微腥，味微咸。

西马鹿茸。主枝多不圆，顶端圆扁不一，长30~100cm，表面有棱，多皱缩干瘪，侧枝较长且弯曲，茸毛粗长，灰色或灰黑色。锯口色较深，常见骨质。气腥臭，味咸。

2 正品鹿茸加工品的性状鉴别

2.1 鹿茸片

鹿茸片通常呈圆形或椭圆形，直径1~4cm，片极薄。外皮多红棕色。锯口面黄白色至棕黄色，外围有一明显环状骨质或无，色较深，里面具有蜂窝状细孔，中间渐宽或呈空洞状，有的呈棕褐色。体轻，质硬而脆。气微腥，味咸。商品中又有血片、粉片、沙片、骨片之分。

（1）花鹿茸片。①血片。角尖部习称"血片""蜡片"，为圆形薄片，厚约1mm，呈蜜脂色，微红润，片面光滑，半透明，外皮无骨质，质坚韧。气微腥，味微咸。②粉片。中上部习称"粉片"，为圆形或类圆形厚片，厚约1.5mm，呈灰白色，起粉，片面光，有细孔，周皮紫黑色，有腥气。③沙片。下部临近骨端，习称"沙片"或"老角片"，为圆形或类圆形厚片，片面粗糙，有蜂窝状细孔。④骨片。为最近骨端之片，质量次于沙片，骨化程度最高。

（2）马鹿茸片。①血片。角尖部习称"血片""蜡片"，为圆形薄片，表面灰黑色，中央米黄色，半透明，微显光泽，外皮较厚无骨质，周边灰黑色，质坚韧气微腥，味微咸。②粉片与老角片。中上部习称"粉片"，下部习称"老角片"，为圆形或类圆形厚片，表面灰黑色，中央米黄色，中间有细蜂窝状小孔，外皮较厚，无骨质或略具骨质，周边灰黑色，质坚脆，气微腥，味微咸。

2.2 鹿茸粉

为灰白色或米黄色粉末。气微腥，味微咸。

3 伪品的性状特征

（1）驼鹿茸。为鹿科动物驼鹿（*Alces aices* Linna.）雄鹿的幼角。分布于黑龙江。较鹿茸粗壮，有分枝。刚生长出的是单枝，呈苞状，习称"老虎眼"。长成分权者，习称"人字角"。分出眉枝和主枝者，习称"巴掌茸"。分权者较粗壮，长约30cm，直径约4cm；前权长约15cm，直径约4cm。后权扁宽，长约11cm、直径约6cm，顶端分出有2个长约5cm的小权。皮灰黑色，毛长厚，较粗硬，手摸有粗糙感，灰棕色或灰黄色，断面皮较厚，灰黑色。骨质白色，具有蜂窝状小孔。"巴掌茸"分出眉枝和主枝，主枝呈掌状，眉枝有的又分两小枝，主枝多分数小权，质较老，皮色深。气微腥，味微咸。

（2）水鹿茸（春茸）。为鹿科动物水鹿（*Cervus unicolor* Kerr.）的雄鹿未骨化的嫩角。分布于我国四川、云南、广东、台湾。外形为类圆柱体，茸体较细瘦，多有二杠，少有三权。主枝长约50~70cm，从近磨盘处发出斜向上伸的单附角，顶端细尖，与主体之间成一锐角，磨盘直径为4~6cm。主枝较直，尖端弯曲，向上方伸出。第2分枝较短或呈一凸起状不伸出。外表毛稀而粗长，黑褐色或深灰褐色。茸表面有纵棱筋及凸起疙瘩（习称"苦瓜棱"或"苦瓜丁"）茸老时这种特征更明显。横切面有细密蜂窝状小孔。茸上段呈淡黄色或灰黄色，中段以下色渐淡并见骨质。气腥臭，味咸。

（3）驯鹿茸。为鹿科动物驯鹿（*Rangifer tarandus* Linn.）雄鹿的幼角。分布于黑龙江。呈圆柱形，较粗大，多具分枝，分枝上的分权较多。单枝长约20cm，直径约2cm。皮灰黑色，毛灰棕色，毛厚致密，较长而软，手摸柔和。断面外皮棕色或灰黑色，中央淡棕红色，具有蜂窝状小孔。分权者较粗壮，长30~60cm、直径3~5cm。分有眉枝（第1枝）、第2枝和主枝。眉枝和第2枝长20~30cm，眉枝顶端一般分两个小权，第2枝顶端分出几个小权。主枝稍向后倾斜，上部稍向前弯曲，略似弓形。后部常有数个分权（背权），少数前部有分权，顶端多有数个小分权。皮灰褐色，毛灰褐色或灰棕色，少数为白色，断面颜色较深，有蜂窝状小孔。气微腥，味微咸。

（4）白鹿茸。为鹿科动物白臀鹿（*Cervus macneilli* Lydekkr.）雄鹿未骨化的嫩角。分布于四川，习称"草茸"。多呈圆柱状分枝，每枝茸多为3~6权，主枝长50~100cm。双附角平伸，与主体略呈直角，各侧枝口端向上翘。磨盘直径5~8cm。边缘常有一圈骨质瘤状凸起，离磨盘1.5~4cm处分出侧枝，各侧枝直径均较主枝略细，且上部侧枝顶端浑圆，外表毛细密柔顺，色灰白，间有灰褐色，立秋后灰中带黑色。茸嫩时，茸体表面苦瓜棱及苦瓜丁不明显，茸老时变得较为凸出。横切面有细密蜂窝状小孔。茸上段呈紫红色，中段灰红色，下部灰白色，常见骨质。气腥臭，味咸。

（5）狍茸。为鹿科动物狍（小角茸）（*Capreolus capreolus* Linnaeus）雄狍未骨化

的嫩角。主要产于我国北部、东北、西北地区。呈分枝的类圆柱形，常有分枝，无眉杈，中下部具骨丁。毛长而密生，表面灰棕色或棕黄色。

（6）白唇鹿茸（岩茸）。为鹿科动物白唇鹿（*Cervus albirostris* Przewalski.）雄鹿未骨化的嫩角。分布于四川、青海、西藏。呈扁圆柱状分枝，每枝茸多为 3~5 个杈，主枝长 50~100cm。下端为圆柱形，越近上段越扁圆。单附角平伸，顶端微弯，磨盘直径 4~7cm，在距磨盘 3~6cm 处分出侧枝，茸体上部侧枝顶端扁阔。第 2 侧枝与眉枝的距离较大，第 3 侧枝最长，且主干在第 3 侧枝上分成两小枝。外表皮毛一面为灰色、短而粗，另一面和近根毛处黑褐色、较长、排列杂乱而密。茸嫩时苦瓜棱及苦瓜丁不明显，茸老时苦瓜棱及苦瓜丁明显。横断面有细密蜂窝状小孔，茸上段呈紫红色，中段以下逐渐色淡，微骨化。气腥臭，味咸。

（7）麂茸。为鹿科动物赤麂（*Muntiacus muntjar* Zimmermann）、小麂（*Muntiacus reevesi* Ogilby）雄麂鹿未骨化的嫩角。分布于广东、海南等地。呈角尖向后、向下或向内弯曲的短角。

（8）海南坡鹿茸。为鹿科动物海南坡鹿（*Cervus eldihainanus* Thomas）的雄鹿未骨化的嫩角。分布于海南。主要特征为主干分杈，弯曲向前。

（9）麋茸。为鹿科动物麋鹿（*Elaphurus davidianus* Milne Edwards.）雄麋鹿未骨化的嫩角。为二杈分枝，后枝长而直。

（10）扁角鹿茸。取自鹿科动物扁角鹿雄鹿的幼角。本品角基甚短，眉杈与主枝呈圆弧形。表面浅黄棕色，茸毛密，基部有细纵棱。

（11）人工制作品。表面蓝灰色，茸毛较细柔软，有两个分杈，断面皮薄，无骨化环，细密孔不明显，无鹿茸的特有气味。

参考文献（略）

本篇文章发表于《实用中医药杂志》2017 年第 33 卷 9 期。

鹿血粉鉴别方法研究

尹冬冬

（黑龙江省野生动物研究所，黑龙江哈尔滨 150000）

摘　要：鹿血作为一种名贵药材，在古时备受王宫贵族的青睐，在经济飞速发展的今天，鹿血也开始走进寻常百姓家中，有逐步改善人们的体质，强身健体的效果，尤其对于体弱多病者或者老年人，效果极佳。相比于新鲜的鹿血，人们更容易接受研磨成粉的鹿血粉。但是大量的伪劣产品充斥市场，人们花钱买到的却是假的鹿血粉，不仅造成经济损失，还有损身体健康。现通过分析总结鹿血粉的颜色、形状以及使用现代物理与化学方法就如何鉴别鹿血粉做出简要分析，为鹿血粉的研究发展提出意见。

关键词：鹿血粉；鉴别方法

鹿血粉的鉴别方法一般包括性状鉴别、物理及化学方法鉴别。由于鹿血粉较为珍贵，许多黑心商人仿制鹿血粉，导致我国市场中鹿血粉质量良莠不齐，所以普及鹿血粉的相关知识，使消费者掌握鹿血粉的鉴别方法显得更为重要。相关高素质研究人员对鹿血粉鉴别方法的研究，对推动鹿血粉的发展有深远影响。

1　鹿血粉简介

鹿血为鹿科动物梅花鹿或马鹿的血液。鹿血粉是取新鲜鹿血风干后，将紫红色固体物质碾压成粉。鹿血粉包括鲜鹿血含水分80%~81%。有机成分16%~17%，无机成分2%~4%。鹿血粉中包含多种酶类，其中包括超氧化物歧化酶、谷胱甘肽氧化酶、脱氢酶等，具有抗衰老的作用。鹿血粉对于心悸、心衰、心肌炎等心脏问题，以及血液疾病、风湿类、类风湿关节痛、失眠症有明显效果，同时具有补气养血、暖胃散寒的重要疗效，尤其是有助于中老年人的身体健康。探析研究鹿血粉的鉴别方法，有利于避免伪劣产品的泛滥，使用真正的鹿血粉可以治疗疾病。

【作者简介】尹冬冬（1985—　），女，黑龙江勃利人，硕士研究生，从事野生动物研究工作。

2 鹿血粉的鉴别方法

2.1 性状鉴别方法

观察鹿血粉的颜色是鉴别的重要方法之一，真的鹿血粉在自然光的照射下颜色会发亮，假的鹿血粉则发乌更不会有明亮的光泽。同时，也可以通过鼻子与嘴巴来检验鹿血粉的真假，通过闻鹿血粉的气味或尝一点味道来辨别是否属于真的鹿血粉。另外，可以掰开血块，观察断面，真正的鹿血粉断面不亮。此外，有经验的鹿血粉专家也会通过鹿血粉的形状来观察，真的鹿血粉加工后呈三角形状，质地薄的话可以放在阳光下观察，真的鹿血粉是红色透着光的，像红宝石一样，而假的鹿血粉呈现黑色或混浊不透光。此外，好的鹿血粉用手抓过后，手上会残留红色的小血晶，假的则不会出现这种情况。

2.2 物理鉴别方法

物理的鉴别方法是借助清澈的水来检验鹿血粉的真假。具体的鉴别方法是取少量鹿血粉撒入干净透明的水中，真正的鹿血粉会在重力的作用下，直直地坠入杯底，拉出一条如同红色血带的痕迹。相反，如果是假的，粉末则会呈扩散型落入杯底。这种鉴别方法在水的帮助下，相对可以直接方便的检测鹿血粉的品质。此外，真假鹿血在杯中的溶解速度也不同，真的鹿血粉材质浓厚，溶解速度慢，假的则溶解的较快。真假鹿血粉的气味、味道、颜色都不相同，在鉴别时时也应多加注意。传统的方法使用时间长，传播较广，购买者多会使用该方法。但现在随着科学技术的发展，一些卖家注意到了这种鉴别方法，在不断改进中制成的假鹿血粉可以以假乱真，通过传统方法的鉴别，无法确认。相比于传统的鉴别方法，物理鉴别更为准确可靠。

2.3 化学鉴别方法

取真假鹿血粉各 0.1g，放入试管中，加入适量的生理盐水，充分搅拌后浸泡数小时，离心后放入抗鹿 Hb 血清，室温沉淀 15min 后，产生白色沉淀环的为真鹿血粉。制作抗鹿 Hb 血清时，首先要保证是在无菌的环境下，取鹿血若干毫升放入有适量抗凝剂的容器中，用生理盐水离心洗出血浆成分，再加入灭菌冷蒸馏水洗制成 20%~40% 的鹿血 Hb 溶液，置入冰箱保存。这样的鉴别结果更加客观准确，但同时适用于较为专业的测试鉴别，对于寻常买家来说，无法调配也不易操作。

在使用以上方法进行检测时，如果有条件，可以配合使用多种方法鉴别鹿血粉的真假。在此基础上，可以参考鹿血粉的制作者，如鹿场主及鹿场工人，或是鹿血粉研究专家的一些意见，加以验证后广而告之，有利于保护真正的鹿血粉的销售市场，也有利于我国中医药的发展。

3 鹿血粉鉴别方法的普及和推广

鹿血粉作为名贵的中药材受到人们青睐，但由于市场上产品真假难辨，普及鹿血粉的鉴别方法也势在必行。无论是通过眼口鼻手简单的鉴别，将鹿血粉放入水杯中观察的物理方法，还是更为细致复杂的化学鉴定方法，都应该积极的宣传普及。比如，通过研究开发后，将抗鹿血清 Hb 普及到每个药店，帮助消费者检验自己购买的是否是真正的鹿血粉。同时，在运用以上方法的同时，相关研究人员更应该积极创新，设计更简洁、更科学的鉴别方法。

4 小结

综上所述，鉴别真假鹿血粉可以通过性状分析、物理分析与化学分析进行检验。鹿血粉的鉴别方法在中药快速发展的今天有很大的现实意义，在吸取传统鉴别方法的基础上，不断创新研究出新的鉴别方法，是对相关学者的考验。

参考文献（略）

本篇文章发表于《现代畜牧科技》2016 年第 11 期。

鹿皮革的显微特征及其鉴别

李　晶[1,2]

[1. 广州检验检测认证集团有限公司, 广东广州　510110;
2. 国家皮革制品质量检验中心 (广东), 广东广州　510110]

摘　要：通过用三维超景深显微镜观察鹿皮革的粒面和横截面的形态特征, 并对比分析羊皮革的粒面和横截面的形态特征, 得出鹿皮革的形态特征规律, 用于鹿皮革的材质鉴别。

关键词：鹿皮革；羊皮革；鉴别

1　前言

随着国家经济快速发展, 百姓生活日益繁荣, 人们的消费水平不断提高, 人们对于皮革制品的要求也越来越高, 稀有皮革由于其特殊的粒纹和独特的手感非常受欢迎。鹿皮革柔软、丰满、细腻、透气性好、美观、重量较轻、耐水、抗高温 (可达120℃)、耐低温效果更佳, 质感特殊, 穿着舒适, 是早先欧洲贵族社会及其推崇的珍贵品种。相对于猪、牛、羊皮革来说, 鹿皮革的资源较少, 产量有限, 供不应求, 为了满足人们对鹿皮革的需求, 出现了用羊皮革来仿制鹿皮革的粒纹和手感的产品。羊皮仿鹿皮革集成了鹿皮革的优点：革面缩纹清晰、饱满, 粒纹均匀, 手感绵软, 类似于鹿皮革, 皮板丰满、有弹性。随着羊皮仿制鹿皮的技术越来越成熟, 使用传统的手摸眼看难以鉴别出是羊皮革还是鹿皮革, 导致市场上出现用羊皮革充当鹿皮革的现象, 本文将运用三维显微镜来对鹿皮革粒面毛孔的分布特征和横截面的组织结构特征进行观察, 分析鹿皮革与羊皮革的粒面和纵切面的特征差异, 找出能鉴别鹿皮革的结构特征。

【作者简介】李晶 (1987—　), 女, 硕士, 工程师。

2 试验部分

2.1 试验材料及仪器

鹿皮革、羊皮革，国家皮革制品质量检验中心（广东）；超景深显微镜，DVM6 A，德国徕卡。

2.2 试验方法

使用超景深显微镜，观察鹿皮革的粒面的毛孔分布特征、横截面纤维编织情况，对比分析羊皮革的粒面特征和横截面的形态特征，找出用于鉴别鹿皮革和羊皮革的形态特征。

3 结果与分析

3.1 鹿皮革粒面毛孔的分布特征

从图1可以看到鹿皮革的毛孔分布特征规律，成排分布，排列成瓦楞形；粒面上可见大、小毛孔，小毛孔单一方向地聚集在大毛孔周围，大约成180°包围着大毛孔，并且聚集在大毛孔周围的小毛孔大体上为单层排列。大毛孔为针毛脱落后形成，小毛孔为绒毛脱落后形成。大毛孔、小毛孔尺寸差异大，区别明显。和鹿皮革最为相似的是山羊皮革，山羊皮革也有针毛和绒毛之分，成革粒面可见针毛脱落后形成的大毛孔和绒毛脱落后形成的小孔毛。从图2可见山羊皮革粒面上的毛孔成簇排列，呈鱼鳞状分布；和鹿皮革一样，小毛孔单一方向的排列在大毛孔周围。山羊皮革粒面与鹿皮革粒面的不同之处在于，山羊皮革粒面的大小毛孔尺寸差异小，聚集在大毛孔周围的小毛孔大体上为多层排列。从图3可以看出绵羊皮革的粒面毛孔只有一

图1 鹿皮革的粒面特征

种，大小一致，成簇分布，与鹿皮革的粒面特征区别明显。

图 2　山羊皮革的粒面特征

图 3　绵羊皮革的粒面特征

3.2　鹿皮革的截面特征

从图 4 可以看到鹿皮革的横截面特征，粒面层与网状层分界明显，粒面层厚度与革身厚度比值小于 30%。鹿皮革粒面层较薄，层中纤维束较细，趋于水平走向；残留毛袋大小基本一致，单个分布，倾角较小；网状层纤维束较粗，纤维束编织比较疏松，纵横交错。图 5 是山羊皮革的横截面特征图，粒面层与网状层分界明显，粒面层厚度与革身厚度比值大于 30%。山羊皮革粒面层较厚，层中纤维束较细；残留毛袋大小不一，成团分布，成簇的小毛袋围绕着单个的大毛袋，倾角较大；网状层纤维束较粗，纤维束编织比较疏松，呈三维编织结构。图 6 是绵羊皮革的横截面特征图，粒面层与网状层分界明显，粒面层厚度与革身厚度比值大于 50%。绵羊皮革粒面层厚，层中纤维束较细；残留毛袋大小一致，成团分布，倾角较大；网状层纤维束较粗，纤维束编织比较疏松，纵横交错。

从三种皮革的横截面显微特征来看，鹿皮革和羊皮革的区别主要在于粒面层的毛孔分布，鹿皮革的横截面只能见到针毛脱落残留的毛袋，尺寸较大，大小一致；山羊皮革的横截面可以见到针毛脱落残留的毛袋和绒毛脱落时残留的毛袋，残留毛袋大小不一；绵羊皮革的横截面只能见到类似绒毛脱落残留的毛袋，尺寸较小，大小一致。

图 4　鹿皮革的横截面特征

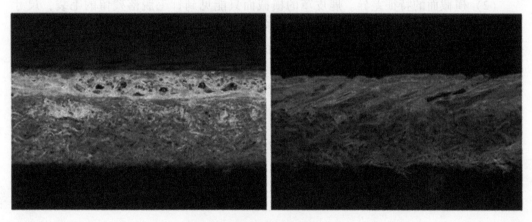

图 5　山羊皮革的横截面特征

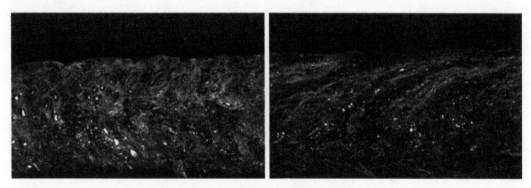

图 6　绵羊皮革的横截面特征

4 结论

随着技术的进步，现在用羊皮革来仿制得鹿皮革也越来越多，用传统的眼观手摸难以将两者区分，用超景深显微镜可以观察到羊皮革和鹿皮革特征上的细微差别。鹿皮革的显微结构特征如下。

（1）粒面特征的差异。鹿皮革粒面可见大小毛孔，大毛孔、小毛孔尺寸差异大，小毛孔单一方向地聚集在大毛孔周围，大约呈 180° 包围着大毛孔，并且聚集在大毛孔周围的小毛孔大体上为单层排列；山羊皮革粒面的大小毛孔尺寸差异较小，聚集在大毛孔周围的小毛孔大体上为多层排列；绵羊皮革的粒面毛孔只有一种，大小一致，成簇分布。

（2）横截面的特征差异。鹿皮革的横截面只能见到针毛脱落残留的毛袋，尺寸较大，大小一致；山羊皮革的横截面可以见到针毛脱落残留的毛袋和绒毛脱落时残留的毛袋，残留毛袋大小不一；绵羊皮革的横截面只能见到类似绒毛脱落残留的毛袋，尺寸较小，大小一致。

参考文献（略）

本篇文章发表于《西部皮革》2019 年第 41 卷第 11 期。

吉林大清鹿苑保健科技有限公司以"鹿司令"系列保健酒为龙头，以高端鹿系列保健品生产为核心，打造"鹿司令"品牌，做醇正鹿酒倡导者。公司现有放养牧场1 060hm²，天然放养优质梅花鹿3 600余头，拥有"国食健字"保健品65个。通过ISO9001质量管理体系和HACCP体系认证。

　　吉林大清鹿苑保健科技有限公司为吉林省农业产业化龙头企业、吉林省科技小巨人企业、中国酒业协会保健酒工作委员会轮值理事长单位、中国鹿酒产业发展联盟副理事长单位、吉林省梅花鹿产业技术创新战略联盟理事长单位。产品荣获"欢伯奖保健酒最佳产品""青酌奖酒类新品"和"吉林省名牌产品"等荣誉称号。

长春市东大鹿业有限公司成立于1988年，坐落于吉林省长春市双阳区齐家镇齐家村。公司占地面积11.6万m²，现存栏梅花鹿4 056头，现有员工56名，其中博士1名、硕士3名、中高级职称4名。长春市东大鹿业有限公司已成为我国重要的梅花鹿饲养和繁育基地，从1990年开始进行品种育种工作，在吉林农业大学和中国农业科学院特产研究所的指导下，经过26年培育出遗传基因性能稳定、早熟、利用年限长、产茸量高等特点的梅花鹿新品种——东大梅花鹿，并于2019年4月28日获得了东大梅花鹿的畜禽新品种证书［（农17）新品种证字第10号］。东大梅花鹿每年可新增经济效益超800万元。公司每年可向社会提供优质梅花鹿1 000头以上，带动农户300户。

吉林孙氏鹿业（集团）有限公司成立于2002年，占地16.8万m²，坐落于满族发祥地之一的伊通满族自治县。公司是集梅花鹿养殖繁育、鹿产品深加工、大型苗木花卉培植、有机生态稻谷种植加工及富硒产品研发生产销售于一体的现代化农业科技企业。公司所获的荣誉称号有"中国鹿业最具竞争力20强企业""吉林省农业产业化龙头企业""四平市残疾人扶贫（就业）基地""四平市标准化牧业十佳园区""中国诚信经营示范单位""纯生态农业示范企业""中国鹿产品行业重质量单位""中国中老年健康产业最具竞争力品牌""全国食品安全诚信联盟单位""全国畜牧业最具影响力典范品牌"。

昌吉市盛华商贸有限责任公司成立于2002年，经营范围为马鹿养殖及其产品加工、销售、红色记忆博物馆及旅游观光等业务。公司占地88亩，已建成鹿圈舍12 000m²，存栏马鹿500头。2021年被新疆维吾尔自治区畜牧兽医局认定为自治区级伊河马鹿保种场，同时被增补为新疆维吾尔自治区马（驴、驼）产业技术体系成员单位。公司是中国畜牧业协会理事单位、中国畜牧业协会鹿业分会副会长单位、国家特种经济动物科技创新联盟成员单位、中国农学会特产分会理事单位、昌吉州农业产业化龙头企业，2008年参加科技部设立的科技基础条件平台——自然科技资源共享平台项目，被命名为阿尔泰马鹿、天山马鹿核心保种场。